贵州 宽阔水国家级自然保护区的杜鹃与宿主

Cuckoos and Their Hosts
in Kuankuoshui National Nature Reserve of Guizhou

杨灿朝　兰洪波　姚小刚　余登利　主编

U0215371

中国林业出版社
China Forestry Publishing House

图书在版编目（CIP）数据

贵州宽阔水国家级自然保护区的杜鹃与宿主 / 杨灿朝等主编.
-- 北京：中国林业出版社, 2023.11
（贵州宽阔水国家级自然保护区研究系列）
ISBN 978-7-5219-2322-3

Ⅰ.①贵… Ⅱ.①杨… Ⅲ.①杜鹃科—普及读物
Ⅳ.①Q959.7-49

中国国家版本馆CIP数据核字(2023)第168442号

策划编辑：甄美子
责任编辑：甄美子
装帧设计：北京八度出版服务机构

————————————————

出版发行：中国林业出版社
　　　　（100009，北京市西城区刘海胡同 7 号，电话 83143616）
电子邮箱：cfphzbs@163.com
网址：www.forestry.gov.cn/lycb.html
印刷：北京中科印刷有限公司
版次：2023 年 11 月第 1 版
印次：2023 年 11 月第 1 次印刷
开本：787mm×1092mm　1/16
印张：12　彩页 20
字数：350 千字
定价：60.00 元

编委会

主　　编：杨灿朝　海南师范大学

　　　　　兰洪波　贵州宽阔水国家级自然保护区管理局

　　　　　姚小刚　贵州宽阔水国家级自然保护区管理局

　　　　　余登利　贵州茂兰国家级自然保护区管理局

副 主 编：杨昌乾　贵州宽阔水国家级自然保护区管理局

　　　　　高明浪　贵州宽阔水国家级自然保护区管理局

　　　　　蔡　燕　海南师范大学

　　　　　李光容　贵州宽阔水国家级自然保护区管理局

　　　　　杨　雪　贵州宽阔水国家级自然保护区管理局

编写人员：李继祥　贵州宽阔水国家级自然保护区管理局

　　　　　王文芳　贵州宽阔水国家级自然保护区管理局

　　　　　肖　息　贵州宽阔水国家级自然保护区管理局

　　　　　田晓光　贵州宽阔水国家级自然保护区管理局

摄　　影：杨灿朝　田穗兴　墨　趣　代　君　廖晓东　陈久桐

主编简介

杨灿朝 ■ 男，教授/研究员，博士研究生导师。现任职于海南师范大学，毕业于中山大学，获理学博士学位。主要从事动物学研究。研究方向为行为生态与演化，研究兴趣主要包括鸟类巢寄生行为与协同演化、动物的拟态与警戒态、动物的颜色光谱与斑纹及其适应性演化、鸟类的城市化和环境响应等。获全国动物生态学优秀工作者、诺达思动物行为研究奖、林浩然动物科学技术奖、郑作新青年研究奖、海南省科学技术一等奖。入选教育部新世纪优秀人才、海南省领军人才、海南省有突出贡献的优秀专家、海南省优秀研究生导师。

兰洪波 ■ 男，贵州宽阔水国家级自然保护区管理局局长/正高级工程师，毕业于贵州大学植物保护专业，研究生学历。主要研究方向为喀斯特生态环境、野生动植物保护。入选贵州省高层次创新型人才中的"千层次人才"和贵州省林业厅优秀青年科技人才。获中国人与生物圈青年科学奖、黔南州科技进步三等奖、荔波县推动科教进步先进个人、黔南州州管专家、荔波县县管专家以及入选2018年贵州省脱贫攻坚群英谱。

姚小刚 ■ 男，贵州宽阔水国家级自然保护区管理局高级工程师，海南师范大学生态学专业、在读博士研究生。主要研究方向为动物生态及生物多样性保护。

余登利 ■ 男，贵州茂兰国家级自然保护区管理局局长/高级工程师，在职本科，毕业于西南林业大学林业学专业。主要研究方向为喀斯特森林生态系统与生物多样性保护。曾参与贵州省攻关项目"退化喀斯特生态重建"研究，参加中国科学院"茂兰喀斯特森林碳循环"研究，成果获黔南州科技进步二等奖。主编了《贵州宽阔水国家级自然保护区生物多样性保护研究》《中国宽阔水大型真菌》《宽阔水蝴蝶》等。

前　言

　　世界约1%的鸟类演化出一种非常特殊的繁殖行为，它们不筑巢和哺育后代，而将卵产于其他鸟类巢中，让寄养父母（宿主）哺育自己的后代，这是一种寄生行为，也是一种欺骗行为，称为鸟类巢寄生（Avian Brood Parasitism）。杜鹃（Cuckoo），中国俗称的布谷鸟，就是典型的专性寄生鸟类。在欧洲，亚里士多德早在2300年前便留意到杜鹃会将卵产在其他鸟的巢中，而与杜鹃有关的最古老英文歌谣创作于公元1250年前后。无独有偶，在中国，"鸠占鹊巢"的成语出自2500年前的《诗经·召南·鹊巢》，中国唐代诗人杜甫、李白和李商隐分别著有古诗《杜鹃》《宣城见杜鹃花》和《锦瑟》，都涉及杜鹃鸟。1788年，爱德华·詹纳（Edward Jenner，牛痘接种法治疗天花病的发明者）在《皇家学会哲学汇刊》首次报道了大杜鹃雏鸟在宿主巢中的行为，并借此进入英国皇家学会。当时神创论仍然风行，人们难以理解杜鹃的行为，并将其视为对母爱的亵渎，直到1859年达尔文发表《物种起源》，并推测杜鹃的寄生行为是由自主营巢的祖先演化而来。200多年来，欧洲涌现许多学者对杜鹃的巢寄生行为进行研究，提出了许多理论和学说。杜鹃和宿主之间的互作，也被国际学术界公认为协同演化研究的经典教科书范例和模式系统。然而，国内对于杜鹃的关注从古至今几乎集中在文学领域，很少涉及自然科学研究。编者近20年来一直从事中国的杜鹃与宿主的协同演化研究，本书介绍了中国的"布谷鸟之乡"——贵州宽阔水国家级自然保护区的杜鹃与其宿主，内容涵盖了不同杜鹃物种与其宿主的分类与分布、形态特征、栖息环境、生活习性、繁殖方式、保护现状等信息，是目前国内第一本针对杜鹃与其宿主生活史资料的书籍。本书可供科学工作者借鉴，也可供自然观察爱好者阅读。本书中的中文名和学名参考《中国鸟类分类与分布名录》（第3版）。

　　本书得以顺利出版，要感谢贵州宽阔水国家级自然保护区管理局和国家自然科学基金（编号：32260127）、贵州省科技计划课题（黔科合 SY 字〔2012〕3194 号）、贵州省生态环境厅生物多样性保护专项资金、宽阔水保护区杜鹃及其宿主鸟类专项调查与保护研究项目、海南省教育厅研究生教育教学改革研究一般项目（HnjgY2022-12）的支持和资助。感谢海南师范大学生命科学学院 BEE（Behavioral Ecology & Evolution）课题组研究生（陈向阳、汪挥胜、张子奇、刘涛、韩静茹、吴能、杨秋慧、赵旭、周华晓、郭宇）协助初稿的整理。

　　由于编者水平有限，如有疏漏之处，欢迎各位读者批评指正。

编　者

2023 年 1 月于海口

目　录

第一章

杜鹃

1. 大杜鹃

1.1 概述

大杜鹃（*Cuculus canorus*）属于中型杜鹃，体长约32cm。上体灰色，颏、喉、上胸及头和颈等两侧均为浅灰色，下体腹部白色杂以黑褐色横斑，尾部偏黑色。雌雄外形相似。雄鸟上体纯暗灰色，翼长约21cm，两翼暗褐，翼缘白而杂以褐斑，尾部黑且先端缀白，中央尾羽沿着羽干的两侧有白色细点。雌鸟上体灰色沾褐，胸呈棕色。雏鸟枕部具有白斑。又名喀咕、布谷、子规、杜宇、郭公、获谷等。与四声杜鹃区别在于虹膜为黄色、尾部无次端条带；与中杜鹃雌鸟的区别在于腰部无横斑。栖息于开阔林地，特别在近水的地方，性懦怯，常隐藏在树叶间。常晨间鸣叫，每分钟24~26次，连续鸣叫半小时方稍停息。平时仅听到鸣声，很少见到。飞行急速，循直线前进，在停落前，常会滑翔一段距离。以鳞翅目幼虫、甲虫、蜘蛛、螺类等为食。食量大，对消除害虫有重要作用。

1.2 分类与分布

目名：鹃形目（Cuculiformes）

科名：杜鹃科（Cuculidae）

属名：杜鹃属（Cuculus）

学名：*Cuculus canorus*

英文名：Common Cuckoo

大杜鹃属于鹃形目杜鹃科杜鹃属，共有4个亚种，分别为 *C. c. canorus*、*C. c. subtelephonus*、*C. c. bangsi*、*C. c. bakeri*。其中指名亚种*canorus*于1758年首次被Linnaeus记述，其繁殖地从爱尔兰到斯堪的纳维亚半岛、俄罗斯北部和日本东部，从比利牛斯山到土耳其、哈萨克斯坦、蒙古、中国北部和韩国，越冬地位于非洲和东南亚。亚种*subtelephonus*于1914年首次被Sarudny记述，其繁殖地从中亚的突厥斯坦到蒙古南部，于非洲和东南亚越冬。亚种*bangsi*于1919年首次被Oberholser记述，其繁殖于伊比利亚、巴利阿里群岛和非洲北部，越冬于非洲。亚种*bakeri*于1912年首次被Hartert记述，其繁殖地包括中国西部到印度北部的喜马拉雅山脚、尼泊尔、缅甸、泰国西北部和中国南部，越冬于阿萨姆邦、东孟加拉和东南亚。大杜鹃在中国共有3个亚种，分别为 *C. c. canorus*、*C. c. subtelephonus* 和 *C. c. bakeri*。其中指名亚种*canorus*分布于黑龙江、吉林、辽宁、北京、天津、河北、陕西、宁夏、甘肃、新疆北部和台湾。亚种

subtelephonus 分布于内蒙古中部和新疆中西部。亚种 *bakeri* 分布于北京、天津、河北、山东、河南南部、山西、陕西南部、西藏东南部、青海东南部、云南、四川、重庆、贵州、湖北、湖南、安徽、江西、江苏、上海、浙江、福建、广东、澳门、广西和海南。分布于贵州宽阔水的亚种为 *bakeri*。

1.3 | 形态特征

额浅灰褐色，头顶、枕至后颈暗银灰色，背部暗灰色，腰及尾部上覆羽蓝灰色，中央尾羽黑褐色，羽轴纹褐色，沿羽轴两侧缀白色细斑点，且多成对分布，末端具白色先端，两侧尾羽浅黑褐色，羽干两侧也具白色斑点，且白斑较大，内侧边缘也具一系列白斑和白色端斑。两翼内侧覆羽暗灰色，外侧覆羽和飞羽暗褐色。飞羽羽干黑褐色，初级飞羽内侧近羽缘处具白色横斑；翼缘白色，具暗褐色细斑纹。下体颏、喉、前颈、上胸，以及头侧和颈侧为淡灰色，其余下体白色，并杂以黑褐色细窄横斑，宽度仅 1～2mm，横斑相距 4～5mm；胸及两胁横斑较宽，向腹和尾部下覆羽渐细而疏。大小量度：体重雄性 100～153g，雌性 91～135g；体长雄性 302～345mm，雌性 260～334mm；嘴峰雄性 18～23mm，雌性 19～23mm；翼长雄性 203～240mm，雌性 187～223mm；尾长雄性 150～190mm，雌性 147～189mm；跗跖长雄性 20～24mm，雌性 19～26mm。雏鸟头顶、后颈、背部及翼为黑褐色，各羽均具白色端缘，形成鳞状斑，以头、颈、上背部为细密，下背部和两翼较疏阔。飞羽内侧具白色横斑；腰及尾部上覆羽暗灰褐色，具白色端缘；尾羽黑色而具白色端缘，羽轴及两侧具白色斑块，外侧尾部羽白色块斑较大。颏、喉、头侧及上胸为黑褐色，杂以白色块斑和横斑，其余下体白色，杂以黑褐色横斑。虹膜黄色，嘴黑褐色，下嘴基部近黄色。脚棕黄色。

1.4 | 栖息环境

栖息于山地、丘陵和平原地带的森林中，有时也出现于农田和居民点附近高的乔木上。

1.5 | 生活习性

主要为夏候鸟，部分旅鸟。春季于 4～5 月迁来，9～10 月迁走。性孤独，常单独活动。飞

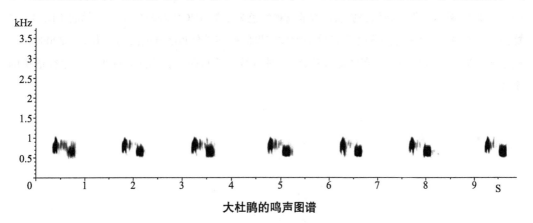

大杜鹃的鸣声图谱

行快速而有力，常循直线前进。飞行时两翼震动幅度较大，但无声响。主要以松毛虫、毒蛾、枯叶蛾，以及其他鳞翅目幼虫为食。也吃蝗虫、步行甲、磕头虫、蜂等其他昆虫。繁殖期间喜欢鸣叫，常站在乔木顶枝上鸣叫不息。有时晚上也鸣叫或边飞边鸣叫，叫声洪亮，很远便能听到它"布谷～布谷～"的粗犷而单调的声音，鸣声响亮，二声一度，像"KUK～KU"。每分钟可反复叫20次。

1.6 繁殖方式

繁殖期5～7月。求偶时雌雄鸟在树枝上跳跃，飞翔，相互追逐，并发出"呼～呼～"的低叫声。大杜鹃无固定配偶，也不自己营巢和孵卵，而是将卵产于各类雀形目鸟类巢中，由这些雀形目鸟类替代其孵卵和哺育后代。大杜鹃是世界上宿主种类最多的杜鹃，目前记录到被其寄生的宿主涵盖46科116属277种，其中在中国记录到的雀形目宿主涵盖13科20属29种，包括：灰喉鸦雀（*Sinosuthora alphonsiana*）、棕头鸦雀（*Sinosuthora webbiana*）、震旦鸦雀（*Paradoxornis heudei*）、横斑林莺（*Sylvia nisoria*）、北红尾鸲（*Phoenicurus auroreus*）、赭红尾鸲（*Phoenicurus ochruros*）、红尾水鸲（*Phoenicurus fuliginosus*）、白腹短翅鸲（*Luscinia phaenicuroides*）、蓝喉歌鸲（*Luscinia svecica*）、黑喉石䳭（*Saxicola maurus*）、灰林䳭（*Saxicola ferreus*）、白腹蓝鹟（*Cyanoptila cyanomelana*）、鹊鸲（*Copsychus saularis*）、白鹡鸰（*Motacilla alba*）、理氏鹨（*Anthus richardi*）、东方大苇莺（*Acrocephalus orientalis*）、黑眉苇莺（*Acrocephalus bistrigiceps*）、淡脚柳莺（*Phylloscopus tenellipes*）、棕扇尾莺（*Cisticola juncidis*）、荒漠伯劳（*Lanius isabellinus*）、红尾伯劳（*Lanius cristatus*）、灰背伯劳（*Lanius tephronotus*）、灰头鹀（*Emberiza spodocephala*）、栗斑腹鹀（*Emberiza jankowskii*）、灰喜鹊（*Cyanopica cyanus*）、巨嘴沙雀（*Rhodospiza obsoleta*）、家燕（*Hirundo rustica*）、远东山雀（*Parus minor*）、树麻雀（*Passer montanus*）。大杜鹃在贵州宽阔水的主要宿主为灰喉鸦雀（*Sinosuthora alphonsiana*）和北红尾鸲（*Phoenicurus auroreus*）。

1.7 保护现状

该物种被列入国家林业和草原局2023年发布的《有重要生态、科学、社会价值的陆生野生动物名录》，列入《世界自然保护联盟濒危物种红色名录》（IUCN 2022年）——无危（LC）。该物种分布范围广，不接近物种生存的脆弱濒危临界值标准（分布区域或波动范围小于20000km²，栖息地质量，种群规模，分布区域碎片化）。种群数量趋势稳定，因此被评价为无生存危机的物种。

2. 中杜鹃

2.1 概述

中杜鹃（*Cuculus saturatus*）属于中型杜鹃，体长约26cm。全身大体为灰色。雄鸟及灰色型雌鸟胸部及上体灰色，下体皮黄色具黑色横斑，腹部及两胁多具宽的横斑，尾部纯黑灰色而无斑。雏鸟和棕色型雌成鸟上体棕褐色，且布满黑色横斑，下体偏白色并具有黑色横斑直至颏部。棕色型雌性成鸟与大杜鹃雌成鸟的区别在于腰部具横斑；而与大杜鹃及四声杜鹃区别在于胸部横斑较粗较宽，且鸣声各异。栖息于山地针叶林、针阔叶混交林和阔叶林等茂密的森林中，偶尔也出现于山麓平原人工林和林缘地带。常单独活动，多站在高大而茂密的树上不断的鸣叫。主要以昆虫为食，尤其喜食鳞翅目幼虫和鞘翅目昆虫。分布于西伯利亚至堪察加半岛、日本、朝鲜、中亚、印度东北部、缅甸，越冬于中南半岛至澳大利亚。

2.2 分类与分布

目名：鹃形目（Cuculiformes）

科名：杜鹃科（Cuculidae）

属名：杜鹃属（*Cuculus*）

学名：*Cuculus saturatus*

英文名：Himalayan Cuckoo

中杜鹃属于鹃形目杜鹃科杜鹃属，共有3个亚种，分别为 *C. s. saturatus*、*C. s. optatus*、*C. s. lepidus*。其中指名亚种 *saturatus* 于1843年由 Blyth 命名，繁殖地从喜马拉雅向东到中国南部和台湾地区，迁徙到东南亚和大巽他群岛越冬。亚种 *optatus* 于1845年由 Gould 命名，它在欧亚大陆北部有很大的繁殖范围，包括俄罗斯的大部分地区，西至科米共和国，圣彼得堡偶尔也有记录，也在哈萨克斯坦北部、蒙古、韩国和日本进行繁殖；其越冬地确切范围尚不确定，据信包括马来半岛、印度尼西亚、菲律宾、新几内亚、密克罗尼西亚西部、所罗门群岛和澳大利亚北部和东部，偶尔到达新西兰。亚种 *lepidus* 于1845年首次由 Müller 命名为一个物种，分布范围涵盖马来半岛、婆罗洲、苏门答腊、爪哇、巴厘岛、斯兰岛和东帝汶以东的小巽他群岛。中杜鹃在中国只有1个亚种，即指名亚种 *saturatus*，分布于北京、天津、河北、山东、山西、陕西、云南、四川、重庆、贵州、湖北、湖南、安徽、江西、江苏、上海、浙江、福建、广东、香港、澳门、广西和海南。

2.3 | 形态特征

额部、头顶至后颈部灰褐色；背部、腰至尾部上覆羽蓝灰褐色；翼暗褐色，翼上小覆羽略沾蓝色。颏、喉、前颈、颈侧至上胸银灰色，下胸、腹和两胁白色，具宽的黑褐色横斑。初级飞羽内侧具白色横斑。中央尾羽黑褐色，羽轴灰褐色，羽端微具白色，羽轴两侧具有成对排列的小白斑；外侧尾羽褐色，羽轴两侧也有呈对生排列而不整齐的白斑，端缘白斑较大。大小量度：体重雄性90~129g，雌性71~127g；体长雄性293~340mm，雌性277~328mm；嘴峰雄性21~25mm，雌性19~22mm；翼长雄性189~216mm，雌性182~213mm；尾长雄性150~178mm，雌性142~160mm；跗跖长雄性20~24mm，雌性18~22mm。雏鸟头、颈、背部褐色，具白色羽端。颏、喉灰而具褐色纵纹。羽端棕色，胸、腹较深。虹膜黄色，喙铅灰色，下嘴灰白色，嘴角黄绿色，脚橘黄色，爪黄褐色。

2.4 | 栖息环境

栖息于针阔叶混交林、山地针叶林、阔叶林等茂密的森林中，偶尔也出现于山麓平原人工林和林缘地带。夏季繁殖于海拔1300~2700m的丘陵山地。华北亚种繁殖于中国西北及东北，南至北纬32°；指名亚种繁殖在北纬32°以南地区，包括中国台湾及海南。

2.5 | 生活习性

在中国主要为夏候鸟，部分为旅鸟，春季多于4~5月迁来，秋季于9~10月迁走。常单独活动，多站在高大而茂密的树上不断的鸣叫。有时也边飞边叫和在夜间鸣叫。鸣声低沉，单调，为二音节一度，其声似"嘣—嘣"。主要以昆虫为食。尤其喜食鳞翅目幼虫和鞘翅目昆虫。性较隐匿，常常仅闻其声。

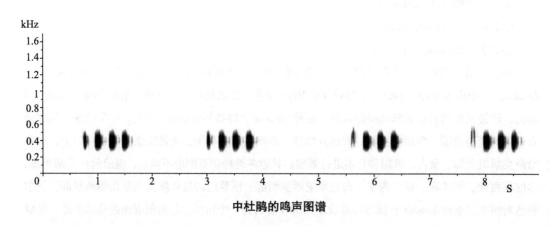

中杜鹃的鸣声图谱

2.6 | 繁殖方式

繁殖期5~7月。繁殖期间鸣声频繁。反复不变的重复同一单调的声音，有时晚上也可听见。无固定配偶，也不自己营巢和孵卵。将卵产于多种雀形目莺科鸟类巢中，由这些鸟代孵代育。卵的颜色也常随宿主卵色而变化。但大小明显不同，孵化期也多较宿主卵短，提前出壳。卵的大小为19～25mm×12～16mm。中杜鹃在世界范围记录到的宿主涵盖9科12属22种，在中国记录到的宿主涵盖5科5属6种，包括：冠纹柳莺（*Phylloscopus claudiae*）、乌嘴柳莺（*Phylloscopus magnirostris*）、强脚树莺（*Horornis fortipes*）、灰背燕尾（*Enicurus schistaceus*）、黄喉鹀（*Emberiza elegans*）、领雀嘴鹎（*Spizixos semitorques*）。中杜鹃在贵州宽阔水的主要宿主为冠纹柳莺（*Phylloscopus claudiae*）和领雀嘴鹎（*Spizixos semitorques*）。

2.7 保护现状

该物种被列入国家林业和草原局2023年发布的《有重要生态、科学、社会价值的陆生野生动物名录》，列入《世界自然保护联盟濒危物种红色名录》（IUCN 2022年）——无危（LC）。该物种分布范围广，不接近物种生存的脆弱濒危临界值标准（分布区域或波动范围小于20000km^2，栖息地质量，种群规模，分布区域碎片化）。种群数量趋势稳定，因此被评价为无生存危机的物种。

3. 小杜鹃

3.1 概述

小杜鹃（*Cuculus poliocephalus*）是杜鹃科杜鹃属的小型鸟类，体型较小，体长24～26cm。雌雄鸟相似，棕色，通体具有黑色条纹，上体灰褐色，喉灰色，上胸沾棕，下胸和腹部白色，具粗的黑色横斑，翼缘灰色，臀部沾皮黄色，尾部灰色且无横斑但尾端为白色。外形和羽色与中杜鹃相似。主要栖息于低山丘陵、林缘地边及河谷次生林和阔叶林和森林覆盖的乡野中，性格孤僻，常单独活动，鸣声有力而富有音韵，音调起伏较大，主要以昆虫为食，偶尔也吃植物果实和种子。在中国除宁夏、新疆、青海外的其他各省（自治区、直辖市）都有分布。

3.2 分类与分布

目名：鹃形目（Cuculiformes）

科名：杜鹃科（Cuculidae）

属名：杜鹃属（*Cuculus*）

学名：*Cuculus poliocephalus*

英文名：Lesser Cuckoo

小杜鹃属于鹃形目杜鹃科杜鹃属，单一物种，无亚种。于1790年首次由Latham命名。该物种分布在孟加拉国、不丹、中国、刚果民主共和国、印度、日本、肯尼亚、朝鲜、韩国、老挝、马拉维、缅甸、尼泊尔、巴基斯坦、俄罗斯、塞舌尔、索马里、南非、斯里兰卡、坦桑尼亚、泰国、越南、赞比亚和津巴布韦。

3.3 形态特征

雄鸟额、头顶、后颈至上背部暗灰色，下背部和翼上小覆羽灰沾蓝褐色，腰至尾部上覆羽蓝灰色，飞羽黑褐色，初级飞羽具白色横斑；尾部羽黑色，沿羽干两侧呈互生状排列白色斑点，末端白色。外侧尾羽内䎎呈楔形白斑。头两侧淡灰色，颏灰白色，喉和下颈浅银灰色，上胸浅灰沾棕，下体余部白色，杂以较宽的黑色横斑；尾部下覆羽沾黄，稀疏的杂以黑色横斑。雌鸟额、头顶至枕褐色，后颈、颈侧棕色，杂以褐色，上胸两侧棕色杂以黑褐色横斑，上胸中央棕白色，杂以黑褐色横斑。大小量度：体重雄性50～61g，雌性50～70g；体长雄性235～278mm，雌性250～272mm；嘴峰雄性18～21mm，雌性18～22mm；翼长雄性149～171mm，雌性151～168mm；尾长雄性125～153mm，雌性125～144mm；跗跖长雄性15～22mm，雌性15～20mm。小杜鹃雏鸟背部、翼上覆羽和三级飞羽褐色，杂以棕色横斑和白色羽缘；初级飞羽黑褐色，外䎎具棕色斑点，内䎎具棕色横斑和白色羽端；腰及尾部上覆羽黑色至灰黑色，杂以浅棕色和白色横斑；尾部黑色，具白色羽干斑和白色端斑，两䎎杂以淡棕色横斑；下体白色，具褐色横斑。小杜鹃虹膜褐色或灰褐色，眼圈黄色，上喙黑色，基部、下喙和脚均为黄色。

3.4 栖息环境

主要栖息于低山丘陵、林缘地边及河谷次生林和阔叶林中，有时亦出现于路旁、村屯附近的疏林和灌木林。

3.5 生活习性

夏候鸟，性孤独，常单独活动。喜藏匿，常躲藏在茂密的枝叶丛中鸣叫。尤以清晨和黄昏鸣叫频繁，有时夜间也鸣叫，每次鸣叫由6个音节组成，重复三次，鸣声清脆有力。飞行迅速，常低飞，每次飞翔距离较远。无固定栖息地，常在一个地方栖息几天又迁至他处。主要以昆虫为食，尤以粉蝶幼虫、春蛾科幼虫等鳞翅目幼虫为主要食物，也吃鞘翅目、尺蠖和其他昆虫，偶尔也吃植物果实和种子。

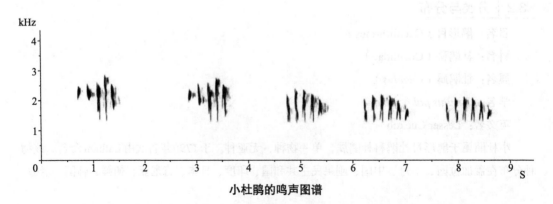

小杜鹃的鸣声图谱

3.6 | 繁殖方式

繁殖期5~7月。自己不营巢和孵卵,通常将卵产于各种雀形目莺科鸟类巢中,由别的鸟代孵代育。卵白色或粉白色。小杜鹃在世界范围记录到的宿主涵盖10科15属25种,在中国寄生的宿主涵盖4科4属5种,包括:强脚树莺(*Horornis fortipes*)、异色树莺(*Horornis flavolivacea*)、冬鹪鹩(*Troglodytes troglodyte*)、白腹蓝鹟(*Cyanoptila cyanomelana*)、棕腹柳莺(*Phylloscopus subaffinis*)。小杜鹃在贵州宽阔水的主要宿主为强脚树莺。

3.7 | 保护现状

该物种被列入国家林业和草原局2023年发布的《有重要生态、科学、社会价值的陆生野生动物名录》,列入《世界自然保护联盟濒危物种红色名录》(IUCN 2022年)——无危(LC)。小杜鹃分布范围广,不接近物种生存的脆弱濒危临界值标准(分布区域或波动范围小于20000km²,栖息地质量,种群规模,分布区域碎片化)。种群数量趋势稳定,因此被评价为无生存危机的物种。

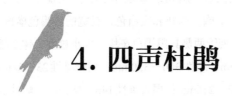

4. 四声杜鹃

4.1 | 概述

四声杜鹃(*Cuculus micropterus*)属于中大型杜鹃,体长31~34cm。头顶和后颈暗灰色,头侧浅灰,眼先、颏、喉和上胸等颜色更浅;上体余部和两翼表面深褐色;尾部与背部同色,但近端处具一道宽黑斑。下体自下胸以后均为白色,杂以黑色横斑;翼形尖长,翼缘白色而无斑;下体横斑较粗,达3~4mm宽,且较疏,斑距超过5mm;尾部具宽阔的近端黑斑。雌鸟较雄鸟体羽多褐色,灰色头部和深灰色背部形成鲜明对比。雏鸟头部和背部上方具偏白的黄色鳞状斑。与大杜鹃的区别在于尾部灰色并具黑色次端条带,虹膜比较暗。常隐栖树林间,平时不易见到。叫声格外洪亮,四声一度。每隔2~3秒一叫,有时彻夜叫不停。杂食性,啄食松毛虫、金龟甲及其他昆虫,也吃植物种子。不营巢,在苇莺、黑卷尾等的鸟巢中产卵,卵与宿主卵的外形相似。广泛分布于东南亚,北达俄罗斯远东,东到日本,南达印度、缅甸、马来半岛和印度尼西亚大巽他群岛。

4.2 | 分类与分布

目名:鹃形目(Cuculiformes)

科名:杜鹃科(Cuculidae)

属名:杜鹃属(*Cuculus*)

学名：*Cuculus micropterus*

英文名：Indian Cuckoo

四声杜鹃属于鹃形目杜鹃科杜鹃属，共有2个亚种，分别为*C. m. micropterus*、*C. m. concretus*。其中指名亚种*micropterus*于1837年由Gould命名，分布在印度次大陆和东南亚，从印度、孟加拉国、不丹、尼泊尔和斯里兰卡开始，东到印度尼西亚，北到中国和俄罗斯。亚种*concretus*于1845年由Müller命名，分布在马来半岛、爪哇、苏门答腊和婆罗洲。四声杜鹃在中国只有1个亚种，即指名亚种*micropterus*，分布于除新疆、西藏、青海外的其他各省（自治区、直辖市）。

4.3 | 形态特征

额暗灰沾棕，眼先淡灰色，头顶至枕暗灰色，头侧灰色显褐。后颈、背部、腰、翼上覆羽和次级、三级飞羽均为浓褐色。初级飞羽浅黑褐色，内侧具白色横斑；翼缘白色，中央尾羽棕褐色，具宽阔的黑色近端斑，先端微具棕白色羽缘。沿羽干及两侧具棕白色斑块，羽缘微具棕色。其余尾部羽褐色具黄白色横斑；羽干及两侧尾部端和羽缘白色，沿羽干斑块较中央尾羽大而显著。颏、喉、前颈和上胸淡灰色。胸和颈基两侧浅灰色，羽端浓褐色并具棕褐色斑点，形成不明显的棕褐色半圆形胸环。下胸、两胁和腹白色，具宽的黑褐色横斑，横斑间的间距也较大。下腹至尾部下覆羽污白色，羽干两侧具黑褐色斑块。大小量度：体重雄性100～146g，雌性90～138g；体长雄性312～335mm，雌性300～330mm；嘴峰雄性23～28mm，雌性23～26mm；翼长雄性180～215mm，雌性183～216mm；尾长雄性146～182mm，雌性148～170mm；跗跖长雄性18～29mm，雌性19～26mm。

4.4 | 栖息环境

栖息于山地森林和山麓平原地带的森林中，尤以混交林、阔叶林和林缘疏林地带活动较多。有时也出现于农田地边树上。

4.5 | 生活习性

夏候鸟，游动性较大，无固定的居留地。性机警，受惊后迅速起飞。飞行速度较快，每次飞行距离也较远，出没于平原以至高山的大森林中，非常隐蔽，往往只听到其从树丛中发出的鸣叫声而看不见鸟。鸣声洪亮，四声一度，每度反复相隔2～3秒，常从早到晚经久不息，尤以天亮时为甚。叫声似"gue～gue～gue～guo"像汉语四个字音，故人们选过不少的四字语句来给此杜鹃命名。其鸣叫的高潮期直延至7月。主要以昆虫为食，特别是毛虫，这种食性在其他鸟类中很少见。尤其喜吃鳞翅目幼虫，如松毛虫，树粉蝶幼虫、蛾类等，兼有金龟虫甲、虎虫甲，有时也吃植物种子等少量植物性食物。

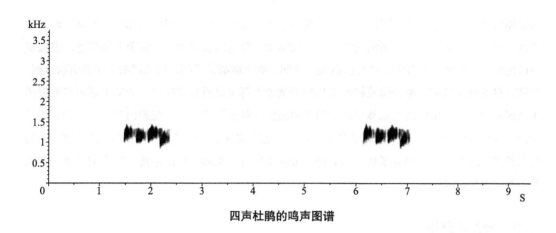

四声杜鹃的鸣声图谱

4.6 繁殖方式

繁殖期5～7月。自己不营巢，通常将卵产于雀形目鸦科和卷尾科等鸟巢中，由义亲代孵代育。四声杜鹃在中国是夏候鸟。海南岛为留鸟。4～5月迁到繁殖地，8～9月开始离开繁殖地往越冬地迁徙。四声杜鹃4月在华南及长江流域可听知它的到达；5～6月为产卵期，卵寄孵于雀形目鸟类巢中，卵是淡粉红色而接近白色，钝端有锈红色云状斑，大小与大杜鹃卵相仿。四声杜鹃在世界范围记录到的宿主涵盖13科15属19种，在中国寄生的宿主涵盖6科6属6种，包括：灰喜鹊（*Cyanopica cyanus*）、东方大苇莺（*Acrocephalus orientalis*）、白头鹎（*Pycnonotus sinensis*）、黑卷尾（*Dicrurus macrocercus*）、乌鸫（*Turdus mandarinus*）、黑喉石䳭（*Saxicola maurus*）。四声杜鹃在贵州宽阔水的主要潜在宿主为黑卷尾。

4.7 保护现状

该物种被列入国家林业和草原局2023年发布的《有重要生态、科学、社会价值的陆生野生动物名录》，列入《世界自然保护联盟濒危物种红色名录》（IUCN 2022年）——无危（LC）。该物种分布范围广，不接近物种生存的脆弱濒危临界值标准（分布区域或波动范围小于20000km^2，栖息地质量，种群规模，分布区域碎片化）。种群数量趋势稳定，因此被评价为无生存危机的物种。

5. 噪鹃

5.1 概述

噪鹃（*Eudynamys scolopaceus*）属于大型杜鹃，为杜鹃科噪鹃属鸟类，体长39～47cm。雄鸟通体黑色，具蓝色光泽，下体沾绿色。雌鸟上体暗褐色，略具金属绿色光泽，并满布整齐的白色小斑点；头部白色斑点略沾皮黄色，且较细密，常呈纵纹状排列。额至上胸黑色，密被粗的白色斑点，其余下体白色，具黑色横斑。背部、翼上覆羽及飞羽，以及尾羽常呈横斑状排列。留鸟，夏季在市区的大型公园及树木生长的开阔地方都可以听到其叫声，活动于居民点附近树木茂盛的地方、从山地的大森林至丘陵以及村边的疏林都有踪迹，日夜发出嘹亮的声音，雄鸟"喔哦"声，重音在第二音节，重复多达12次，音速音高渐增。以果实、种子和昆虫为食。利用黑领椋鸟、八哥、蓝喜鹊等雀鸟代其孵卵。分布于印度、缅甸、中南半岛、印度尼西亚和澳大利亚等南太平洋的岛屿。

5.2 | 分类与分布

目名：鹃形目（Cuculiformes）

科名：杜鹃科（Cuculidae）

属名：噪鹃属（*Eudynamys*）

学名：*Eudynamys scolopaceus*

英文名：Asian Koel

噪鹃属于鹃形目杜鹃科噪鹃属，共有5个亚种，分别为 *E. s. scolopaceus*、*E. s. chinensis*、*E. s. harterti*、*E. s. malayana*、*E. s. mindanensis*。其中指名亚种 *scolopaceus* 于1758年由 Linnaeus 命名，分布于巴基斯坦、印度、尼泊尔、孟加拉国、斯里兰卡、拉克迪夫和马尔代夫。亚种 *chinensis* 于1863年由 Cabanis 和 Heine 命名，分布在中国南部和中印半岛，泰国 – 马来半岛除外。亚种 *harterti* 于1912年由 Ingram 命名，分布于中国海南。亚种 *malayana* 于1863年由 Cabanis 和 Heine 命名，分布在泰国 – 马来半岛、小巽他和大巽他群岛（不含苏拉威西岛），还可能包括安达曼和尼科巴群岛的多洛沙。亚种 *mindanensis* 于1766年由 Linnaeus 命名，分布在巴拉望岛、哈马黑拉岛、巴布延群岛、棉兰老岛和苏拉威西岛之间的岛屿，以及北马鲁古群岛（不含苏拉群岛）。噪鹃在中国共有2个亚种，分别为 *E. s. chinensis* 和 *E. s. harterti*。亚种 *chinensis* 分布于北京、河北、山东、河南、陕西南部、甘肃、西藏南部、云南、四川、重庆、贵州、湖北、湖南、安徽、江西、江苏、上海、浙江、福建、广东、香港、澳门、广西和台湾。亚种 *harterti* 仅分布于海南。分布于贵州宽阔水的亚种为 *chinensis*。

5.3 | 形态特征

中型鸟类，尾部长，雄鸟通体黑色，具蓝色光泽，下体沾绿色。雌鸟上体暗褐色，略具金属绿色光泽，并满布整齐的白色小斑点，头部白色小斑点略沾皮黄色，且较细密，常呈纵纹头状排列。背部、翼上覆羽及飞羽，以及尾羽常呈横斑状排列。额至上胸黑色，密被粗的白色斑点。其余下体具黑色横斑。虹膜深红色，鸟喙白至土黄色或浅绿色，基部较灰暗。脚蓝灰。有点像乌鸦，又有点像斑鸠，但比乌鸦和斑鸠都要大。大小量度：体重雄性175～242g，雌性190～240g；体长雄性370～430mm，雌性380～427mm；嘴峰雄性28～35mm，雌性26～31mm；

翼长雄性190～214mm，雌性192～215mm；尾长雄性175～215mm，雌性180～205mm；跗跖长雄性30～35mm，雌性31～35mm。

5.4 | 栖息环境

栖息于山地、丘陵、山脚平原地带林木茂盛的地方，稠密的红树林、次生林、森林、园林及人工林中。一般多栖息在海拔1000m以下，也常出现在村寨和耕地附近的高大树上。多单独活动。

5.5 | 生活习性

噪鹃华南亚种为中国北纬35°以南大多数地区夏季繁殖鸟；噪鹃海南亚种为海南岛的留鸟。多单独活动。常隐蔽于大树顶层茂盛的枝叶丛中，一般仅能听其声而不见影。若不鸣叫，一般很难发现。鸣声嘈杂，清脆而响亮，通常越叫越高越快，至最高时又突然停止。鸣声似"Ko～el"声，双音节，常不断反复重复鸣叫，雌鸟则发出类似的"kuil，kuil，kuil，kuil"声。若有干扰，立刻飞走至另一棵树上再叫。主要以榕树、芭蕉和无花果等植物果实，种子为食，也吃毛虫、蚱蜢、甲虫等昆虫和昆虫幼虫。它的食性明显比杜鹃杂。

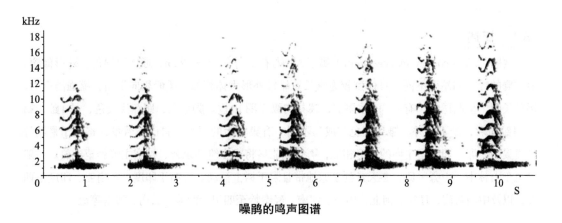

噪鹃的鸣声图谱

5.6 | 繁殖方式

繁殖期一般为3～8月，产卵时会四处寻找符合要求的巢穴，将自己的鸟蛋产在别的鸟巢里，由别的鸟代孵代育，具有明显的巢寄生特征。一般情况下，噪鹃会在寄生的巢穴内产1～2枚蛋。噪鹃的蛋孵化期并不长，只需13天左右便可孵化出壳，且未成年鸟生长发育较快。此外，噪鹃未成年鸟并不会杀死宿主的亲生孩子，它们会一起被抚育，除非噪鹃养父母将寄生的蛋全部移除，或者寄生的蛋没有成功孵化，很多时候能够看到噪鹃和别的雏鸟同巢的画面。噪鹃在世界范围记录到的宿主涵盖9科15属23种，在中国寄生的宿主涵盖3科4属4种，包括：黑领椋鸟（*Gracupica nigricollis*）、红嘴蓝鹊（*Urocissa erythrorhyncha*）、喜鹊（*Pica pica*）、黑脸噪鹛（*Garrulax perspicillatus*）。噪鹃在贵州宽阔水的主要潜在宿主为红嘴蓝鹊。

5.7 | 保护现状

　　该物种被列入国家林业和草原局2023年发布的《有重要生态、科学、社会价值的陆生野生动物名录》，列入《世界自然保护联盟濒危物种红色名录》（IUCN 2022年）——无危（LC）。该物种分布范围广，不接近物种生存的脆弱濒危临界值标准（分布区域或波动范围小于20000km^2，栖息地质量，种群规模，分布区域碎片化）。种群数量变化趋势稳定，因此被评价为无生存危机的物种。噪鹃的种群分布只有局部地方较普遍，但也需要严格保护。噪鹃隶属中国"三有"野生动物，全国人民代表大会常务委员会《关于全面禁止非法野生动物交易、革除滥食野生动物陋习、切实保障人民群众生命健康安全的决定》中明确规定，禁止食用"三有"野生动物和其他非保护类野生动物。而根据IUCN评级标准，噪鹃属于无危物种，故而其他国家并无明确保护举措。

6. 鹰鹃

6.1 | 概述

　　鹰鹃（*Hierococcyx sparverioides*）属于大型杜鹃，体长35～42cm，通体黑褐色。外形似鹰，但与鹰的喙形和站姿不同，且体型较为修长。雌雄外形大体相似，嘴峰稍向下曲，嘴强健有力。尾部长阔，呈凸尾状，有8～10枚尾羽，翼具初级飞羽10枚。脚短弱，跗跖浅黄色，具4趾，第1、4趾向后，趾不相并。雏鸟羽色与成鸟不同。有巢寄生的习性，自己不营巢，寄生于喜鹊等鸟类巢中产卵，卵与宿主卵的外形相似，孵化后雏鸟将宿主雏鸟杀死，被宿主喂养至成熟。一般栖息于山林中、山旁平原、冬天常到平原地带且限于树上活动。分布于印度、东南亚、印度尼西亚，以及中国台湾、辽宁、河北、山东、河南，经秦岭至四川、西藏、云南、海南等地。

6.2 | 分类与分布

　　目名：鹃形目（Cuculiformes）

　　科名：杜鹃科（Cuculidae）

　　属名：鹰鹃属（*Hierococcyx*）

　　学名：*Hierococcyx sparverioides*

　　英文名：Large Hawk-cuckoo

　　鹰鹃属于鹃形目杜鹃科鹰鹃属，共有2个亚种，分别为*H. s. sparverioides*、*H. s. bocki*。其中指名亚种*sparverioides*于1832年由Vigors命名，有广泛的繁殖分布，从温带亚洲沿喜马拉雅山脉延伸到东亚，许多种群在更靠南的地方越冬，分布在孟加拉国、不丹、柬埔寨、中国、印度、印度尼西亚、老挝、马来西亚、缅甸、尼泊尔、巴基斯坦、菲律宾、新加坡、泰国和越南。亚

种 *bocki* 于1886年由 Wardlaw-Ramsay 命名，在马来西亚的上马来亚、北沙捞越和沙巴以及在印度尼西亚的苏门答腊和加里曼丹都有记录，文莱也有发现。鹰鹃在中国只有1个亚种，即指名亚种 *sparverioides*，分布于北京、河北北部、山东、河南南部、山西、陕西南部、内蒙古、甘肃东南部、西藏、云南、四川、重庆、贵州、湖北、湖南、安徽、江西、江苏、上海、浙江、广东、香港、澳门、广西、海南和台湾。

6.3 | 形态特征

上体和两翼淡灰褐色，头部和颈侧灰色，眼先近白色，额暗灰色至近黑色，有一灰白色髭纹，尾部上覆羽较暗呈灰褐色，具五道暗褐色和三道淡灰棕色带斑，尾部基部覆羽下具一条白色带斑，初级飞羽内侧具多道白色横斑。其余下体白色。喉、胸具栗色和暗灰色纵纹，下胸及腹具较宽的暗褐色横斑。雏鸟上体褐色，微具棕色横斑，下体除颏为黑色外，全为淡棕黄色。各羽中央具一宽的黑色纵纹或斑点，胸侧常具宽的横斑，两胁和覆腿羽具浓黑色横斑。虹膜黄色至橙色，雏鸟褐色，眼睑橙色，嘴暗褐色。下嘴端部和嘴裂淡角绿色，脚橙色至皮黄色。大小量度：体重雄性135~168g，雌性130~160g；体长雄性353~405mm，雌性363~415mm；嘴峰雄性22~27mm，雌性24~28mm；翼长雄性222~246mm，雌性221~236mm；尾长雄性202~245mm，雌性190~230mm；跗跖长雄性23~27mm，雌性24~27mm。

6.4 | 栖息环境

多见于山林中，高至海拔1600m，冬天常到平原地带。隐蔽于树木叶簇中鸣叫，白天或夜间都可听到。

6.5 | 生活习性

夏候鸟，常单独活动，多隐藏于树顶部枝叶间鸣叫。或穿梭子树干间由一棵树飞到另一棵树上。飞行时先快速拍翼飞翔，然后滑翔。飞行姿势甚像雀鹰。鸣声清脆响亮，为三音节，其声似"贵贵—阳、贵贵—阳"。繁殖期间几乎整天都能听见它的叫声。主要以昆虫为食，特别是鳞翅目幼虫、蝗虫、蚂蚁和鞘翅目昆虫最为喜欢。

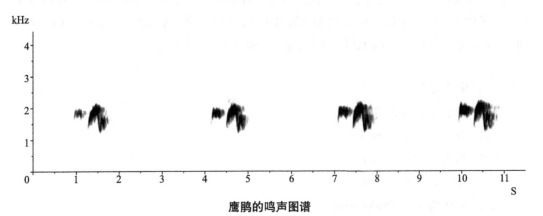

鹰鹃的鸣声图谱

6.6 | 繁殖方式

繁殖期4～7月，自己不营巢。常将卵产于雀形目噪鹛科和鸦科等鸟巢中。产1～2枚卵，卵为橄榄灰色，密布褐色细斑。卵的大小为19mm×26mm，重4.6g。鹰鹃在世界范围记录到的宿主涵盖9科16属24种，在中国寄生的宿主涵盖3科5属7种，包括：画眉（*Garrulax canorus*）、黑脸噪鹛（*Garrulax perspicillatus*）、矛纹草鹛（*Babax lanceolatus*）、白颊噪鹛（*Garrulax sannio*）、橙翅噪鹛（*Trochalopteron elliotii*）、斑胸钩嘴鹛（*Erythrogenys gravivox*）、喜鹊（*Pica pica*）。鹰鹃在贵州宽阔水的主要宿主为矛纹草鹛和白颊噪鹛。

6.7 | 保护现状

该物种被列入国家林业和草原局2023年发布的《有重要生态、科学、社会价值的陆生野生动物名录》，列入《世界自然保护联盟濒危物种红色名录》（IUCN 2022年）——无危（LC）。该物种分布范围广，不接近物种生存的脆弱濒危临界值标准（分布区域或波动范围小于20000km²，栖息地质量，种群规模，分布区域碎片化）。种群数量趋势稳定，因此被评价为无生存危机的物种。

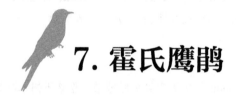

7. 霍氏鹰鹃

7.1 | 概述

霍氏鹰鹃（*Hierococcyx nisicolor*）属于中型杜鹃，体长28～30cm。头部灰色，嘴强健有力，且嘴峰稍向下曲，喉及上胸具纵纹，下胸和腹密布横斑，背部褐色，翼具初级飞羽10枚，尾部长阔，凸尾型，具宽阔横斑。脚短弱，具4趾，第1、4趾向后，趾不相并。雌雄外形大体相似，雏鸟羽色与成鸟不同。体型比鹰鹃小，但外观相似；而身体羽色与雀鹰相似，但嘴尖无利钩，脚无锐爪且较细。有巢寄生的习性，自己不营巢，在喜鹊等鸟类巢中产卵，卵与宿主卵的外形相似，孵化出壳后，霍氏鹰鹃雏鸟将宿主雏鸟杀死，被宿主喂养至成熟。一般栖息于山林中、山旁平原，冬天常到平原地带且限于树上活动。分布于中国和东南亚。

7.2 | 分类与分布

目名：鹃形目（Cuculiformes）

科名：杜鹃科（Cuculidae）

属名：鹰鹃属（*Hierococcyx*）

学名：*Hierococcyx nisicolor*

英文名：Hodgson's Hawk-cuckoo

霍氏鹰鹃属于鹃形目杜鹃科鹰鹃属，共有3个亚种，分别为 *H. n. nisicolor*、*H. n. fugax*、*H. n. hyperythrus*。其中指名亚种 *nisicolor* 于1821年由Horsfield命名，分布在印度东北部、缅甸、中国南部和东南亚。亚种 *fugax* 于1821年由Horsfield命名，分布在缅甸南部、泰国南部、马来西亚、新加坡、婆罗洲、苏门答腊和爪哇岛西部。亚种 *hyperythrus* 于1856年由Gould命名，在中国东部、朝鲜、韩国、远东俄罗斯和日本都有发现，北方种群在婆罗洲越冬。霍氏鹰鹃在中国只共有1个亚种，即指名亚种 *nisicolor*，分布于山东、陕西、云南南部、四川、重庆、贵州、湖北、湖南、安徽、江西、江苏南部、上海、浙江、福建、广东、香港、广西和海南。

7.3 | 形态特征

成鸟羽色和外观与鹰鹃相似，但体型要小很多。体长28～30cm，体重69.2～93g。头部和颈侧灰黑色，上嘴角黑，基部和下嘴端部均为淡角绿色；眼先近白色，虹膜橙色至朱红色，眼周黄色；颏暗灰色至近黑色，有一灰白色髭纹。喉、胸具栗色和暗灰色纵纹，下胸及腹具较宽的暗褐色横斑。初级飞羽内侧具多道白色横斑，其余下体白色。背部和臀部深灰色，尾部上覆羽较暗，具宽阔的次端斑和窄的近灰白色或棕白色端斑，脚鲜黄色。

7.4 | 栖息环境

栖息于山地森林和林缘灌丛地带。活动范围较大，没有固定的栖息地，常在一个地方活动1～2天又移至它处。

7.5 | 生活习性

夏候鸟，多单独活动于常绿阔叶林，针叶林或山地灌木林中，性隐蔽，不易发现。喜在高树上鸣叫，其声尖锐而轻，反复鸣叫十数次方停歇一次。以昆虫，尤其是鳞翅目幼虫为主要食物，喜食毛毛虫、地老虎、甲虫、蝉、蟋蟀。

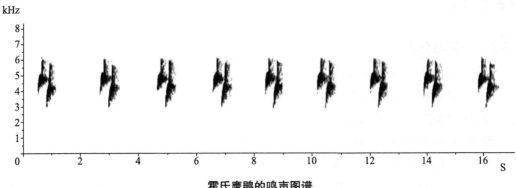

霍氏鹰鹃的鸣声图谱

7.6 | 繁殖方式

　　繁殖期5～6月。不营巢，通常产卵于雀形目鹟科和鸫科鸟类巢中。卵的颜色为橄榄褐色，大小为22.6mm×16.3mm。霍氏鹰鹃在世界范围记录到的宿主涵盖7科18属19种，在中国记录到的宿主仅涵盖1科1属1种，即海南蓝仙鹟（*Cyornis hainanus*）。霍氏鹰鹃在贵州宽阔水的宿主未知。

7.7 | 保护现状

　　该物种被列入国家林业和草原局2023年发布的《有重要生态、科学、社会价值的陆生野生动物名录》，列入《世界自然保护联盟濒危物种红色名录》（IUCN 2022年）——无危（LC），种群数量趋势稳定，因此被评价为无生存危机的物种。

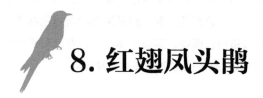

8. 红翅凤头鹃

8.1 | 概述

　　红翅凤头鹃（*Clamator coromandus*）属于大型杜鹃，体长约38cm。体呈黑、白、棕三色，下体白色。顶冠及凤头黑色，黑色直立凤头明显，虹膜淡红褐色，嘴黑色，下嘴基部近淡土黄色，嘴角肉红色，颈圈白色，喉及胸橙褐色，两翼栗红色，腹部近白，背部及尾部黑色并具有蓝色光泽，脚铅褐色。雏鸟上体褐色，具棕色端缘。一般栖息于林木较多但开阔的山坡、山脚或平原，攀行于低矮植被中捕食昆虫。繁殖于印度、中国南部及东南亚，迁徙至菲律宾及印度尼西亚。在中国台湾为迷鸟。4月初开始迁来，8月末开始迁走。种群数量较普遍，对森林保护的意义重大。

8.2 | 分类与分布

　　目名：鹃形目（Cuculiformes）

　　科名：杜鹃科（Cuculidae）

　　属名：凤头鹃属（*Clamator*）

　　学名：*Clamator coromandus*

　　英文名：Chestnut-winged Cuckoo

　　红翅凤头鹃属于鹃形目杜鹃科凤头鹃属，单一物种，无亚种。于1766年首次由Linnaeus命名。该物种分布在东南亚和南亚部分地区，从喜马拉雅山脉西部到喜马拉雅山脉东部，并延伸到东南亚，在印度、尼泊尔、中国、印度尼西亚、老挝、不丹、孟加拉国、柬埔寨、泰国、缅甸、马来西亚、越南、斯里兰卡和菲律宾都有记录。红翅凤头鹃在中国分布于北京、天津、河北、山东、河南、山西、陕西南部、甘肃、云南、四川东部、重庆、贵州、湖北、湖南、安徽、江西、江苏、上海、福建、广东、香港、澳门、广西、海南和台湾。

8.3 | 形态特征

头上有长的黑色羽冠。头顶、头侧及枕部也为黑色且具蓝色光泽。嘴侧扁，嘴峰弯度较大，嘴黑色，下嘴基部近淡土黄色，嘴角肉红色。虹膜淡红色。颏、喉和上胸淡红褐色；后颈白色，形成一个半领环；下胸和腹部白色。背部、肩及翼上具覆羽，最内侧次级飞羽黑色而具金属绿色光彩。腰和尾部黑色，具深蓝色光泽。两翼栗色。飞羽尖端苍绿色。尾部长，凸尾部，下覆羽黑色，中央尾部羽均具窄的白色端斑。腋羽淡棕色，翼下覆羽淡红褐色。跗跖长基部被羽，覆腿羽灰色。雏鸟上体褐色，具棕色端缘，下体白色。脚铅褐色。大小量度：体重雄性76～114g，雌性67～110g，体长雄性355～415mm，雌性352～418mm；嘴峰雄性25～27mm，雌性23～25mm；翼长雄性154～161mm，雌性148～156mm；尾长雄性220～240mm，雌性164～222mm；跗跖长雄性26～27mm，雌性25～27mm。

8.4 | 栖息环境

主要栖息于低山丘陵和山麓平原等开阔地带的疏林和灌木林中。也常见活动于园林和宅旁树上。

8.5 | 生活习性

大部分为夏候鸟，部分旅鸟。多单独或成对活动。常活跃于高而暴露的树枝间，不似一般杜鹃那样喜欢藏匿于浓密的枝叶丛中。飞行快速，但不持久。鸣声清脆，似"ku—kuk— ku"声，不断呈三或二声之反复鸣叫。主要以白蚁、毛虫、甲虫等昆虫为食。偶尔也吃植物果实。

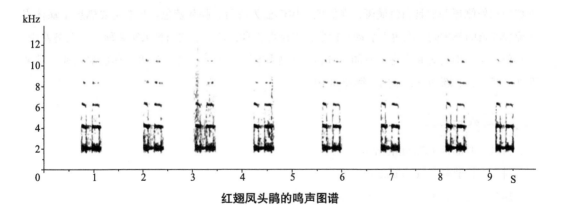

红翅凤头鹃的鸣声图谱

8.6 | 繁殖方式

繁殖期5～7月。4月即见有求偶活动。求偶时雄鸟尾部羽略张开，两翼也半张开向两侧耸起，围绕雌鸟碎步追逐。但它们不自己营巢，通常将卵产于雀形目噪鹛科鸟类的巢中。卵的颜色为蓝色，近圆形，大小为25～30mm×20～24mm。红翅凤头鹃在世界范围记录到的宿主涵盖7科12属26种，在中国记录到的宿主涵盖2科2属4种，包括：画眉（*Garrulax canorus*）、黑脸噪鹛（*Garrulax perspicillatus*）、黑领噪鹛（*Garrulax pectoralis*）、鹊鸲（*Copsychus saularis*）。红翅凤头鹃在贵州宽阔水的主要宿主为画眉（*Garrulax canorus*）。

8.7 | 保护现状

该物种被列入国家林业和草原局2023年发布的《有重要生态、科学、社会价值的陆生野生动物名录》，列入《世界自然保护联盟濒危物种红色名录》（IUCN 2022年）——无危（LC）。该物种分布范围广，不接近物种生存的脆弱濒危临界值标准（分布区域或波动范围小于20000km^2，栖息地质量，种群规模，分布区域碎片化）。种群数量趋势稳定，因此被评价为无生存危机的物种。

9. 乌鹃

9.1 | 概述

乌鹃（*Surniculus lugubris*）属于中小型杜鹃，体长23～28cm。通体亮黑色，虹膜褐色或绯红色，嘴黑色，枕部白色斑块有时可见，下体黑色，略带蓝色或辉绿色，尾部呈浅叉状，尾部下覆羽和外侧尾部羽具白色横斑，在黑色的尾部极为醒目，脚灰蓝色。乌鹃主要栖息于森林或平原较稀疏的林木间，在树上活动和栖息，以昆虫为食，偶尔也吃植物果实和种子。性格羞怯，外形似卷尾，但行为和姿态均不同。分布于孟加拉国、不丹、文莱、印度、印度尼西亚、马来西亚、菲律宾、新加坡、泰国、缅甸和中国。

9.2 | 分类与分布

目名：鹃形目（Cuculiformes）

科名：杜鹃科（Cuculidae）

属名：乌鹃属（*Surniculus*）

学名：*Surniculus lugubris*

英文名：Square-tailed Drongo-cuckoo

乌鹃属于鹃形目杜鹃科乌鹃属，共有3个亚种，分别为 *S. l. lugubris*、*S. l. brachyurus*、*S. l. dicruroides*。其中指名亚种 *lugubris* 于1821年首次被 Horsfield 记述。亚种 *brachyurus* 于1913年首次被 Stresemann 记述。亚种 *dicruroides* 于1920年首次被 Baker 记述，乌鹃分布于斯里兰卡和东南亚，是克什米尔到孟加拉国东部喜马拉雅山脉的夏候鸟。乌鹃在中国只有1个亚种 *S. l. dicruroides*，分布于河北、陕西、西藏东南部、云南、四川北部、重庆、贵州、湖北、江西、江苏、浙江、福建、广东、澳门、广西、海南。

9.3 形态特征

通体黑色而具蓝色光泽。虹膜褐色或绯红色，嘴黑色，脚灰蓝色。初级飞羽第一枚的内侧有一块白斑；第三枚以内有一斜向的白色横斑横跨于内侧基部；翼缘也缀有白色。下体黑色，微带蓝色或辉绿色。尾部呈浅叉状，最外侧一对尾部羽及尾部下覆羽具白色横斑。雏鸟体色较淡，且缺少光泽，头、背部、翼上覆羽和胸部具白色点斑和端斑。尾羽和尾部下覆羽更多白色。大小量度：体重雄性25～55g，雌性33～45g；体长雄性238～277mm，雌性241～259mm；嘴峰雄性21～23mm，雌性21～22mm；翼长雄性131～145mm，雌性130～142mm；尾长雄性112～147mm，雌性126～147mm；跗跖长雄性16～19mm，雌性16～19mm。

9.4 栖息环境

栖息于山地和平原茂密的森林中，也出现于林缘次生林、灌木林和耕地及村屯附近稀树荒坡地带。

9.5 生活习性

大部分为留鸟，部分为旅鸟。多单个或成对活动，常停息在乔木中上层顶枝间鸣叫，有时也活动于竹林中，主要在树上栖息和活动。飞行时无声无息，呈起伏地波浪式飞行，紧迫时也能快速地直线飞行。站立时姿势较垂直。鸣声为6音节，似口哨声，音阶渐次升高。有时亦发出"Wee—whip"的双音节声。主要以昆虫为食，尤其喜吃毛虫等鳞翅目昆虫，也吃甲虫、膜翅目和其他昆虫，偶尔也吃植物果实和种子。

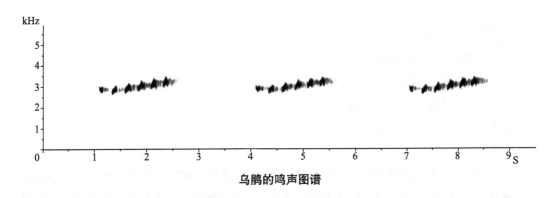

乌鹃的鸣声图谱

9.6 | 繁殖方式

繁殖期3～5月，自己不营巢孵卵，通常将卵产于雀形目鸟类的巢中，由它们替其孵卵和育雏。卵呈短椭圆形，淡黄而有淡红色的点斑散布在上面。乌鹃在世界范围记录到的宿主涵盖6科12属18种，在中国寄生的宿主涵盖2科2属2种，包括：灰眶雀鹛（*Alcippe morrisonia*）、红头穗鹛（*Cyanoderma ruficeps*）。乌鹃在贵州宽阔水的主要潜在宿主为灰眶雀鹛（*Alcippe morrisonia*）。

9.7 | 保护现状

该物种被列入国家林业和草原局2023年发布的《有重要生态、科学、社会价值的陆生野生动物名录》，列入《世界自然保护联盟濒危物种红色名录》（IUCN 2022年）——无危（LC）。乌鹃分布范围非常大，不接近物种生存的脆弱濒危临界值标准（分布区域或波动范围小于20000km^2，栖息地质量，种群规模，分布区域碎片化）。种群数量趋势稳定，因此被评价为无生存危机的物种。

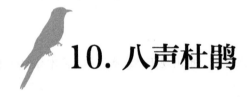

10. 八声杜鹃

10.1 | 概述

八声杜鹃（*Cacomantis merulinus*）属于小型杜鹃，体长21～25cm，通体棕褐色。雄鸟头、颈和上胸灰色，胸以下淡棕栗色，上下体均无横斑，背部至尾部暗灰色，尾部具白色端斑。雌鸟通体为灰黑色和栗色相间，嘴形侧扁、尖削。八声杜鹃与棕腹杜鹃相似，但体型较大，尾部具黑色横斑和红褐色端斑，胸、腹棕栗色，腹以下白色，区别甚明显，野外不难辨别。喜开阔林地、次生林及农耕区，包括城镇村庄，常被小型鸟群围攻。叫声通常为八声一度，但却难见其鸟。

10.2 | 分类与分布

目名：鹃形目（Cuculiformes）

科名：杜鹃科（Cuculidae）

属名：八声杜鹃属（*Cacomantis*）

学名：*Cacomantis merulinus*

英文名：Plaintive Cuckoo

八声杜鹃属于鹃形目杜鹃科八声杜鹃属，共有4个亚种，分别为 *C. m. merulinus*、*C. m. lanceolatus*、*C. m. threnodes*、*C. m. querulus*。其中指名亚种 *merulinus* 于1786年首次被Scopoli记

述，其分布于菲律宾的许多较大的岛屿。亚种 *lanceolatus* 于1843年首次被Müller记述，其分布于印尼爪哇岛、巴厘岛和苏拉威西岛。亚种 *threnodes* 于1862年首次被Cabanis和Heine记述，其分布于马来半岛、苏门答腊岛和婆罗洲。亚种 *querulus* 于1863年首次被Heine记述，其分布于印度东北部、孟加拉国、中国南部、印度尼西亚、缅甸、泰国、柬埔寨、老挝和越南，在中国大部分地区的夏候鸟，冬季向南迁徙。八声杜鹃在中国只有1个亚种 *C. m. querulus*，分布于陕西南部、西藏南部、云南、四川西南部、贵州、湖南、广西、浙江、福建、广东、香港、澳门、广西、海南。

10.3 形态特征

雄鸟头、颈和上胸灰色，肩和两翼表面褐色且具青铜色反光。外侧翼上覆羽杂以白色横斑（翼缘白色）；初级飞羽内侧具一斜形斑；背部至尾部上覆羽暗灰褐色；下胸以下至翼下覆羽淡棕栗色，尾部淡黑色，外侧尾部羽外缘具一系列白色横斑。雌鸟上体为褐色和栗色相间横斑；颏、喉和胸均为淡栗色，被以褐色狭形横斑。其余下体近白色，具极细的暗灰色横斑。雏鸟上体淡黑灰色，具桂红和淡棕色横斑及斑点；虹膜红褐色；颏、喉和胸淡棕色，具淡黑色细横斑和斑点；腹近白色，具黑褐色横斑。尾部淡黑色，外侧缀以一系列棕色横斑。雌鸟深黄色，嘴褐色或角褐色，下嘴基部夏季橙色，脚黄色。大小量度：雄性体重23～32g，体长210～241mm；雌性体重31～35g，体长210～234mm。

10.4 栖息环境

栖息于低山丘陵、草坡、山麓平原、耕地和村庄附近的树林与灌丛中。有时也出现于果园、公园、庭园和路旁树上。

10.5 生活习性

在中国主要为夏候鸟，部分为旅鸟。单独或成对活动。性较其他杜鹃活跃，常不断地在树枝间飞来飞去。繁殖期间喜欢鸣叫，常整天鸣叫不息，尤其是阴雨天鸣叫频繁，鸣声尖锐、凄厉，故有哀鹃及雨鹃之名。叫声为哀婉的哨音 "tay～ta～tee，tay～ta～tee"，速度音

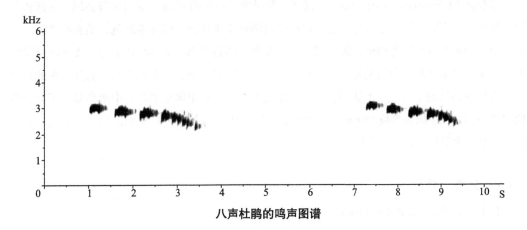

八声杜鹃的鸣声图谱

高均升，有时晚上能听见。另种叫声为两三个哨音减弱为一连串下降的"pwee、pwee、pwee，pee～pee～pee～pee"声。鸣叫声开头慢而低，最后高而快，为八音一度。主要以昆虫为食。尤以毛虫等鳞翅目幼虫最为喜食。

10.6 繁殖方式

繁殖期较长，自己不营巢和孵卵，通常将卵产于雀形目莺科鸟类巢中。在华南地区4月即已见到未成年鸟，而7、8月仍见产卵。占有一定的巢域，一旦选下了宿主，就不容许另一同类来此巢域活动。八声杜鹃的卵多呈青蓝色或白色，具锈红色或血色斑点，大小为18.3mm×13.5mm。八声杜鹃在世界范围记录到的宿主涵盖3科6属14种，在中国寄生的宿主涵盖1科2属2种，包括：长尾缝叶莺（*Orthotomus sutorius*）、纯色山鹪莺（*Prinia inornata*）。八声杜鹃在贵州宽阔水的主要潜在宿主为纯色山鹪莺（*Prinia inornata*）。

10.7 保护现状

该物种被列入国家林业和草原局2023年发布的《有重要生态、科学、社会价值的陆生野生动物名录》，列入《世界自然保护联盟濒危物种红色名录》（IUCN 2022年）——无危（LC）。全球种群未量化，但在原产地属常见物种。中国境内有10000～100000个繁殖对，迁徙候鸟1000～10000只，种群数量少，应注意保护。

11. 翠金鹃

11.1 概述

翠金鹃（*Chrysococcyx maculatus*）属于小型杜鹃，体长约17cm。雄鸟全身亮绿，头部和上体辉绿色，头至背部缀有很多棕栗色，虹膜淡红褐色至绯红色，眼圈绯红色，嘴亮橙黄色，尖端黑色，颏和喉具黑褐色横斑；脚暗褐绿色。雌鸟上体自背部以下具棕色羽缘。飞行时可以见到两翼下的飞羽基部有白色宽带。雏鸟头部棕色，顶冠具有条纹。常见于山区低处茂密的常绿林以及繁殖期活动于山上灌木丛间，主要以昆虫为食。分布于印度半岛、中南半岛以至苏门答腊以及中国，在中国为海拔1200m以下原生林和次生林不常见的留鸟和夏候鸟，在四川、贵州、湖北等地，为夏候鸟，在云南和海南岛为留鸟。

11.2 分类与分布

目名：鹃形目（Cuculiformes）

科名：杜鹃科（Cuculidae）

属名：金鹃属（*Chrysococcyx*）

学名：*Chrysococcyx maculatus*

英文名：Asian Emerald Cuckoo

翠金鹃属于鹃形目杜鹃科金鹃属，单型种。该种于1788年首次被Gmelin记述，其繁殖地从喜马拉雅向东延伸到缅甸、中国和泰国北部。在印度半岛、中南半岛以至苏门答腊以及中国四川、贵州、湖北等地为夏候鸟，在云南和海南岛为留鸟。该种在中国分布于云南西南部、四川、重庆、贵州、湖北西部、湖南、广东、广西、海南。

11.3 形态特征

雄性成鸟整个头部、颈及上胸部、上体余部及两翼表面等均为辉绿色，具金铜色反光；翼羽被遮叠部分淡黑色，先端较呈蓝色，初级飞羽内翈中央具一纵向的白色块斑，次级飞羽内翈基部白色。尾羽绿而杂以蓝色，外侧尾羽具白色羽端，最外侧具3道不规则的白色横斑。下体自胸以下白色而具辉铜绿色横斑，尾部下覆羽浓辉绿色，羽基段具白色横斑。雌性成鸟头顶及项棕栗色；上体余部及翼表辉铜绿色：尾部羽色稍暗，至端部更暗，最外侧具3道白色和黑色横斑，相邻两对各具黑色块斑及宽形的黑色次端带斑。下体白色，颏、喉处具狭形黑色横斑和宽形的、呈辉绿的淡黑色横斑；尾部下覆羽以栗色及黑色为主，其白色主要以横斑的形式存在。雏鸟似雌成鸟，雄者上体辉绿色，头上至背部上带很多棕栗色，颏和喉有黑褐色横斑。雌者上体自背部以下有棕色羽缘。虹膜淡红褐至绯红色，眼圈绯红色；嘴亮橙黄色，尖端黑色；脚暗褐绿色。大小量度：体重雄性21～22g，雌性23～37g；体长雄性155～179mm，雌性151～181mm；嘴峰雄性14～17mm，雌性13～16mm；翼长雄性99～113mm，雌性99～110mm；尾长雄性66～75mm，雌性63～77mm；跗跖长雄性14～16mm，雌性13～16mm。

11.4 栖息环境

栖息于低山和山脚平原茂密的森林中，繁殖期可上到海拔近2000m的高山灌丛地带。

11.5 生活习性

在中国四川、贵州、湖北为夏候鸟，云南和海南岛为留鸟。非繁殖期通常见于山区低处茂密的常绿林。多单个或成对活动，偶尔也见2～3对觅食于高大乔大顶部茂密的枝叶间，不易发现，飞行快速而有力。鸣声三声一度，似吹口哨声，由低而高。主要以昆虫为食。特别喜吃鳞翅目幼虫。也吃尺蠖、蚂蚁、蝇和其他昆虫。偶尔也吃少量植物果实和种子。翠金鹃是杜鹃科中羽色最艳丽的一种；它以虫为食，又与其他杜鹃一样起保护林木作用。

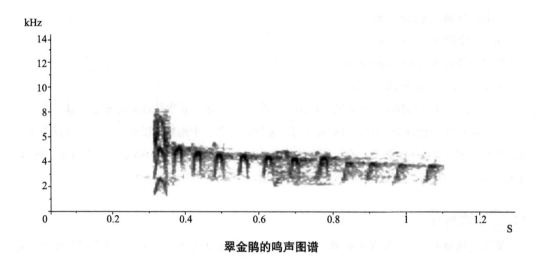

翠金鹃的鸣声图谱

11.6 | 繁殖方式

繁殖期3～6月。自己不营巢和孵卵。通常将卵产于雀形目太阳鸟科、扇尾莺科和莺科等鸟类巢中，由别的鸟替它代孵代育。翠金鹃在世界范围记录到的宿主涵盖6科10属14种，在中国记录到的宿主涵盖1科1属4种，包括：比氏鹟莺（*Seicercus valentini*）、栗头鹟莺（*Seicercus castaniceps*）、冠纹柳莺（*Phylloscopus claudiae*）、棕腹柳莺（*Phylloscopus subaffinis*）。翠金鹃在贵州宽阔水的主要宿主为比氏鹟莺和栗头鹟莺。

11.7 | 保护现状

该物种被列入国家林业和草原局2023年发布的《有重要生态、科学、社会价值的陆生野生动物名录》，列入《世界自然保护联盟濒危物种红色名录》（IUCN 2022年）——无危（LC）。该物种分布范围广，不接近物种生存的脆弱濒危临界值标准（分布区域或波动范围小于20000km²，栖息地质量，种群规模，分布区域碎片化）。种群数量趋势稳定，因此被评价为无生存危机的物种。在中国数量不多，需保护。

第二章

宿主

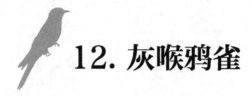

12. 灰喉鸦雀

12.1 概述

灰喉鸦雀（*Sinosuthora alphonsiana*）体长12.5cm，属于小型鸣禽。是棕头鸦雀的近缘种，与棕头鸦雀的区别在头侧及颈褐灰，有时作为棕头鸦雀的一亚种。喉及胸具不明显的灰色纵纹。是一种地区性常见留鸟，见于海拔320～1800m的山区，局部地区可能更高一些。

12.2 分类与分布

目名：雀形目（Cuculiformes）

科名：莺鹛科（Sylviidae）

属名：棕头鸦雀属（*Sinosuthora*）

学名：*Sinosuthora alphonsiana*

英文名：Ashy-throated Parrotbill

灰喉鸦雀属于雀形目莺鹛科棕头鸦雀属，地区性留鸟，共有4个亚种，分别为 *S. a. alphonsiana*、*S. a. ganluoensis*、*S. a. stresemanni*、*S. a. yunnanensis*。其中指名亚种 *alphonsiana* 于1871年首次被Verreaux记述，见于青海东部、四川西部和贵州西部，中国特有亚种。亚种 *ganluoensis* 于1980年首次被记述，见于四川西南部，中国特有亚种。亚种 *stresemanni* 于1934年首次被记述，见于云南东北部、贵州南部和西北部，中国特有亚种。亚种 *yunnanensis* 于1921年首次被La Touche记述，见于云南东南部、南部和越南西北部。分布于贵州宽阔水的亚种为 *stresemanni*。

12.3 形态特征

体小的灰褐色鸦雀，与棕头鸦雀的区别在头侧及颈褐灰。喉及胸具不明显的灰色纵纹。雌雄羽色相似。额、头顶至后颈有时直到上背部均为红棕色或棕色，头顶羽色稍深，眼先、颊、耳羽和夹侧暗灰色。背部、肩、腰和尾部上覆羽棕褐色或橄榄褐色，有的微沾灰、呈橄榄灰褐色。颏、喉、胸淡棕色具细微的灰色纵纹，腹、两胁和尾部下覆羽橄榄褐色或灰褐色，腹中部淡棕黄色或棕白色。尾羽暗褐色，基部外翈羽缘橄榄褐色或稍沾橄榄褐色，中央一对尾羽多为橄榄褐色具隐约可见的暗色横斑。两翼覆羽棕红色或与背部相似，飞羽多为褐色或暗褐色，除小覆羽和第一枚飞羽外，其余各羽外翈均缀有深浅不一的栗色或栗红色，往先端逐渐变淡，内翈羽缘淡棕色或淡玫瑰棕色。虹膜暗褐色，嘴黑褐色，脚铅褐色。叫声：轻声的唧唧啾啾叫。

大小量度：体重雄性10～12g，雌性12g；体长雄性115～126mm，雌性121～135mm；嘴峰雄性8～9.5mm，雌性7～9mm；翼长雄性45～60mm，雌性45～53mm；尾长雄性56～70mm，雌性55～70mm；跗跖长雄性20～23mm，雌性19～21mm。

12.4 | 栖息环境

主要栖息于海拔1500～2000m的中低山阔叶林和混交林林缘灌丛地带，也栖息于疏林草坡、竹丛、矮树丛和高草丛中。

12.5 | 生活习性

留鸟，活泼而好结群，通常于林下植被及低矮树丛。主要以甲虫、象甲、松毛虫卵、蜡象、鞘翅目和鳞翅目等昆虫为食，也吃蜘蛛等其他小型无脊椎动物和植物果实与种子等。常成对或成小群活动，秋冬季节有时也集成20只或30多只乃至更大的群。性活泼而大胆，不甚怕人，常在灌木或小树枝叶间攀缘跳跃，或从一棵树飞向另一棵树，一般都短距离低空飞翔，不做长距离飞行。常边飞边叫或边跳边叫，鸣声低沉而急速，较为嘈杂，其声似"dz～dz～dz～dzek…"。

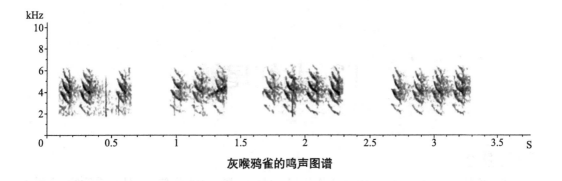

灰喉鸦雀的鸣声图谱

12.6 | 繁殖方式

繁殖期4～8月。在贵州4月19日即见有已产卵的巢，4月27日即见有已孵出的雏鸟，而7月23日和7月29日仍见有正产卵的巢，或许1年繁殖2～3窝。在北方繁殖期稍晚，多在5～7月，1年繁殖1窝。通常营巢于灌木或竹丛上，也在茶树、柑橘等小树上营巢，巢距地在0.4～1.5m。巢呈杯状，主要用草茎、草叶、竹叶、树叶、须根、树皮等材料构成，外面常常还敷以苔藓和蛛网，内垫有细草茎、棕丝和须根，有时还垫有羊毛、猪毛和鸟类羽毛。巢为杯状正开口，内径3.5～6.5cm，深3～6cm。在宽阔水灰喉鸦雀营巢于草丛、灌丛和茶地。巢外层为枯草叶或枯竹叶，有时有苔藓或蜘蛛丝包裹，内层为枯草纤维，有时内垫黑色至白色兽毛。窝卵数3～6枚。卵大小14.1～17.5mm×11.1～13.7mm，重0.9～1.7g，主要为白色或蓝色，少数为居于中间的浅蓝色，均纯色无斑点。白色型卵孵卵早期由于卵黄颜色透出而呈浅粉黄色；后期呈粉白色，蓝色型卵孵卵早期蓝色较浅，后期蓝色越发明显；浅蓝色型卵早期容易误认为白色型，后期浅蓝色显现。刚出壳的绒羽期雏鸟光秃无绒毛，喙基部浅黄色；针羽期针羽灰黑色；正羽期针羽羽鞘破开露出棕色羽毛；齐羽期身体羽毛棕色，头部有类似成鸟的棕红色头顶。灰喉鸦雀巢的结构和大小与宽阔水同域分布的钝翅苇莺相似，但卵色不同，钝翅苇莺为白色底布橄榄褐色斑点；另外，另一同域分布的金色鸦雀的卵与灰喉鸦雀的白色和浅蓝色型相似，但其巢为悬吊结构。据目前的研究记载，灰喉鸦雀仅被大杜鹃寄生，且寄生记录仅来源于宽阔水，大杜鹃的寄生卵与灰喉鸦雀一样具有白色、浅蓝色和蓝色型。除了大杜鹃，在宽阔水灰喉鸦雀是中杜鹃等中型杜鹃的潜在宿主。

12.7 保护现状

该物种被列入国家林业和草原局2023年发布的《有重要生态、科学、社会价值的陆生野生动物名录》，列入《世界自然保护联盟濒危物种红色名录》（IUCN 2022年）——无危（LC）。该物种主要分布于中国，种群数量较丰富。该物种分布范围非常大，不接近物种生存的脆弱濒危临界值标准（分布区域或波动范围小于20000km²，栖息地质量，种群规模，分布区域碎片化）。种群数量趋势稳定，因此被评价为无生存危机的物种。

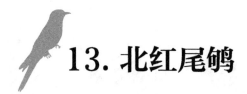

13. 北红尾鸲

13.1 概述

北红尾鸲（*Phoenicurus auroreus*）体长13～15cm，属于小型鸣禽。雄鸟头顶至背部石板灰色，前额基部、头侧、颈侧、颏喉和上胸概为黑色，其余下体橙棕色，下背部和两翼黑色具明显的白色翼斑，腰、尾部上覆羽和尾部橙棕色，中央一对尾羽和最外侧一对尾部羽外翈黑色。雌鸟上体橄榄褐色，眼圈微白，两翼黑褐色具白斑，下体暗黄褐色。相似种红腹红尾鸲头顶至枕羽色较淡，多为灰白色，尾部全为橙棕色，中央尾羽和外侧一对尾部羽外翈不为黑色。主要栖息于山地、森林、河谷、林缘和居民点附近的灌丛与低矮树丛。多以鞘翅目、鳞翅目、直翅目、半翅目、双翅目、膜翅目等昆虫为食，种数达50多种，其中约80%为农作物和树木害虫。繁殖于俄罗斯东西伯利亚南部，从贝加尔湖西面的克拉斯诺亚尔斯克往东到远东和萨哈林岛，往南到中国、蒙古和朝鲜。越冬于印度阿萨姆、缅甸、泰国北部、老挝、越南和日本。

13.2 分类与分布

目名：雀形目（Cuculiformes）

科名：鹟科（Muscicapidae）

属名：红尾鸲属（*Phoenicurus*）

学名：*Phoenicurus auroreus*

英文名：Daurian Redstart

北红尾鸲属于雀形目鹟科红尾鸲属，共有2个亚种，分别为 *P. a. auroreus*、*P. a. leucopterus*。其中指名亚种 *auroreus* 于1776年首次被Pallas记述，分布于西伯利亚、蒙古、朝鲜、日本以及中国，越冬于朝鲜、日本、中国东南沿海和中国台湾。亚种 *leucopterus* 于1843年首次被Blyth记述，分布于印度、缅甸、泰国、老挝、越南以及中国大陆，越冬于印度东北部和东南亚部分地区。2个亚种均分布于中国，其中指名亚种 *auroreus* 分布于除新疆、西藏、青海外的各省。亚种 *leucopterus* 分布于陕西南部、宁夏、甘肃、西藏东南部、青海东部和南部，云南西北部，四川北部和西部。分布于贵州宽阔水的亚种为 *auroreus*。

13.3 | 形态特征

雄鸟额、头顶、后颈至上背部灰色或深灰色，个别个体为灰白色，下背部黑色腰和尾部上覆羽橙棕色。中央一对尾羽黑色，最外侧一对尾羽外翈具黑褐色羽缘，其余尾羽橙棕色。两翼覆羽和飞羽黑色或黑褐色，次级飞羽和三级飞羽基部白色，形成一道明显的白色翼斑。前额基部、头侧、颈侧、颏、喉和上胸黑色，其余下体橙棕色。秋季刚换上的新羽上体灰色和黑色部分均具暗棕色或棕色羽缘，飞羽和覆羽亦缀有淡棕色羽缘；颏、喉、上胸等黑色部分具灰色窄缘。雌鸟额、头顶、头侧、颈、背部、两肩以及两翼内侧覆羽橄榄褐色，其余翼上覆羽和飞羽黑褐色具白色翼斑，但较雄鸟小，腰、尾部上覆羽和尾部淡棕色，中央尾羽暗褐色，外侧尾羽淡棕色。下体黄褐色，胸沾棕，腹中部近白色。眼圈微白色。虹膜暗褐色，嘴和脚均为黑色。大小量度：体重雄性14～22g，雌性13～20g；体长雄性128～159mm，雌性127～157mm；嘴峰雄性10～13mm，雌性10～13mm；翼长雄性67～78mm，雌性63～78mm；尾长雄性52～74mm，雌性54～71mm；跗跖长雄性20～25mm，雌性20～25mm。

13.4 | 栖息环境

主要栖息于山地、森林、河谷、林缘和居民点附近的灌丛与低矮树丛中，尤以居民点和附近的丛林、花园、地边树丛较常见，有时也沿公路、河谷伸入到大的森林中，但亦多在路边林缘地带活动，很少进入茂密的原始大森林内。

13.5 | 生活习性

在中国主要为夏候鸟和部分冬候鸟。常单独或成对活动。行动敏捷，频繁地在地上和灌丛间跳来跳去啄食虫子，偶尔也在空中飞翔捕食。有时还长时间地站在小树枝头或电线上观望，发现地面或空中有昆虫活动时，才立刻疾速飞去捕之，然后又返回原处。繁殖期间活动范围不大，通常在距巢80～100m范围内活动，不喜欢高空飞翔。每次飞翔距离都不远，一般是在林间短距离地逐段飞翔前进。性胆怯，见人即藏匿于丛林内。活动时常伴随着"滴～滴～滴"的叫声，声音单调、尖细而清脆。根据声音很容易找到它。停歇时常不断地上下摆动尾部和点头。北红尾鸲主要以昆虫为食，在长白山几乎全以昆虫为食，仅偶尔吃蓝腚果等灌木浆果。其中雏鸟和未成年鸟主要以蛾类、蝗虫和昆虫幼虫为食，成鸟则多以鞘翅目、鳞翅目、直翅目、半翅目、双翅目、膜翅目等昆虫成虫和幼虫为食，种数达50多种，其中约80%为农作物和树木害虫。所吃食物种类，较常见的有螟蛾科、金花虫科、蟒科、蝗科、蝇类、蟋蟀科、虻、瓢虫、天牛科、飞蝗科、夜蛾科、石蚕科、叩头虫科、襀翅虫科、叶蜂科、蚁科、隐翅虫科，以及步行虫、叶甲、金针虫、尺蠖等。

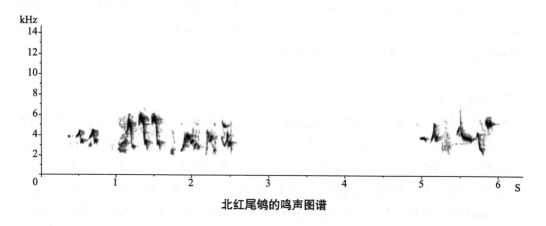

北红尾鸲的鸣声图谱

13.6 | 繁殖方式

繁殖期4～7月，北方稍晚些，一般多在5月初才进入繁殖期。4月中下旬即见有求偶行为，雌雄红尾鸲彼此相互追逐，或雄鸟站在树枝或电话线上，不断地对着栖于附近的雌鸟点头翘尾鸣叫，当雌鸟应声飞至跟前时，雄鸟点头翘尾更厉害，而且两翼半举和下垂，脚亦不停地动着。这样持续一会，雌鸟便起飞，雄鸟立刻追上，彼此一上一下追逐于低空。营巢环境多样，除大量营巢于房屋墙壁破洞、缝隙、屋檐、顶棚、牌楼、废弃房屋等人类建筑物上和邻近的柴垛等堆积物缝隙中外，也营巢于树洞、岩洞、树根下和土坎坑穴中。巢呈杯状，主要由苔藓、树皮、细草茎、草根、草叶等材料构成，有的还掺杂有麻、地衣、角瓜藤、棉花等材料。内垫有各种兽毛、鸟类羽毛、细草茎、须根等。巢的大小为外径8～14cm，内径5～9cm，高5～10cm，深3～6cm。营巢由雌雄亲鸟共同承担，每个巢营造时间6～10天。北红尾鸲有强烈的领域行为，在繁殖期间若有别的红尾鸲和其他有威胁的鸟类进入巢区，则雌雄红尾鸲立刻飞至跟前鸣叫不已，并不时发出"咕、咕、咕"的声音，直到外来红尾鸲和其他鸟类离开为止。巢区的大小一般距巢80～150m距离，在80m内从未发现过同时有两窝繁殖。巢筑好后即开始产卵，通常1天产1枚卵，最后一枚卵产出后的当天即开始孵卵，孵卵全由雌鸟承担，雄鸟在巢附近警戒。孵化期13天，1年繁殖2～3窝。雏鸟晚成性。刚孵出的雏鸟体重仅1.2～1.3g，体长32～37mm，全身除头顶、枕、两肩和背部有少许纤羽外，全身赤裸无羽。雌雄亲鸟共同育雏，经过14±1天的

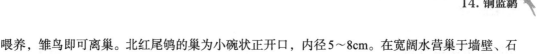

喂养，雏鸟即可离巢。北红尾鸲的巢为小碗状正开口，内径5～8cm。在宽阔水营巢于墙壁、石洞、屋檐和土坎。巢外层为苔藓、树皮或枯草，内层为兽毛（常为白色）和羽毛。窝卵数2～6枚。卵大小18.8～19.2mm×14.2～14.7mm，重2～2.1g，白色或淡蓝色底布红褐色斑点。刚出壳的绒羽期雏鸟头背部被灰色绒毛，喙基部白色；针羽期针羽灰黑色；正羽期针羽羽鞘破开露出黑色带棕色边缘羽毛；齐羽期头背部密布棕色斑点，翼膀黑色带棕色羽缘，尾部橙红色开始显现。本种巢的结构和生境在宽阔水与同域分布的铜蓝鹟、灰林鸭和鹟莺类相似，其中，灰林鸭的蓝色卵少数情况下具不明显棕色细纹，稍稍接近北红尾鸲的淡蓝色型卵，但北红尾鸲卵的红褐色斑点明显。其他种类的卵与北红尾鸲无相似之处。另外，北红尾鸲的巢内垫有羽毛，其他种类无此特征。据目前的研究记载，北红尾鸲仅被大杜鹃寄生，寄生的大杜鹃卵介于北红尾鸲的白色型和蓝色型卵之间，为浅蓝色型带红色斑点。除了大杜鹃，在宽阔水北红尾鸲是中杜鹃和四声杜鹃等中大型杜鹃的潜在宿主。

13.7 | 保护现状

该物种被列入国家林业和草原局2023年发布的《有重要生态、科学、社会价值的陆生野生动物名录》，列入《世界自然保护联盟濒危物种红色名录》（IUCN 2022年）——无危（LC）。该物种分布范围广，不接近物种生存的脆弱濒危临界值标准（分布区域或波动范围小于20000km^2，栖息地质量，种群规模，分布区域碎片化）。种群数量趋势稳定，因此被评价为无生存危机的物种。

14. 铜蓝鹟

14.1 | 概述

铜蓝鹟（*Eumyias thalassinus*）属于小型鸣禽，体长13～16cm。雄鸟通体为鲜艳的铜蓝色，眼先黑色，尾部下覆羽具白色端斑。雌鸟和雄鸟体型大致相似，但雌雄异色，雌鸟不如雄鸟羽色鲜艳，下体灰蓝色，颏近灰白色。雏鸟灰褐沾绿，具皮黄及近黑色的鳞状纹及点斑。相似种纯蓝仙鹟体型较小，雄鸟通体淡蓝色，无光泽，腹以下灰茶黄色，尾部下覆羽无白色端斑，野外不难识别。繁殖于西藏南部、华中、华南及西南。部分鸟在中国东南部越冬。常见于高至海拔3000m的松林及开阔森林。在较低处越冬。喜开阔森林或林缘空地，由裸露栖处捕食过往昆虫。叫声为"tze～ju～jui"，急促而持久的高音鸣唱，音调无变化或逐渐下降；较纯蓝仙鹟少低哑声。

14.2 | 分类与分布

目名：雀形目（Cuculiformes）

科名：鹟科（Muscicapidae）

属名：铜蓝仙鹟属（*Eumyias*）

学名：*Eumyias thalassinus*

英文名：Verditer Flycatcher

铜蓝鹟属于雀形目鹟科铜蓝仙鹟属，共有2个亚种，分别为 *E. t. thalassinus*、*E. t. thalassoides*。其中指名亚种 *thalassinus* 于1838年首次被 Swainson 记述，分布于喜马拉雅山穿过东南亚到苏门答腊，越冬于朝鲜、日本、中国东南沿海和台湾。亚种 *thalassoides* 于1850年首次被 Cabanis 记述，分布于印度、缅甸、泰国、老挝、越南，越冬于印度东北部和东南亚部分地区。铜蓝鹟在中国只有指名亚种 *thalassinus*，分布于北京、山东、陕西、西藏南部、云南、四川、重庆、贵州、湖北、湖南、江西、上海、浙江、福建、广东、香港、澳门、广西、台湾。

14.3 | 形态特征

雄鸟通体辉铜蓝色，其中额、头侧、喉、胸颜色较鲜亮，额基和眼先黑色，并延伸到眼下方和颊部。两翼和尾部表面颜色同背部或为辉绿蓝色，被盖覆而不可见的翼和外侧尾羽褐色或暗褐色，外翈羽缘深蓝色。尾部下覆羽具白色端斑。雌鸟和雄鸟大致相似，但体色较暗，不如雄鸟鲜艳。尤其是下体，多呈灰蓝色而少铜蓝色，眼先和颊白色而具灰色斑点。虹膜褐色或栗褐色，嘴黑色，脚黑色。大小量度：体重雄性14～23g，雌性13～23g；体长雄性123～175mm，雌性138～156mm；嘴峰雄性8～12mm，雌性9～10mm；翼长雄性79～89mm，雌性78～85mm；尾长雄性64～83mm，雌性65～76mm；跗跖长雄性15～17mm，雌性15～17mm。

14.4 | 栖息环境

主要栖息于海拔900～3700m的常绿阔叶林、针阔叶混交林和针叶林等山地森林和林缘地带，春、秋和冬季也下到山脚和平原地带的次生林、人工林、林缘疏林灌丛、果园、农田地边以及住宅附近的小树丛和树上。

14.5 | 生活习性

常单独或成对活动，多在高大乔木冠层，也到林下灌木和小树上活动，但很少下到地上。性大胆，不甚怕人，频繁地飞到空中捕食飞行性昆虫，也能像山雀一样在枝叶间觅食。鸣声悦耳，早晨和黄昏鸣叫不息。主要以鳞翅目、鞘翅目、直翅目等昆虫和昆虫幼虫为食，也吃部分植物果实和种子。铜蓝鹟在我国云南为留鸟、福建、香港等地为冬候鸟，其他地区为夏候鸟，3月初也见于贵州、四川等地，或许在四川和贵州亦为留鸟。

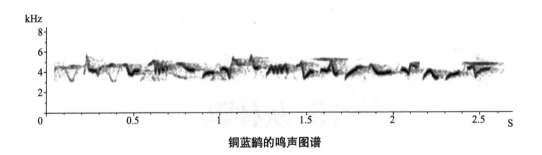

铜蓝鹟的鸣声图谱

14.6 繁殖方式

繁殖期5～7月，通常营巢于岸边、岩坡和树根下的洞中或石隙间，也在树洞、废弃房舍墙壁洞穴中营巢。在宽阔水铜蓝鹟营巢于塌陷的土坎内侧和土坡、墙洞、石洞、屋檐及电表箱，极少情况位于乔木和草丛。巢材为大量苔藓加枯草纤维，有时巢外层有枯树叶，内层有时具须根。巢为小碗状正开口，内径5～7cm，深3～5cm。窝卵数3～6枚。卵大小17.3～20.3mm × 13.3～15mm，重1.8～2.3g，纯粉色、白色或带浅棕褐色斑点或细纹或晕带。刚出壳的绒羽期雏鸟头背部被灰黑色绒毛，喙基部浅黄色；针羽期针羽灰黑色；正羽期针羽羽鞘破开露出灰蓝色羽毛；齐羽期全身羽毛为灰蓝色带棕黄色点斑。铜蓝鹟巢的结构、材料和生境与宽阔水同域分布的北红尾鸲和燕尾相似，区别在于，北红尾鸲的巢几乎位于人居环境的墙洞、石洞和屋檐，与铜蓝鹟的人居巢址很相似，但其巢内垫有羽毛。铜蓝鹟除了墙洞、电表箱等人居环境，还包括土坎土坡等环境，且为典型的塌陷土坎内侧，裸露无植被。燕尾不在人居环境筑巢，其巢位于靠近溪流等水边的裸露塌陷土坎上。另外，这些种类的卵差别很大，北红尾鸲为白色或淡蓝色带红褐色斑点，燕尾的卵明显大，密布棕色斑点，而铜蓝鹟卵色变异大，具纯粉色、白色或带浅棕褐色斑点或细纹或晕带。据目前的研究记载，寄生铜蓝鹟的杜鹃有大杜鹃和霍氏鹰鹃，然而，在国内未记录到铜蓝鹟被杜鹃寄生，在宽阔水的研究发现大杜鹃雏鸟无法在铜蓝鹟巢中生存，即铜蓝鹟并不是杜鹃的合适宿主，以往寄生记录的正确性还有待商榷。

14.7 保护现状

该物种被列入《世界自然保护联盟濒危物种红色名录》（IUCN 2022年）——无危（LC）。种群数量未知，但在分布地属常见物种。中国约有1000只越冬鸟。铜蓝鹟在中国云南、贵州等局部地区较常见，种群数量较丰富。由于该鸟羽色艳丽，鸣声婉转，常被大量捕捉供笼养观赏，致使种群数量遭到一定程度的破坏，应控制捕猎，加强保护。

15. 灰林䳍

15.1 概述

灰林䳍（*Saxicola ferreus*）属于小型鸣禽，体长11.5～15cm。雄鸟上体暗灰色具黑褐色纵纹，白色眉纹长而显著，胸和两胁烟灰色，两翼黑褐色具白色斑纹，下体白色。雌鸟上体红褐色微具黑色纵纹，下体颏、喉白色，其余下体棕白色。灰林䳍是留鸟，常单独或成对活动，一般营巢于低矮灌丛和草丛间，主要以昆虫和昆虫幼虫为食，繁殖期为5～7月，通常每窝产卵4～5枚，主要栖息于海拔500～3000m的林缘疏林、草坡、灌丛以及沟谷、农田和路边灌丛草地，分布于亚洲部分地区。

15.2 分类与分布

目名：雀形目（Cuculiformes）

科名：鹟科（Muscicapidae）

属名：石䳍属（*Saxicola*）

学名：*Saxicola ferreus*

英文名：Grey Bushchat

灰林䳍属于雀形目鹟科石䳍属，分布于孟加拉国、不丹、柬埔寨、泰国、中国、印度、老挝、缅甸、尼泊尔、巴基斯坦、越南等地。早期被认为是单型种，现被认为分化为2个亚种，*S. f. ferreus* 和 *S. f. haringtoni*，前者于1847年首次被Gray记述，后者于1910年首次被Hartert记述。其中指名亚种 *ferreus* 分布于西藏南部和云南。亚种 *haringtoni* 分布于北京、陕西南部、内蒙古中部、甘肃东南部、云南、四川、重庆、贵州、湖北、湖南、安徽、江西、江苏、上海、浙江、福建、广东、香港、广西、海南、台湾。分布于贵州宽阔水的亚种为 *haringtoni*。

15.3 形态特征

灰林䳍的雄鸟上体自额、肩、背部至腰深灰色，眉纹白色，眼先、颊和耳羽均黑色。颏、喉白色，胸污白色；腹和尾部下覆羽白色；胁、翼下覆羽淡灰，外缘棕褐色。各羽中部具黑褐色块斑，腰和尾部上覆羽纯灰色。飞羽黑褐色，外翈缘具棕白狭纵纹，内翈缘基部转白色；外侧覆羽黑褐色，端缘灰色；内侧中、大覆羽近纯白色，形成显著白色翼斑。尾部羽黑褐色，外翈缘灰白色。灰林䳍雌雄共有的特征是虹膜褐色；嘴和脚黑色。雌鸟上体灰棕色，各羽中部黑褐色。飞羽和覆羽淡黑褐色，羽缘淡棕色；翼上白斑边缘缀以棕黄色。颏、喉白色；下体余部棕色；胁、翼下覆羽灰黑色，羽缘棕色。尾部上覆羽栗褐色。尾羽淡黑褐色，羽缘棕色。大小量度：体重雄性11～21g，雌性10～18g；体长雄性115～150mm，雌性118～147mm；嘴峰雄性9～12mm，雌性9～12mm；翼长雄性61～71mm，雌性57～67mm；尾长雄性52～71mm，雌性54～67mm；跗跖长雄性19～24mm，雌性19～24mm。

15.4 | 栖息环境

　　主要栖息于海拔500～3000m的林缘疏林、草坡、灌丛以及沟谷、农田和路边灌丛草地，有时也沿林间公路和溪谷进到开阔而稀疏的阔叶林、松林等林缘和林间空地。

15.5 | 生活习性

　　留鸟，常单独或成对活动，有时亦集成3～5只的小群。常停息在灌木或小树顶枝上，有时也停息在电线和居民点附近的篱笆上，当发现地面有昆虫时，则立刻飞下捕食。也能在空中飞捕昆虫，但多数时候在灌木低枝间，飞来飞去寻找食物，不时发出"吱～吱～吱"的叫声。叫声一般为上扬的"prrei"声，告警叫为轻声的"churr"接哀怨的管笛音"hew"，鸣声为短促细弱的颤音，以洪亮哨音收尾。灰林䳍营巢于低矮灌丛和草丛间，也有置巢于地面的。以苔藓、草根、禾本科植物为材料。巢呈杯状，主要由苔藓、细草茎和草根等材料编织而成，巢内垫有须根和细草茎，有时也垫有兽毛和羽毛。巢外径为10cm，内径6cm，高6.8cm，深4cm。营巢主要由雌鸟承担，雄鸟站在巢附近灌木或小树上鸣叫。灰林䳍主要以昆虫和昆虫幼虫为食，所吃昆虫主要为甲虫、蝇、蛆、蝗虫、蚂蚁、蜂等鞘翅目、双翅目、膜翅目、直翅目以及鳞翅目和其他昆虫及其幼虫，偶尔也吃植物果实、种子和草籽。

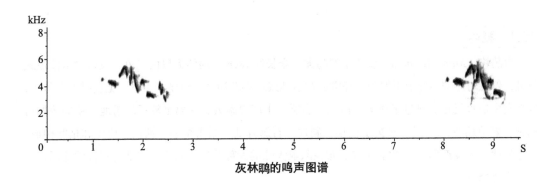

灰林䳍的鸣声图谱

15.6 | 繁殖方式

　　繁殖期5～7月。在宽阔水灰林䳍营巢于有植被覆盖的土坎土坡，少数于石洞、土洞和茶地灌丛。巢外层为苔藓和枯草，内层为枯草纤维和兽毛，兽毛常为白色。巢为小碗状正开口，内径4.5～8cm，深3～5cm。窝卵数3～6枚。卵大小16.4～19.1mm×13.1～14.9mm，重1.4～2.2g，纯蓝色无斑，极少情况下存在不明显的浅棕色细纹。孵卵主要由雌鸟承担，孵化期12天。雏鸟晚成性，雌雄亲鸟共同育雏，留巢期约15天。刚出壳的绒羽期雏鸟头背部被灰色绒毛，喙基部黄色；针羽期针羽灰黑色；正羽期针羽羽鞘破开露出棕黄色和黑色相间的羽毛；齐羽期通体羽毛为棕黄色和黑色组成的纵纹。本种巢的结构、材料和生境与宽阔水同域分布的黄喉鸦、戈氏岩鹀等鹀类相似，都是筑于有植被覆盖的土坎土坡上，而其位于石洞土洞的巢生境则与白鹡鸰、灰鹡鸰、北红尾鸲和铜蓝鹟有重叠。但灰林鸭的卵色与其他种类差别很大，为纯蓝色无斑，极少情况下存在不明显的浅棕色细纹。其卵大小明显大于灰喉鸦雀蓝色型卵，又明显小于产蓝色卵的噪鹛类。据目前的研究记载，灰林鸭仅被大杜鹃寄生，寄生的大杜鹃卵与灰林鸭相似，为蓝色型卵。除了大杜鹃，在宽阔水灰林鸭是四声杜鹃等中大型杜鹃的潜在宿主。

15.7 | 保护现状

该物种被列入《世界自然保护联盟濒危物种红色名录》（IUCN 2022年）——无危（LC）。种群分布不零散。全球数量尚未可知，但该种被认为是常见的物种。2009年，灰林鸭在中国有100～100000对。其种群数量发展趋于稳定。灰林鸭是中国长江和长江以南地区较为常见的一种山地灌丛鸟类，种群数量较丰富。由于该鸟主要以昆虫为食，在植物保护中具有重要意义，应加强保护。

16. 白鹡鸰

16.1 | 概述

白鹡鸰（*Motacilla alba*）属于小型鸣禽，全长约18cm。通体为黑白二色。飞行时呈波浪式前进，停息时尾部不停上下摆动，经常成对活动或结小群活动。以昆虫为食。觅食时地上行走，或在空中捕食昆虫，栖息于村落、河流、小溪、水塘等附近，在离水较近的耕地、草场等均可见到。繁殖期在3～7月，筑巢于屋顶、洞穴、石缝等处，巢由草茎、细根、树皮和枯叶构成，巢呈杯状。每窝产卵4～5枚。主要分布在欧亚大陆的大部分地区和非洲北部的阿拉伯地区，在中国广泛分布。

16.2 | 分类与分布

目名：雀形目（Passeriformes）

科名：鹡鸰科（Motacillidae）

属名：鹡鸰属（*Motacilla*）

学名：*Motacilla alba*

英文名：White Wagtail

白鹡鸰属于雀形目鹡鸰科鹡鸰属，共有10个亚种，分别为 *M. a. alba*、*M. a. yarrellii*、*M. a. subpersonata*、*M. a. personata*、*M. a. alboides*、*M. a .baicalensis*、*M. a. ocularis*、*M. a. lugens*、*M. a. leucopsis*、*M. a. dukhunensis*。指名亚种 *alba* 于1758年首次被 Linnaeus 记述，其繁殖地位于格陵兰岛南部，冰岛和法罗群岛，穿过欧洲大陆到达乌拉尔山脉、高加索、中亚和中东。越冬地位于非洲，阿拉伯和亚洲西南部。亚种 *yarrellii* 于1837年首次被 Gould 记述，其繁殖地位于爱尔兰，英国和欧洲沿海地区。越冬地位于非洲西北部。亚种 *subpersonata* 于1901年首次被 Meade-Waldo 记述，其分布地位于摩洛哥，为留鸟。亚种 *personata* 于1861年首次被 Gould 记述，其繁殖地从伊朗北部到西伯利亚西南部，蒙古西部，中国西北部和喜马拉雅山脉西部。越冬地从阿拉伯到印度。亚种 *alboides* 于1836年首次被 Hodgson 记述，其繁殖地位于喜马拉雅及周边地区。越冬地位于中印半岛和缅甸北部。亚种 *baicalensis* 于1871年首次被 Swinhoe 记述，其繁殖地位于俄罗斯贝加尔湖地区、蒙古和内蒙古。越冬地从印度到中印半岛。亚种 *ocularis* 于1860年首次被 Swinhoe 记述，其繁殖地位于西伯利亚、俄罗斯远东到阿拉斯加。越冬地从亚洲南部到菲律宾北部。亚种 *lugens* 于1829年首次被 Gloger 记述，其繁殖地位于俄罗斯远东（滨海边疆区、哈巴罗夫斯克边疆区）、堪察加半岛、千岛群岛、库页岛、日本（北海道、本州）。越冬地位于东南亚，中国以及日本到琉球群岛。亚种 *leucopsis* 于1838首次被 Gould 记述，其繁殖地位于中国、朝鲜半岛、日本（琉球群岛、九州、本州）、东南亚、印度、大洋洲。越冬地位于印度、东南亚和中国东南部。亚种 *dukhunensis* 于1832年首次被 Sykes 记述，分布于亚洲中部，伊朗、俄罗斯、蒙古和中国。白鹡鸰在中国有7个亚种，分别为 *M. a. personata*、*M. a. alboides*、*M. a. baicalensis*、*M. a. ocularis*、*M. a. lugens*、*M. a. leucopsis*、*M. a. dukhunensis*。亚种 *personata* 分布于甘肃西北部、新疆、西藏西南部和湖北西部。亚种 *alboides* 分布于北京、河北、河南、陕西南部、西藏、青海东部和南部、云南、四川、重庆、贵州北部、广东、广西。亚种 *baicalensis* 分布于黑龙江、吉林、辽宁、北京、天津、河北、山东、山西、陕西、内蒙古、宁夏、甘肃、西藏、青海、云南、四川、重庆、贵州、湖北、江苏、上海、广东、香港、澳门、广西。亚种 *ocularis* 分布于黑龙江、吉林、辽宁、北京、天津、河北、山东、河南、山西、陕西南部、内蒙古东部、宁夏、新疆、西藏、青海、云南、四川西南部、江苏、上海、浙江、福建、海南和台湾。亚种 *lugens* 分布于黑龙江东部、吉林东部、辽宁、北京、河北、山东、山西、江苏东部、上海、浙江、福建、广东和台湾。亚种 *leucopsis* 分布于全国各省。其中亚种 *dukhunensis* 分布于宁夏、青海东北部、新疆西北部、四川中部和西部。分布于贵州宽阔水的亚种包括 *baicalensis* 和 *alboides*。

16.3 | 形态特征

额头顶前部和脸白色，虹膜黑褐色，嘴和跗跖长黑色。头顶后部、枕和后颈黑色。背部、肩黑色或灰色，飞羽黑色。翼上小覆羽灰色或黑色，中覆羽、大覆羽白色或尖端白色，在翼上形成明显的白色翼斑。额、喉白色或黑色，胸黑色，其余下体白色。尾部长而窄，尾部羽黑色，最外两对尾羽主要为白色。大小量度：体重雄性15～30g，雌性17～29g；体长雄性156～195mm，雌性157～195mm；嘴峰雄性11～17mm，雌性11～16mm；翼长雄性85～96mm，雌性81～98mm；尾长雄性83～101mm，雌性82～97mm；跗跖长雄性20～28mm，雌性22～27mm。

16.4 栖息环境

主要栖息于河流、湖泊、水库、水塘等水域岸边，也栖息于农田、湿草原、沼泽等湿地，有时还栖息于水域附近的居民点和公园。

16.5 生活习性

大部分为夏候鸟，部分为旅鸟。常单独成对或呈3～5只的小群活动。迁徙期间也见成10多只至20余只的大群。多栖于地上或岩石上，有时也栖于小灌木或树上，多在水边或水域附近的草地、农田、荒坡或路边活动，或是在地上慢步行走，或是跑动捕食。遇人则斜着起飞，边飞边鸣。鸣声似"jilin～jilin～"，声音清脆响亮，飞行姿势呈波浪式，有时也较长时间地站在一个地方，尾部不住地上下摆动。主要以昆虫为食，主要为鞘翅目、双翅目、鳞翅目、膜翅目、直翅目等昆虫，如象甲、蛴螬、叩头甲、米象、毛虫、蝗虫、蝉、螽斯、金龟子、蚂蚁、蜂类、步行虫、蛾、蝇、蚜虫、蛆、蛹和昆虫幼虫等。此外也吃蜘蛛等其他无脊椎动物，偶尔也吃植物种子、浆果等植物性食物。

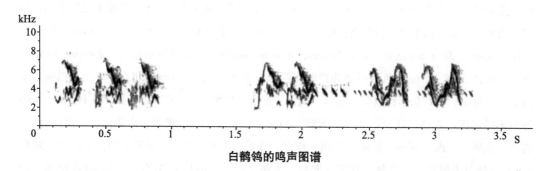

白鹡鸰的鸣声图谱

16.6 繁殖方式

繁殖期4～7月。通常营巢中边等水域附近岩洞、岩壁缝隙、河边土坎、田边石隙以及河岸、灌丛与草丛中，也在房屋屋脊、房顶和墙壁缝隙中营巢，甚至有在枯木树洞和人工巢箱中营巢的。巢呈杯状，外层粗糙、松散，主要由枯草茎、枯草叶和草根构成，内层紧密，主要由树皮纤维、麻、细草根等编织而成。巢内垫有兽毛、绒羽、麻等柔软物。在宽阔水白鹡鸰营巢于土坎、墙洞、石洞和屋檐。巢外层为苔藓和枯草细丝，内层为枯草纤维和兽毛（常为白色），有时内层还有卷曲的须根。窝卵数4枚左右。卵大小19.8～22.2mm×14.9～15.7mm，重2.4～2.8g，白色底密布褐色斑点或细纹。巢为碗状正开口，大小为11～16cm，内径6～11cm，深4～5cm，高7～8cm。营巢由雌雄亲鸟共同承担，巢筑好后即开始产卵，孵卵由雌雄亲鸟轮流进行，但以雌鸟为主，孵化期12天。雏鸟晚成性，孵出后由雌雄亲鸟共同育雏，14天左右雏鸟即可离巢。刚出壳的绒羽期雏鸟头背部被灰色长绒毛，喙基部浅黄色；针羽期针羽灰黑色，后期针羽末端白色；正羽期针羽羽鞘破开露出白色和黑色相间羽毛；齐羽期头背部羽毛灰色，腹部白色，翼膀羽毛为黑色和白色。白鹡鸰巢的结构、材料和生境与宽阔水同域分布的灰鹡鸰相似，区别在于，白鹡鸰的卵为白色密布褐色斑点或细纹，而灰鹡鸰的卵为皮黄灰色带不明显浅褐色细纹，有时在钝端形成晕带。长出正羽的白鹡鸰和灰鹡鸰雏鸟都具有灰色头背部，白色腹部和黑白相间的翼膀，但白鹡鸰具有明显的白色宽羽缘，而灰鹡鸰为不明显的浅色窄羽缘，且尾部下覆羽开始显现黄色，白鹡鸰则无此特征。另外，筑巢于洞穴的灰林鸥巢也与白鹡鸰和灰鹡鸰具有一定相似性，但其卵为蓝色。据目前的研究记载，寄生白鹡鸰的杜鹃包括大杜鹃和巽他岛杜鹃（*Cuculus lepidus*），后者不在国内分布。宽阔水记录到白鹡鸰养育大杜鹃雏鸟，但其寄生的大杜鹃卵色型未知。除了大杜鹃，在宽阔水白鹡鸰是四声杜鹃和中杜鹃等中大型杜鹃的潜在宿主。

16.7 | 保护现状

该物种被列入国家林业和草原局2023年发布的《有重要生态、科学、社会价值的陆生野生动物名录》，列入《世界自然保护联盟濒危物种红色名录》（IUCN 2022年）——无危（LC）。该物种分布范围广，不接近物种生存的脆弱濒危临界值标准（分布区域或波动范围小于20000km²，栖息地质量，种群规模，分布区域碎片化）。种群数量趋势稳定，因此被评价为无生存危机的物种。

17. 灰鹡鸰

17.1 | 概述

灰鹡鸰（*Motacilla cinerea*）属于小型鸣禽，体长约19cm。体型纤细，喙较细长，先端具缺刻；翼尖长，内侧飞羽（三级飞羽）极长，几乎与翼尖平齐；尾部细长，外侧尾羽具白；腿细长后趾具长爪，适于在地面行走，尾部较长，常做有规律的上、下摆动，经常成对活动或结小群活动。与黄鹡鸰的区别在于上背部灰色，飞行时白色翼斑和黄的腰显现。以昆虫为食。觅食时地上行走，或在空中捕食昆虫。繁殖期5～7月，筑巢于屋顶、洞穴、石缝等处，巢由草茎、细根、树皮和枯叶构成，巢呈杯状。每窝产卵4～5枚。分布于欧亚大陆和非洲，从英国、挪威南部、瑞典南部，往南到地中海沿岸以及大西洋中的亚速尔群岛、马德拉群岛、加那利群岛和北非摩洛哥、阿尔及利亚、突尼斯，往东经巴尔干半岛、小亚细亚、高加索、伊朗、阿富汗、巴基斯坦、喜马拉雅山、中亚、西伯利亚南部、蒙古，一直到太平洋沿岸堪察加半岛、俄罗斯远东、萨林岛、千岛群岛、朝鲜和日本等地；越冬于非洲、南亚和东南亚。

17.2 | 分类与分布

目名：雀形目（Passeriformes）

科名：鹡鸰科（Motacillidae）

属名：鹡鸰属（*Motacilla*）

学名：*Motacilla cinerea*

英文名：Grey Wagtail

灰鹡鸰属于雀形目鹡鸰科鹡鸰属，共有6个亚种，分别为 *M. c. cinerea*、*M. c. patriciae*、*M. c. schmitzi*、*M. c. canariensis*、*M. c. melanope*、*M. c. robusta*。其中指名亚种 *cinerea* 于1771年首次被Tunstall记述，其繁殖地位于欧洲西部和加那利岛，非洲西部经蒙古、中国中部、朝鲜半岛和九州（日本南部）到俄罗斯东部，哈萨克斯坦东部到阿富汗西部、喜马拉雅山脉中部；越冬地位于非洲东部、西部，亚洲南部，菲律宾、印度尼西亚群岛、新几内亚。亚种 *patriciae* 于1957年首次被Vaurie记述，其分布地位于亚速尔群岛，为留鸟。亚种 *schmitzi* 于1900年首次被Tschusi记述，其分布地位于马德拉群岛，为留鸟。亚种 *canariensis* 分布于加纳利群岛。亚种 *melanope* 分布于亚洲北部，从乌拉尔山脉东部至鄂霍次克海，蒙古和中国甘肃、陕西、河北；也进入天山山脉，南到阿富汗和喜马拉雅山脉，冬季进入非洲东北部和东南亚越冬。亚种 *robusta* 分布于东西伯利亚、勘察加半岛、俄罗斯远东、中国、蒙古、萨哈林岛、千岛群岛、朝鲜、日本、菲律宾等地。灰鹡鸰在中国只有1个亚种，为 *M. c. robusta*，分布于全国各省。

17.3 | 形态特征

雄鸟前额、头顶、枕和后颈灰色或深灰色；虹膜褐色，嘴黑褐色或黑色；肩、背部、腰灰色沾暗绿褐色或暗灰褐色。眉纹和颧纹白色，眼先、耳羽灰黑色。颏、喉夏季为黑色，冬季为白色，其余下体鲜黄色。两翼覆羽和飞羽黑褐色，初级飞羽除第一、二、三对外，其余初级飞羽内翈具白色羽缘，次级飞羽基部白色，形成一道明显的白色翼斑，三级飞羽外翈具宽阔的白色或黄白色羽缘。尾部上覆羽鲜黄色，部分沾有绿色，中央尾羽黑色或黑褐色、具黄绿色羽缘，外侧3对尾羽除第一对全为白色外，第二、三对外翈黑色或大部分黑色，内翈白色。跗跖长和趾暗绿色或角褐色。雌鸟和雄鸟相似，但雌鸟上体较绿灰，颏、喉白色、不为黑色。大小量度：体重雄性14～22g，雌性15～20g；体长雄性170～190mm，雌性170～187mm；嘴峰雄性12～14mm，雌性12～14mm；翼长雄性76～85mm，雌性75～85mm；尾长雄性85～96mm，雌性80～99mm；跗跖长雄性19～25mm，雄性18～22mm。

17.4 | 栖息环境

主要栖息于溪流、河谷、湖泊、水塘、沼泽等水域岸边或水域附近的草地、农田、住宅和林区居民点，尤其喜欢在山区河流岸边和道路上活动，也出现在林中溪流和城市公园中。海拔高度从2000m的平原草地到2000m以上的高山荒原湿地均有栖息。在中国长江以北主要为夏候鸟，部分旅鸟，在长江以南主要为冬候鸟，部分旅鸟。每年多在3月末4月初开始迁来北方。

17.5 生活习性

　　大部分为夏候鸟，部分为旅鸟。常单独或成对活动，有时也集成小群或与白鹡鸰混群。飞行时两翼一展一收，呈波浪式前进，并不断发出"ja～ja～ja～ja……"的鸣叫声。常停栖于水边、岩石、电线杆、屋顶等突出物体上，有时也栖于小树顶端枝头和水中露出水面的石头上，尾部不断地上下摆动。被惊动以后则沿着河谷上下飞行，并不停地鸣叫。常沿河边或道路行走捕食。主要以昆虫为食。其中雏鸟主要以石蛾、石蝇等水生昆虫为食，也吃少量鞘翅目昆虫。成鸟主要以石蚕、蝇、甲虫、蚂蚁、蝗虫、蝼蛄、蚱蜢、蜂、蟒象、毛虫等鞘翅目、鳞翅目、直翅目、半翅目、双翅目、膜翅目等昆虫为食。此外也吃蜘蛛等其他小型无脊椎动物。多在水边行走或跑步捕食，有时也在空中捕食。

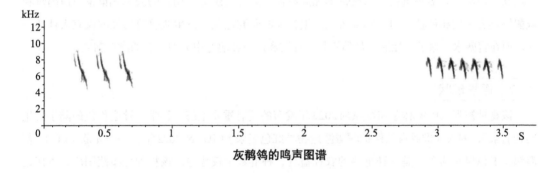

灰鹡鸰的鸣声图谱

17.6 繁殖方式

　　繁殖期5～7月。繁殖开始前，雌雄鸟常成对沿河谷飞行活动，觅找巢位。当巢域选定以后，活动范围才比较固定。此时雌雄亲鸟不仅常在一定的区域内活动，而且极为活跃，鸣叫也频繁，时常双双在巢区内位置较高的屋顶和树上鸣叫追逐。营巢于河流两岸的各式生境中。营巢位置多样，在河边土坑、水坝、石头缝隙、石崖台阶、河岸倒木树洞、房屋墙壁缝隙等各类生境中均有营巢。营巢由雌雄亲鸟共同进行。筑巢材料通常就地取得，因此常因营巢环境不同而巢材有所变化，特别是内垫物。如在林区营巢者，内垫物多系各种树皮纤维和兽毛，而在居民点及其附近营巢者，则多以人类废弃的麻、毡、家禽和家畜毛作内垫。巢外壁则多以枯草叶、枯草茎、枯草根和苔藓构成。营巢位置一般都较隐蔽，即使在开阔地面上的巢，也都隐蔽和伪装得很好。如在裸露岩石平台上的巢，由于巢材颜色和石崖很相似，一般也很难发现。巢区大小随可利用食物资源和营巢材料丰富度而变化，一般在直径500～600m范围活动。营巢期间雌雄亲鸟不再那么频繁地在空中或地面追逐和鸣叫，而是不停地觅找巢材筑巢。筑巢时先筑巢的四周外壁轮廓，最后再铺底和内垫。在宽阔水灰鹡鸰的巢材为枯草和枯草纤维，有时巢外裹苔藓，巢内层则有时具有须根，内垫羽毛和兽毛。巢为碗状正开口，内径6~7.5cm，深3~4cm。窝卵数3~4枚。卵大小17.3~19.5mm×13.7~14.5mm，重1.4~1.9g，皮黄灰色带不明显浅褐色细纹，有时在钝端形成晕带。巢筑好后即开始产卵，也有筑好巢后间隔1天再产卵的。产卵期间雌雄亲鸟均少活动和鸣叫，当雌鸟在巢中产卵时，雄鸟多在巢附近守候和觅食。通常1天产卵1枚，卵产齐后即开始孵卵，也有在产最后1枚卵时即已开始孵卵。孵卵主要由雌鸟承担，孵化期12天。雏鸟晚成性，刚出的壳绒羽期雏鸟体重1g，体长30mm，全身肉红色，除眼泡之间、枕部、背部中心、后背部和肩部有少许灰白色绒羽外，其余体表赤裸无羽。刚出壳的绒羽期雏鸟头背部被灰白色长绒毛，喙基部黄色；针羽期针羽灰黑色；正羽期针羽羽鞘破开露出灰黑色带浅白色边缘羽毛；齐羽期头背部羽毛灰色，翼膀羽毛灰黑色带浅色羽缘，尾部下的黄色覆羽开始显现。14日龄时出飞，留巢期14天。雌雄亲鸟共同育雏。灰鹡鸰巢的结构、材料和生境与宽阔水同域分布的白鹡鸰相似，区别在于，白鹡鸰的卵为白色密布褐色斑点或细纹，而灰鹡鸰的卵为皮黄灰色带不明显浅褐色细纹，有时在钝端形成晕带。长出正羽的白鹡鸰和灰鹡鸰雏鸟都具有灰色头背部，白色腹部和黑白相间的翅膀，但白鹡鸰具有明显的白色宽羽缘，而灰鹡鸰为不明显的浅色窄羽缘，且尾部下覆羽开始显现黄色，白鹡鸰则无此特征。另外，筑巢于洞穴的灰林鸮巢也与白鹡鸰和灰鹡鸰具有一定相似性，但其卵为蓝色。据目前的研究记载，寄生灰鹡鸰的杜鹃仅有大杜鹃一种。而在宽阔水，除了大杜鹃，灰鹡鸰是中杜鹃和四声杜鹃等中大型杜鹃的潜在宿主。

17.7 | 保护现状

该物种被列入国家林业和草原局2023年发布的《有重要生态、科学、社会价值的陆生野生动物名录》，列入《世界自然保护联盟濒危物种红色名录》（IUCN 2022年）——无危（LC）。灰鹡鸰主要以昆虫为食，是一种重要的农林益鸟，种群数量较普遍。该物种分布范围广，不接近物种生存的脆弱濒危临界值标准（分布区域或波动范围小于20000km²，栖息地质量，种群规模，分布区域碎片化）。种群数量趋势稳定，因此被评价为无生存危机的物种。

18. 家燕

18.1 | 概述

家燕（*Hirundo rustica*）属于小型鸣禽，体长13.2~19.7cm。上体发蓝黑色，具金属光泽。喙短而宽扁，基部宽大，呈倒三角形，上喙近先端有一缺刻；口裂极深，嘴须不发达。腹面白色，翼狭长而尖，尾部呈叉状，形成"燕尾"，脚短而细弱，趾三前一后。体态轻捷伶俐，两翼狭长，飞行时好像镰刀，尾部分叉像剪子。飞行迅速如箭，忽上忽下，时东时西，能够急速变换方向。常可见到它们成对地停落在村落附近的田野和河岸的树枝上，还有电杆和电线上，也常结队在田野、河滩飞行掠过。飞行时张着嘴捕食蝇、蚊等各种昆虫。鸣声尖锐而短促。世界性分布，是爱沙尼亚和奥地利的国鸟。

18.2 分类与分布

目名：雀形目（Passeriformes）

科名：燕科（Hirundinidae）

属名：燕属（*Hirundo*）

学名：*Hirundo rustica*

英文名：Barn Swallow

家燕属于雀形目燕科燕属，共有8个亚种，分别为 *H. r. rustica*、*H. r. transitiva*、*H. r. savignii*、*H. r. gutturalis*、*H. r. tytleri*、*H. r. erythrogaster*、*H. r. mandschurica*、*H. r. saturata*。指名亚种 *rustica* 于1758年首次被 Linnaeus 记述，其繁殖地位于欧洲和亚洲，北至北极圈，南至北非，中东和锡金，东至叶尼塞河，越冬地位于非洲、阿拉伯和印度次大陆。亚种 *transitiva* 于1910年首次被 Hartert 记述，其繁殖地位于黎巴嫩、叙利亚、以色列和约旦，部分留鸟，非留鸟越冬地为东非。亚种 *savignii* 于1817年首次被 Stephens 记述，其分布地位于埃及，为留鸟。亚种 *gutturalis* 于1786年首次被 Scopoli 记述，其繁殖地位于喜马拉雅山脉中部和东部，日本、韩国，越冬地位于几内亚和澳大利亚沿海地区。亚种 *tytleri* 于1864年首次被 Jerdon 记述，其繁殖地位从西伯利亚中部向南到蒙古北部，越冬地从孟加拉东部到泰国和马来西亚。亚种 *erythrogaster* 于1783年首次被 Boddaert 记述，其繁殖地位于整个北美，越冬地从阿拉斯加到墨西哥南部、小安的列斯群岛、哥斯达黎加、巴拿马和南美洲。亚种 *mandschurica* 于1934年首次被 Meise 记述，分布于中国东北；冬季到东南亚越冬。亚种 *saturata* 分布于俄罗斯东部（堪察加和鄂霍次克海海岸的中至阿穆尔河流域）冬季到东南亚。家燕在中国有4个亚种，分别为 *H. r. rustica*、*H. r. gutturalis*、*H. r. tytleri*、*H. r. mandschurica*。其中指名亚种 *rustica* 分布新疆和西藏西部。亚种 *gutturalis* 分布于全国各省。亚种 *tytleri* 分布于黑龙江南部、北京、河北、山东、内蒙古东北部、云南、四川、贵州、江苏东部、上海、福建、台湾。亚种 *mandschurica* 分布于黑龙江。分布于贵州宽阔水的亚种包括 *gutturalis* 和 *tytleri*。

18.3 形态特征

雌雄羽色相似。前额深栗色，上体从头顶一直到尾部上覆羽均为蓝黑色而富有金属光泽。虹膜暗褐色，嘴黑褐色。颏、喉和上胸栗色或棕栗色，其后有一黑色环带，有的黑环在中段被侵入栗色中断，下胸、腹和尾部下覆羽白色或棕白色，也有呈淡棕色和淡赭桂色的，随亚种而不同，但均无斑纹。两翼小覆羽、内侧覆羽和内侧飞羽亦为蓝黑色而富有金属光泽。初级飞羽、次级飞羽和尾部羽黑褐色微具蓝色光泽，飞羽狭长。尾部长、呈深叉状。最外侧一对尾部羽特形延长，其余尾羽由两侧向中央依次递减，除中央一对尾羽外，所有尾羽内翈均具一大型白斑，飞行时尾部平展，其内㭎上的白斑相互连成"V"字形。跗跖长和趾黑色。未成年鸟和成鸟相似，但尾部较短，羽色亦较暗淡。大小量度：体重雄性14～22g，雌性14～21g；体长雄性134～197mm，雌性132～183mm；嘴峰雄性6～9mm，雌性6～9mm；翼长雄性101～121mm，雌性106～116mm；尾长雄性68～112mm，雌性66～109mm；跗跖长雄性8～12mm，雌性9～12mm。

18.4 | 栖息环境

夏候鸟，喜欢栖息在人类居住的环境。村落附近，常成对或成群地栖息于村屯中的房顶、电线以及附近的河滩和田野里。

18.5 | 生活习性

夏候鸟，善飞行，整天大多数时间都成群地在村庄及其附近的田野上空不停地飞翔，飞行迅速敏捷，有时飞得很高，在空中翱翔，有时又紧贴水面一闪而过，时东时西，忽上忽下，没有固定飞行方向，有时还不停地发出尖锐而急促的叫声。活动范围不大，通常在栖息地2km²范围内活动。每日活动时间较长，一般早晨4:00多即开始活动，直到傍晚7:00多才停止活动。其中尤以7:00～8:00和17:00～18:00最为活跃，中午常作短暂休息。有时亦与金腰燕一起活动。主要以昆虫为食，在飞行中边飞边捕。食物种类常见有蚊、蝇、蛾、蚁、蜂、叶蝉、象甲、金龟甲、叩头甲、蜻蜓等。

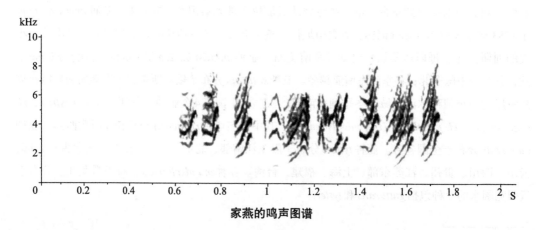

家燕的鸣声图谱

18.6 | 繁殖方式

繁殖期4～7月。多数1年繁殖2窝，第一窝通常在4～6月，第二窝多在6～7月。通常在到达繁殖地后不久即开始繁殖活动，此时雌雄鸟甚为活跃，常成对活动在居民点，时而在空中飞翔，时而栖于房顶或房檐下横梁上，并以清脆婉转的声音反复鸣叫。经过这种求偶表演后，雌雄家燕即开始营巢。巢多置于人类房舍内外墙壁上、屋椽下或横梁上，甚至在悬吊着的电灯头上筑巢。筑巢时雌雄亲鸟轮流从江河、湖泊、沼泽、水田、池塘等水域岸边衔取泥、麻、线和枯草茎、草

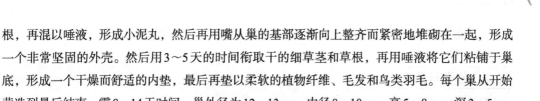

根，再混以唾液，形成小泥丸，然后再用嘴从巢的基部逐渐向上整齐而紧密地堆砌在一起，形成一个非常坚固的外壳。然后用3～5天的时间衔取干的细草茎和草根，再用唾液将它们粘铺于巢底，形成一个干燥而舒适的内垫，最后再垫以柔软的植物纤维、毛发和鸟类羽毛。每个巢从开始营造到最后结束，需8～14天时间。巢外径为12～13cm，内径8～10cm，高5～8cm，深3～5cm，巢开口向上，呈平底小碗状。卵为白色底带棕红色斑点，卵大小17.5～19.4mm×12.8×13.7mm，卵重1.3～1.7g。据目前的研究记载，国内外寄生家燕的杜鹃仅有大杜鹃一种，但寄生的卵色型未知。除了大杜鹃，在宽阔水家燕是四声杜鹃、中杜鹃等中大型杜鹃的潜在宿主。

18.7 | 保护现状

该物种被列入国家林业和草原局2023年发布的《有重要生态、科学、社会价值的陆生野生动物名录》，列入《世界自然保护联盟濒危物种红色名录》（IUCN 2022年）——无危（LC）。该物种分布范围广，不接近物种生存的脆弱濒危临界值标准（分布区域或波动范围小于20000km^2，栖息地质量，种群规模，分布区域碎片化）。种群数量趋势稳定，因此被评价为无生存危机的物种。家燕是最常见的一种夏候鸟，分布广，数量大，也深受人们喜爱，自古以来就有保护家燕的习俗和传统，还常常为它们提供筑巢条件，从而使家燕得到繁衍、种群不断壮大。但随着人们生活水平的提高和思想观念的变化，一些人怕弄脏屋子不让家燕在房上营巢，有的甚至捕食家燕，从而使家燕的种群数量受到很大影响，历史上家燕分布较多的地区，也很少见到家燕了。有的地区已将家燕列入了地区保护动物名单。

19. 金腰燕

19.1 | 概述

金腰燕（*Cecropis daurica*）属于小型鸣禽，体长16～18cm。上体黑色，具有辉蓝色光泽，脸颊部棕色，虹膜褐色；嘴及脚黑色。喙短而宽扁，基部宽大，呈倒三角形，上喙近先端有一缺刻；口裂极深，嘴须不发达。翼狭长而尖，尾部呈叉状，形成"燕尾"，脚短而细弱，趾三前一后。腰部栗色，下体棕白色，而多具有黑色的细纵纹，尾部甚长，为深凹形。最显著的标志是有一条栗黄色的腰带，浅栗色的腰与深蓝色的上体成对比，下体白而多具黑色细纹，尾部长而叉深。常见于山间村镇附近的树枝或电线上。生活习性与家燕相似，不同的是它常停栖在山区海拔较高的地方。有时和家燕混飞在一起，但飞行不如家燕迅速，常常停翔在高空，鸣声较家燕稍响亮。结小群活动，飞行时振翅较缓慢且比其他燕更喜高空翱翔。善飞行，飞行迅速敏捷，主要以昆虫为食，食物种类常见有双翅目、鳞翅目、膜翅目、鞘翅目、同翅目、蜻蜓目等昆虫。分布于西伯利亚、蒙古、朝鲜、日本、中南半岛、印度、尼泊尔及中国。

19.2 | 分类与分布

目名：雀形目（Passeriformes）

科名：燕科（Hirundinidae）

属名：斑燕属（*Cecropis*）

学名：*Cecropis daurica*

英文名：Red-rumped Swallow

金腰燕属于雀形目燕科斑燕属，共有10个亚种，分别为 *C. d. daurica*、*C. d. japonica*、*C. d. nipalensis*、*C. d. erythropygia*、*C. d. rufula*、*C. d. melanocrissus*、*C. d. kumboensis*、*C. d. emini*、*C. d. domicella*、*C. d. gephyra*。其中指名亚种 *daurica* 于1769年首次被 Laxmann 记述，其繁殖地从哈萨克斯坦和蒙古到中国，越冬地位于东南亚。亚种 *japonica* 于1845首次被 Temminck 和 Schlegel 记述，其繁殖地位于西伯利亚东南部、朝鲜半岛、日本和中国南部，越冬地位于新几内亚、澳大利亚沿海地区和俾斯麦群岛。亚种 *nipalensis* 于1837年首次被 Hodgson 记述，其繁殖地从喜马拉雅山脉到缅甸北部，越冬地位于印度。亚种 *erythropygia* 于1832年首次被 Sykes 记述，其繁殖地位于印度，越冬地位于斯里兰卡。亚种 *rufula* 于1835年首次被 Temminck 记述，其繁殖地位于欧洲南部和非洲北部，东至伊朗、巴基斯坦和印度西北部，越冬地位于非洲和亚洲南部。亚种 *melanocrissus* 于1845年首次被 Rüppell 记述，其分布地位于埃塞俄比亚和厄立特里亚，为留鸟。亚种 *kumboensis* 于1923年首次被 Bannerman 记述，其分布地位于塞拉利昂和喀麦隆西部，为留鸟。亚种 *emini* 于1892年首次被 Reichenow 记述，其分布地从苏丹、乌干达和肯尼亚到马拉维和赞比亚，为留鸟。亚种 *domicella* 于1870年首次被 Hartlaub 和 Finsch 记述，分布于塞内加尔、冈比亚、几内亚、苏丹和埃塞俄比亚。亚种 *gephyra* 分布于中国、印度、巴基斯坦、尼泊尔和缅甸北部等地。金腰燕在中国有4个亚种，分别为 *C. d. daurica*、*C. d. japonica*、*C. d. nipalensis*、*C. d. gephyra*。其中指名亚种 *daurica* 分布于黑龙江、吉林、内蒙古东北部、新疆。亚种 *japonica* 分布于黑龙江、吉林、辽宁、北京、天津、河北、山东、河南、山西、陕西、内蒙古东部、甘肃、云南、四川、重庆、贵州、湖北、湖南、安徽、江西、江苏、上海、浙江、福建、广东、香港、澳门、广西、台湾。亚种 *nipalensis* 分布于西藏东南部、云南西部、广西西北部。亚种 *gephyra* 分布于山东、宁夏、甘肃西部和南部、西藏南部和东部、青海东部和南部、云南西部和西北部、四川、江苏东部、福建东部。分布于贵州宽阔水的亚种为 *japonica*。

19.3 | 形态特征

雌雄羽色相似。上体从前额、头顶一直到背部均为蓝绿色而具金属光泽，有的后颈杂有栗黄色或棕栗色、形成领环，有的后颈微杂棕栗色。眼先棕灰色，羽端沾黑，颊和耳羽棕色具暗褐色羽干纹，虹膜暗褐色，嘴黑褐色。两翼小覆羽和中覆羽与背部同色，其余外侧覆羽和飞羽黑褐色，内侧羽缘稍淡，外侧微具光泽。腰栗黄色或棕栗色、不同程度具有黑色羽干纹，有的腰部黑色羽干纹不明显或几无纵纹。下体棕白色、满杂以黑色纵纹，尾部长，最外侧一对尾部羽最长，往内依次缩短，尾部呈深叉状，尾部羽为黑褐色，除最外侧一对尾部羽外，其余尾部羽外侧微具蓝黑色金属光泽。尾部下覆羽纵纹细而疏，羽端亦为辉蓝黑色。跗跖长和趾暗褐色。雏鸟和成鸟相似，但上体缺少光泽，尾部亦较短。大小量度：体重雄性18～30g，雌鸟性15～31g；体长雄性155～206mm，雌性153～196mm；嘴峰雄性6～9mm，雌性6～9mm；翼长雄性102～130mm，雌性109～131mm；尾长雄性85～122mm，雌性78～114mm；跗跖长雄性12～14mm，雌性12～14mm。

19.4 | 栖息环境

生活习性与家燕相似，栖息于低山及平原地区的村庄、城镇等居民住宅区附近，生活于山脚坡地、草坪，也围绕树林附近有轮廓的平房、高大建筑物、工厂飞翔、停栖在空旷地区的树上或无叶的枝条和枯枝。通常出现于平地至低海拔之空中或电线上。

19.5 | 生活习性

在中国主要为夏候鸟，每年迁来中国的时间随地区而不同。南方较早，北方较晚。秋季南迁的时间多在9月末至10月初，少数迟至11月末才迁走。主要栖于低丘陵和平原常成群活动，少者几只、十余只，多者数十只，迁徙期间有时集成数百只的大群。性极活跃，喜欢飞翔，整天大部分时间几乎都在村庄和附近田野及水面上空飞翔。飞行轻盈而悠闲，有时也能像鹰一样在天空翱翔和滑翔，有时又像闪电一样掠水而过，飞行极为迅速而灵巧。休息时多停歇在房顶、屋檐和房前屋后湿地上和电线上，并常发出"唧唧"的叫声。以昆虫为食，而且主要吃飞行性昆虫，主要有蚊、虻、蝇、蚁、胡蜂、蜂、蟓象、甲虫等双翅目、膜翅目、半翅目和鳞翅目等昆虫。

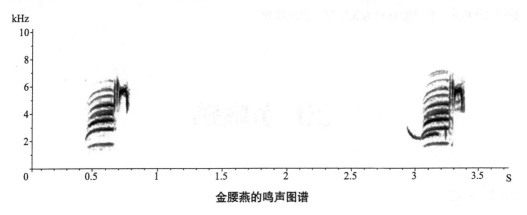

金腰燕的鸣声图谱

19.6 | 繁殖方式

繁殖期4～9月。繁殖开始前它们常常成对在空中飞翔，或并排地站在房顶或房前电线上，雄燕常常反复不停地对着身旁的雌燕鸣叫，鸣声清脆婉转，雌燕亦常常跟着对鸣。经3～5天后雌雄金腰燕则双双飞到附近的河边、池塘、沼泽、湖泊、水沟等潮湿地上摄取泥土筑巢。通常营巢于人类房屋等建筑物上，巢多置于屋檐下、天花板上或房梁上。筑巢时金腰燕常将泥丸拌以麻、植物纤维和草茎在房梁和天花板上堆砌成半个曲颈瓶状或葫芦状的巢。瓶颈即是巢的出入口，内径2.7～5.7cm，扩大的末端即为巢室，内垫以干草、破布、棉花、毛发、羽毛等柔软物。雌雄亲鸟共同营巢，每个巢需10～26天才能完成。喜欢利用旧巢即使旧巢已很破旧，也常常加以修理后再用。每年可繁殖2次，每窝产卵4～6枚，多为5枚，第二窝也有少至2～3枚的。卵纯白色，个别有少许棕褐色斑点，卵的大小为19～23.5mm×13～15mm，重1.6～1.9g。卵产齐后即开始孵卵，亦有在卵未产齐就开始孵卵的。孵卵由雌雄亲鸟轮流进行，孵化期17±1天，在巢期26～28天。雏鸟孵出时体重仅1～1.6g，体长35～40mm，全身赤裸无羽，孵出6日后睁眼，雌雄亲鸟共同育雏。孵出23日龄时已能站在巢口张望，26日龄时出飞，在无干扰情况下可留巢到28日，留巢期26～28天。据目前的研究记载，国内外均无杜鹃寄生记录，且国内的研究表明金腰燕可以识别和拒绝养育大杜鹃雏鸟。

19.7 | 保护现状

该物种被列入国家林业和草原局2023年发布的《有重要生态、科学、社会价值的陆生野生动物名录》，列入《世界自然保护联盟濒危物种红色名录》（IUCN 2022年）——无危（LC）。金腰燕是中国常见的夏候鸟，在中国分布广、数量大，长期受到中国人民的喜爱和保护，被认为是一种吉祥鸟，能给人们带来好运，因此自古以来人们就喜欢它来家筑巢，并给它提供种种方便条件。但随着人们观念的变化，一些人嫌它在房上筑巢拉得满地是鸟粪不卫生而加以驱赶和毁坏，因此在中国的种群数量明显减少，不少地区也难见到踪迹。为了保护这一有益鸟类，有的省区已将它列入了地方保护鸟类名单。该物种分布范围广，不接近物种生存的脆弱濒危临界值标准（分布区域或波动范围小于20000km²，栖息地质量，种群规模，分布区域碎片化）。种群数量趋势稳定，因此被评价为无生存危机的物种。

20. 黄喉鹀

20.1 | 概述

黄喉鹀（*Emberiza elegans*）属于小型鸣禽，体长约15cm。喙为圆锥形，雄鸟有一短而竖直的黑色羽冠，眉纹自额至枕侧长而宽阔，前段为黄白色、后段为鲜黄色。背部栗红色或暗栗色，颏黑色，上喉黄色，下喉白色，胸有一半月形黑斑，其余下体白色或灰白色。雌鸟和雄鸟大致相似，但羽色较淡，头部黑色转为褐色，前胸黑色半月形斑不明显或消失，与雀科的鸟类相比较为细弱，上下喙边缘不紧密切合而微向内弯，因而切合线中略有缝隙。主要栖息于低山丘陵地带的次生林、阔叶林、针阔叶混交林的林缘灌丛中，尤喜河谷与溪流沿岸疏林灌丛。一般以植物种子为食。非繁殖期常集群活动，繁殖期在地面或灌丛内筑碗状巢。分布于俄罗斯、朝鲜、日本和中国等地。

20.2 | 分类与分布

目名：雀形目（Passeriformes）

科名：鹀科（Emberizidae）

属名：鹀属（*Emberiza*）

学名：*Emberiza elegans*

英文名：Yellow-throated Bunting

黄喉鹀属于雀形目鹀科鹀属，共有3个亚种，分别为 *E. e. elegans*、*E. e. elegantula*、*E. e. ticehursti*。其中指名亚种 *elegan* 于1836年首次被Temminck记述，其分布地位于俄罗斯远东、中国中部、朝鲜半岛和对马岛一带（日本西部），为留鸟。亚种 *elegantula* 于1870年首次被Swinhoe记述，其分布地位于中国，为留鸟。亚种 *ticehursti* 于1926年首次被Sushkin记述，其分布地位于俄罗斯阿穆尔地区及中国。黄喉鹀3个亚种均在中国分布。其中指名亚种 *elegan* 分布于四川中部、福建、台湾。亚种 *elegantula* 分布于河北南部、陕西南部、云南、四川、贵州、湖北西部、湖南西部和南部。亚种 *ticehursti* 分布于黑龙江、吉林、辽宁、北京、天津、河北、山东、河南、陕西、陕西、内蒙古、宁夏、甘肃、新疆、四川、重庆、湖北、安徽、江西、江苏、上海、浙江、福建、广东、香港、广西。分布于贵州宽阔水的亚种为 *elegantula*。

20.3 | 形态特征

雄鸟夏羽前额、头顶、头侧和一短的冠羽概为黑色，眉纹自额基至枕侧长而宽阔，前段为白色或黄白色、后段为鲜黄色，有时延伸至枕，明显较前段宽粗。颏黑色，上喉鲜黄色，下喉白色，胸具一半月形黑斑，其余下体污白色或灰白色，两胁具栗色或栗黑色纵纹，腋羽和翼下覆羽白色。后颈黑褐色具灰色羽缘或为灰色。背部、肩栗红色或栗褐色、具粗著的黑色羽干纹和皮黄色或棕灰色羽缘。两翼飞羽黑褐色或黑色，外翈羽缘皮黄色或棕灰色，内侧飞羽内翈羽缘白色。翼上覆羽黑褐色，中覆羽和大覆羽具棕白色端斑，在翼上形成两道翼斑；腰和尾部上覆羽淡棕灰或灰褐色、有时微沾棕栗色。中央一对尾羽灰褐或棕褐色，其余尾部羽黑褐色，羽缘浅灰褐色，最外侧两对尾部羽具大形楔状白斑。冬羽黑色部分具沙皮黄色羽缘，其余似夏羽。黄喉鹀雌鸟与雄鸟相似，但羽色较淡，头部黑色部分转为黄褐色或褐色，眉纹、后枕皮黄色或沙黄色，有时眉纹后段沾黄色，眼先、颊、耳羽、头侧棕褐色。颏和上喉皮黄色或污沙黄色，其余下体白色或灰白色，胸部无黑色半月形斑，有时仅具少许栗棕色或黑栗色纵纹，两胁具栗褐色纵纹，其余同雄鸟。未成年鸟和雌鸟相似。头、颈和肩棕褐色具黑色羽干纹，眉纹淡棕色，背部棕红褐色具黑色羽干纹，翼黑褐色，翼上覆羽具白色羽缘，飞羽具棕色羽缘，腰灰褐色。颏淡黄色，喉、胸红褐色具细的棕褐色纵纹，其余下体白色或污白色，两胁具黑色羽干纹。虹膜褐色或暗褐色，嘴黑褐色，脚肉色。大小量度：体重雄性13～24g，雌性11～18.78g；体长雄性134～156mm，雌性

135～155mm；嘴峰雄性8～11mm，雌性8.5～12mm；翼长雄性69～79mm，雌性64～74mm；尾长雄性60～80mm，雌性60～70mm；跗跖长雄性18～21mm，雌性18～21mm。

20.4 栖息环境

栖息于低山丘陵地带的次生林、阔叶林、针阔叶混交林的林缘灌丛中，尤喜河谷与溪流沿岸疏林灌丛，也栖息于生长有稀疏树木或灌木的山边草坡以及农田、道旁和居民点附近的小块次生林内。黄喉鹀也常常结成小群活动于山麓、山间溪流平缓处的阔叶林间以及山间的草甸和灌丛，极少活动于针叶林带，迁徙季节亦不结大群，途中会选择平原的杂木阔叶林落脚。

20.5 生活习性

黄喉鹀除西南亚种在中国为留鸟不迁徙外，其余两亚种均迁徙。春季最早在3月。繁殖期间单独或成对活动，非繁殖期间、特别是迁徙期间多成5～10只的小群，有时亦见多达20多只的大群，沿林间公路和河谷等开阔地带活动。性活泼而胆小，频繁地在灌丛与草丛中跳来跳去或飞上飞下，有时亦栖息于灌木或幼树顶枝上，见人后又立刻落入灌丛中或飞走。多沿地面低空飞翔，觅食亦多在林下层灌丛与草丛中或地上，有时也到乔木树冠层枝叶间觅食。以昆虫和昆虫幼虫为食，繁殖期间几全吃昆虫。在长白山的研究，除成鸟在繁殖期间主要以昆虫为食外，未成年鸟则多以昆虫的幼虫为食，主要有鳞翅目夜蛾科、麦蛾科、尺蠖科、螟蛾科、膜翅目叶蜂科、毛翅目石蛾科、双翅目食蚜蝇科。

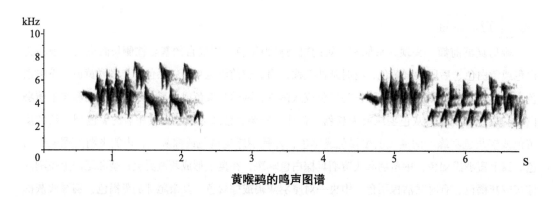

黄喉鹀的鸣声图谱

20.6 繁殖方式

繁殖期5～7月。1年繁殖2窝，第一窝在4月末至6月初，第二窝在6月初至7月初。刚迁入繁殖地时成群活动在低山开阔地带的农田、道边、河谷和居民点附近的灌丛和小林内，随着天气的转暖，逐渐沿河谷与道路两侧的次生林和灌丛向上部地带扩散。4月中下旬开始占区和求偶鸣叫，羽冠耸立，鸣声悦耳。5月初开始营巢，在林缘、河谷和路旁次生林与灌丛中的地上草丛中或树根旁、也在离地不高的幼树或灌木上筑巢，距地高0.8m以下。每巢仅繁殖1窝，不用旧巢。第一窝多在地面，第二窝多在茂密的灌丛中或幼树上。巢呈杯状，外层用树的韧皮纤维和枯草茎、叶以及较粗的草根等构成，内层则多用细的枯草茎、草叶和草根，再垫以兽毛等柔软物质。巢的大小为外径11~15cm，内径5.5~7.6cm，高8~11cm，深4.3~6cm。营巢由雌雄亲鸟共同承担，通常先筑外部结构，然后再筑内部，最后再铺内垫物。营筑过程，最快的要5~6天，最慢的要7~8天才能筑成。通常第一窝筑巢时间较长，巢的结构较精致；第二窝筑巢时间较短，巢的结构较粗糙。巢筑好后即开始产卵，每窝产卵6枚。第一窝多为6枚，少为5枚，第二窝多为5枚，少为4枚和3枚。1天产1枚卵，产卵时间在早晨5:00以前。第一窝产卵时间在5月初至5月末，大量在5月中下旬；第二窝在6月中旬至6月末。卵灰白色、白色或乳白色，被有不规则的黑褐色、紫褐色和黑色斑点和斑纹。卵为钝卵圆形和长卵圆形，大小为16~20mm×14~16mm，重1.8~2.4g。卵产齐后即开始孵卵，由雌雄鸟轮流进行。孵卵期间甚为恋巢，特别是雄鸟，有时人到巢前亦不飞，但雌鸟较胆怯，人还未到巢前即离巢而藏匿于丛林内。孵化期11~12天，雏鸟晚成性，刚孵出时全身除枕、肩、背部中心、前肢、股沟和两眼泡之间有少许纤细的灰色绒羽外，其余全赤裸无羽、桃红色，眼泡灰色。雌雄亲鸟共同育雏，10~11天未成年鸟即可离巢，在有干扰的情况下，留巢期仅8~9天。未成年鸟离巢后在雌雄亲鸟带领下在巢区附近活动，但不再回巢过夜。据目前的研究记载，黄喉鹀在国外被巽他岛杜鹃（*Cuculus lepidus*）寄生，在国内尚无寄生记录。在宽阔水黄喉鹀是大杜鹃、四声杜鹃、中杜鹃等中大型杜鹃的潜在宿主。

20.7 | 保护现状

该物种被列入国家林业和草原局2023年发布的《有重要生态、科学、社会价值的陆生野生动物名录》，列入《世界自然保护联盟濒危物种红色名录》（IUCN 2022年）——无危（LC）。黄喉鹀全球种群数量尚未确定，但据报道该物种相当普遍，而全部物种估计数包括：100~100000个繁殖对，50~10000只迁徙个体，在中国越冬数量平均1000只；在韩国有100~100000个繁殖对，有50~10000只迁徙个体和1000~10000只越冬个体；在日本有100~10000个繁殖对，有50~1000只繁殖个体和1000~10000只越冬个体，在俄罗斯有10000~100000个繁殖对和1000~10000只繁殖个体（2009年）。趋势判断：如果没有任何下降或严重威胁的证据，则怀疑物种数量稳定。

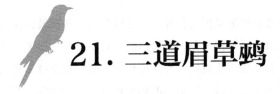

21. 三道眉草鹀

21.1 | 概述

三道眉草鹀（*Emberiza cioides*）属于小型鸣禽，体长约16cm，通体棕色，具醒目的黑白色头部图纹和白色的眉纹以及栗色的胸带。繁殖期雄鸟脸部有别致的褐色及黑白色图纹，胸栗，腰棕。雌鸟色较淡，眉纹及下颊纹黄色，胸浓黄色。三道眉草鹀的冬春季食谱以野生草种为主，夏季以昆虫为主。喜欢在开阔的环境中活动，常见于丘陵地带和半山区地稀疏阔叶林地，山麓平原或山沟的灌丛和草丛中以及远离村庄的树丛和农田。主要分布于亚洲东部地区，俄罗斯的远东地区、蒙古、朝鲜半岛、日本列岛和中国。

21.2 | 分类与分布

目名：雀形目（Passeriformes）

科名：鹀科（Emberizidae）

属名：鹀属（*Emberiza*）

学名：*Emberiza cioides*

英文名：Meadow Bunting

三道眉草鹀属于雀形目鹀科鹀属，共有5个亚种，分别为 *E. c. cioides*、*E. c. tarbagataica*、*E. c. weigoldi*、*E. c. castaneiceps*、*E. c. ciopsis*。其中指名亚种 *cioides* 于1843年首次被 Brandt 记述，分布地位于西伯利亚和外贝加尔地区（俄罗斯东部）、蒙古和中国青海东部，为留鸟。亚种 *tarbagataica* 于1925年首次被 Sushkin 记述，分布地位于哈萨克斯坦、吉尔吉斯斯坦和新疆，为留鸟。亚种 *weigoldi* 于1923年首次被 Jacobi 记述，分布地位于阿穆尔州和乌苏里兰（俄罗斯西部），朝鲜半岛北部和中国北部，为留鸟。亚种 *castaneiceps* 于1856年首次被 Moore 记述，分布地位于中国河北和韩国南部，为留鸟。亚种 *ciopsis* 于1850年首次被 Bonaparte 记述，分布地位从萨哈林岛和千岛群岛（俄罗斯西部）和北海道至屋久岛（日本北部至南部），为留鸟。三道眉草鹀在中国有4个亚种，分别为 *E. c. cioides*、*E. c. tarbagataica*、*E. c. weigoldi*、*E. c. castaneiceps*。其中指名亚种 *cioides* 分布于黑龙江北部、内蒙古东北部、甘肃西北部、新疆北部、青海东部。亚种 *tarbagataica* 分布于新疆北部。亚种 *weigoldi* 分布于黑龙江、吉林、辽宁、河北东北部、山西北部、内蒙古东南部。亚种 *castaneiceps* 分布于北京、河北、山东、河南、山西、陕西南部、宁夏、甘肃、云南东北部、四川、重庆、贵州、湖北、湖南、安徽、江西、江苏、上海、浙江、福建、广东、广西、台湾。分布于贵州宽阔水的亚种为 *castaneiceps*。

21.3 | 形态特征

雄雌个体同形异色。雄性成鸟额呈黑褐色和灰白色混杂状；头顶及枕深栗红色，羽缘淡黄色；眼先及下部各有一条黑纹；耳羽深栗色；眉纹白色，自嘴基伸至颈侧；颏及喉淡灰色；上体余部栗红色，向后渐淡，各羽缘以土黄色，并具黑色羽干纹，而下体和尾部上覆羽纯色；中央一对尾部羽栗红色而具黑褐色羽干纹，其余尾部羽黑褐色，外翈边缘土黄色，最外一对有一白色带从内翈端部直达外翈的近基部，外侧第二对末端中央，有一楔状白斑；小覆羽灰褐色，羽缘较浅白；中覆羽内翈褐色，外翈栗红色，羽端土黄色；大覆羽和三级飞羽中央黑褐色，羽缘黄白；小翼羽，初级飞羽暗褐，羽缘淡棕；飞羽均暗褐色，初级飞羽外缘灰白，次级飞羽的羽缘淡红褐色；上胸栗红，呈显明横带；两胁栗红色而至栗黄，越往后越淡，直至和尾部下覆羽及腹部的砂黄色相混合。腋羽和翼下覆羽灰白，羽基微黑。雌性成鸟体羽色较雄鸟稍淡；头顶、后颈和背部均呈浅褐色沾棕，而满布黑褐色条纹；耳羽也沾土黄色，眼先和颊纹玷污黄色；眉纹、耳羽及喉均土黄色；胸部栗色横带不显明。雏鸟上体黄褐，有的腰以下微沾黄；下体砂黄，除腹和尾部下覆羽外，通体满布黑褐色条纹或斑点。虹膜栗褐色；嘴灰黑色，下嘴较浅；腿脚肉色。大小量度：体重雄性20～28g，雌性19～28.5g；体长雄性146～176mm，雌性144～167mm；嘴峰雄性9～12mm，雌性9～12mm；翼长雄性73～83mm，雌性71～82mm；尾长雄性69～80mm，雌性70～87mm；跗跖长雄性17～21mm，雌性16～22mm。

21.4 栖息环境

喜栖在开阔地带，在吉林地区栖于丘陵地带的稀疏阔叶林，人工林和其他小片林缘；在半山区的开阔地区也有分布；在沈阳喜栖于明亮的丘岗，而有浓厚的杂草、稀疏的散布着小柞树、小松林和小桑树地区；在胶东半岛它喜栖山麓和沟谷附近的灌木丛和草丛间；在秦岭常在山麓平原地区；在湖南和贵州见于离村较远的树丛和田地中活动；但在青海见于湟水河谷的丘陵草地中。有的亚种于夏日见于海拔2800m的高山上，但不进入密暗林内。据统计三道眉草鹀垂直分布界在1100m以下，而500～1100m此鸟为优势种。

21.5 生活习性

夏季多见于丘陵及高山上；冬季抵达山脚或山谷及平原等地。常栖息在草丛中，矮灌木间、岩石上，或空旷而无掩蔽的地面、玉米秆上、电线或电杆上等。冬季常见成群活动，由数十只结集在一起；繁殖则分散成对活动。雄鸟有美妙动听的歌声，特别是在繁殖时期。到了冬季，它们就会冲到山脚下和平原处生活。在电线杆上、岩石上、空旷的地面上、草丛中都能看到它们的身影。如果在天气寒冷的时候，一般它们都是成群结队的集体活动。在进入繁殖期时，它们就会分散找配偶。繁殖期成对生活，雏鸟离巢后多以家族群方式生活，冬季集结成小群，而很少单独活动。性颇怯疑，一见有人便立刻停止鸣叫，或远飞或快速藏匿。雄鸟鸣声动听，特别在繁殖时期，从清晨到中午站在小树尖端或电线上鸣唱不已。在吉林地区，它于4月间开始鸣叫，5～6月最强烈，8月后鸣叫减少，但在冬季明朗天气时也进行"大合唱"。此鸟在草丛中有

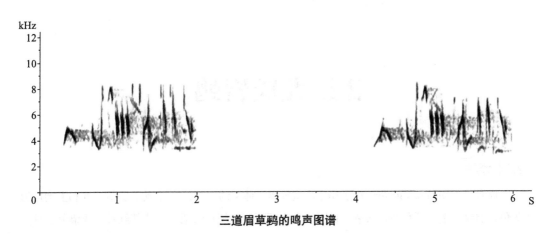

三道眉草鹀的鸣声图谱

时发出3~4声的"je~ji~ji"声。冬季以各种野生草子为主，也有少量的树木种子、各种谷粒和冬菜等；夏季以昆虫为主，食物中以鳞翅目昆虫幼虫最多，其次是甲虫、小型蝗蝻，间或有蠕虫。吃植物，包括蓼、稗、狗尾草、鹅冠草、荸荠、萝卜、稻谷、麦等种子，但主要为草子。其次为直翅目与同翅目昆虫；也吃少量双翅目、膜翅目昆虫及蜘蛛等。

21.6 | 繁殖方式

三道眉草鹀在中国东北地区4月分散到巢区进行配对，5月初营巢，5月中下旬孵卵，6月末7月初孵第二窝卵。巢一般筑于山坡草丛地面，极少数在灌丛小树上，但在南方也筑在小松树上或茶树上，或筑于溪边，田边小而密的荆棘丛中，极少在高树上。在庐山巢多营造在茶园、菜地、道旁及住宅旁的灌丛和荆棘丛中。仅雌鸟筑巢，4~5天完成。巢呈碗状，内径4~6cm，深3~4cm，巢外壁主要为禾本科草茎；少量落叶松针、蒿草、锈线菊叶等；内壁多为植物须根、细草茎等；内垫少量兽毛、亚洲发衣等。巢由禾本科植物茎和叶构成，有的巢材混有须根，内垫须根和兽毛等。每年一窝。巢筑完后，当天或隔一天开始产卵。窝卵数2~5枚，卵大小19.9~22.6mm × 14.5~15.8mm，重2.1~2.6g；卵壳色泽变化很大，但同一窝却基本相似。卵椭圆形，白色或乳白色，钝端有蝌蚪状黑斑联成环状，其他部位少有斑点。或乳白浅蓝色；斑多丝发状，底层浅紫色，表层为黑褐色及浓黑色，密集于卵的钝端绕成一宽环，其余各处偶有零星的棒状或点状斑。雌鸟孵化，期限为12~13天。雏鸟一般1~2天出齐，留巢期为11~12天，两性育雏，未成年鸟离巢后在亲鸟带领下，在巢区附近游荡3~5天。8月末形成同种群，每群数量为10~20多只，多在食物丰富的灌丛、草甸中活动。冬季在公路旁、灌丛、草甸中活动，为同种群，每群一般5~10只。据目前的研究记载，寄生三道眉草鹀的杜鹃仅有大杜鹃一种，但卵色型未知。除了大杜鹃，在宽阔水戈氏岩鹀是四声杜鹃、中杜鹃等中大型杜鹃的潜在宿主。

21.7 | 保护现状

该物种被列入国家林业和草原局2023年发布的《有重要生态、科学、社会价值的陆生野生动物名录》，列入《世界自然保护联盟濒危物种红色名录》（IUCN 2022年）——无危（LC）。

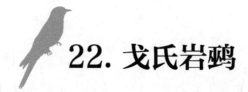

22. 戈氏岩鹀

22.1 | 概述

戈氏岩鹀（*Emberiza godlewskii*）属于小型鸣禽，体型约16cm。头、枕、头侧、喉和上胸均为蓝灰色，眉纹、颊、耳覆羽蓝灰色，贯眼纹和头顶两侧的侧贯纹栗色，背部红褐色或栗色、具黑色中央纹，腰和尾部上覆羽栗色、黑色纵纹少而不明显，下胸、腹等下体红棕色或粉红栗色。一般以植物种子为食。喙为圆锥形，与雀科的鸟类相比较为细弱，上下喙边缘不紧密切合而微向内弯，因而切合线中略有缝隙；体羽似麻雀，外侧尾羽有较多的白色。非繁殖期常集群活动，繁殖期在地面或灌丛内筑碗状巢。分布于俄罗斯、蒙古、伊朗、阿富汗、巴基斯坦、印度以及中国。

22.2 │ 分布与分类

目名：雀形目（Passeriformes）

科名：鹀科（Emberizidae）

属名：鹀属（Emberiza）

学名：*Emberiza godlewskii*

英文名：Godlewski's Bunting

戈氏岩鹀属于雀形目鹀科鹀属，共有8个亚种，分别为 *E. g. godlewskii*、*E. g. decolorata*、*E. g. khamensis*、*E. g. omissa*、*E. g. par*、*E. g. stracheyi*、*E. g. styani* 和 *E. g. yunnanensis*。其中指名亚种 *godlewskii* 分布于俄罗斯、印度、蒙古以及中国大陆的宁夏、祁连山东部、甘肃、青海、西抵黄河上游、青海湖以南山脉、金沙江上游、西藏、四川等地。亚种 *decolorata* 分布于塔什干以及中国大陆的新疆等地。亚种 *khamensis* 在中国大陆，分布于青海、四川、西藏等地。亚种 *omissa* 在中国大陆，分布于东北、河北、山西、陕西、宁夏、甘肃、四川、湖北等地。亚种 *par* 分布于俄罗斯、伊朗、阿富汗、巴基斯坦、印度以及中国大陆的新疆等地。亚种 *stracheyi* 分布于阿富汗以及中国大陆的西藏等地。亚种 *styani* 在中国大陆，分布于四川等地。亚种 *yunnanensis* 分布于缅甸以及中国大陆的四川、云南、贵州、西藏等地。戈氏岩鹀在中国有5个亚种，分别为 *E. g. godlewskii*、*E. g. decolorata*、*E. g. khamensis*、*E. g. omissa*、*E. g. yunnanensis*。其中指名亚种 *godlewskii* 分布于内蒙古中部和西部、宁夏北部、甘肃西北部、西藏、青海、四川西北部。亚种 *decolorata* 分布于新疆西部和北部。亚种 *khamensis* 分布于西藏南部和东部、青海南部、云南西北部、四川西部。亚种 *omissa* 分布于黑龙江、辽宁西部、北京、河北东北部、山东、河南、陕西、陕西南部、内蒙古东南部、宁夏、甘肃南部、四川、重庆、贵州、湖北西部、湖南。亚种 *yunnanensis* 分布于西藏东南部和东北部、云南、四川、贵州西南部、广西。分布于贵州宽阔水的亚种为 *omissa*。

22.3 │ 形态特征

雄鸟额、头顶、枕，一直到后颈均为蓝灰色，头顶两侧从额基开始各有一条宽的栗色带，其下有一蓝灰色眉纹，眼先和经过眼有一条栗色贯眼纹，颚纹黑色，其余头和头侧蓝灰色。上背部沙褐色或棕沙褐色，两肩栗红色，均具黑色中央纵纹，下背部、腰和尾部上覆羽纯栗红色、无纵纹或纵纹不明显，有时具淡色羽缘，翼上小覆羽蓝灰色，中覆羽和大覆羽黑色或黑褐色，中覆羽尖端白色，大覆羽尖端棕白色、皮黄色或红褐色，在翼上形成两道淡色翼斑。飞羽黑褐色，羽缘淡棕白色，内侧飞羽具宽的皮黄栗色或淡棕褐色羽缘和端斑。中央一对尾羽棕褐色或红褐色，羽缘淡棕红色，外侧尾羽黑褐色，最外侧两对尾部羽内翈具楔状白斑，尤以最外侧一对大，次一对较小。颏、喉、胸和颈侧蓝灰色，其余下体桂皮红色或肉桂红色，腹中央较浅淡，腋羽和翼下覆羽灰白色。雌鸟和雄鸟相似，但头顶至后颈为淡灰褐色且具较多黑色纵纹，下体羽色较浅淡，胸以下为淡肉桂红色。虹膜褐色或暗褐色，嘴黑褐色，下嘴较淡，脚肉色。戈氏岩鹀似灰眉岩鹀（*Emberiza cia*）头部灰色较重，侧冠纹栗色而非黑色。与三道眉草鹀的区别在顶冠纹灰色。雌鸟似雄鸟但色淡。各亚种有异，南方的亚种 *yunnanensis* 较指名亚种色深且多棕色，最靠西的亚种 *decolorata* 色彩最淡。未成年鸟头、上背部及胸具黑色纵纹，野外与三道眉草鹀雏鸟几乎无区别。虹膜深褐色；嘴蓝灰色；脚粉褐色。鸣声多变且似灰眉岩鹀，但由更高音的"tsitt"音节导出。叫声为细而拖长的"tzii"及生硬的"pett pett"声。大小量度：体重雄性15～22g，雌性16～23g；体长雄性145～174mm，雌性140～172mm；嘴峰雄性9.5～12mm，雌性9～11.5mm；翼长雄性72～84.5mm，雌性68～81mm；尾长雄性69～82mm，雌性64.5～84mm；跗蹠长雄性18～20mm，雌性17～20mm。

22.4 | 栖息环境

栖息于裸露的低山丘陵、高山和高原等开阔地带的岩石荒坡、草地和灌丛中，尤喜偶尔有几株零星树木的灌丛、草丛和岩石地面，也出现于林缘、河谷、农田、路边以及村旁树上和灌木上，海拔高度500～4000m。喜干燥而多岩石的丘陵山坡及近森林而多灌丛的沟壑深谷，也见于农耕地。

22.5 | 生活习性

大部分为夏候鸟，部分为旅鸟。常成对或单独活动，非繁殖季节成5～8只或10多只的小群，有时亦集成40～50只的大群。白天在地上边走边啄食，不时发出"jier、jier"的叫声。秋冬季多活动在向阳河谷两侧的农田、草坡或村旁附近农地上，当人接近时，则从地上飞起栖停在附近树上，稍后又陆续下地或飞走，通常不远飞，一般飞10～20m后又落地或钻入灌丛和草丛中。繁殖期间常站在灌木或幼树顶端、突出的岩石或电线上鸣叫，鸣声洪亮、婉转、悦耳、

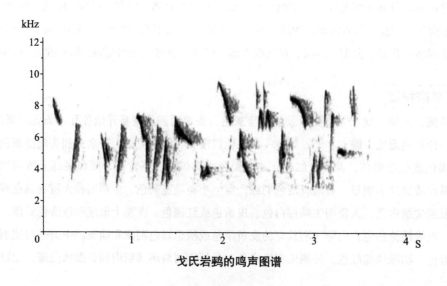

戈氏岩鹀的鸣声图谱

富有变化。常常边鸣唱边抖动着身体和扇动尾部羽。主要为留鸟，一般不迁徙或部分迁徙或游荡。生长主要以草子、果实、种子和农作物等植物性食物为食，也吃昆虫和昆虫幼虫。植物性食物除大量的杂草种子外，还有小麦、燕麦、荞子等农作物；动物性食物主要有鞘翅目金龟甲、步行虫，以及半翅目、鳞翅目和直翅目昆虫及昆虫幼虫。

22.6 繁殖方式

繁殖期4～7月。无论是中国南方还是北方，7月仍有部分个体在产卵繁殖，但大量繁殖主要集中在5～6月。繁殖期开始的早晚除与海拔高度、纬度和气候条件有关外，与个体年龄或许也有一定关系。1年繁殖2窝，少数或许3窝。营巢于草丛或灌丛中地上浅坑内也在小树或灌木丛基部地上或在离地1～2.5m的玉米地边土埂上或石隙间营巢。巢呈杯状，外层为枯草茎和枯草叶，有的还掺杂有苔藓和蕨类植物叶子，内层为细草茎、棕丝、羊毛、马毛等，有的内层全为羊毛或牛毛，偶尔也垫有少许羽毛。巢的大小外径8～11.5cm×10.5～16cm，平均9.1cm×11.5cm，内径5～6cm×5～6.5cm，平均5.6cm×6cm，高5.5～6.5cm，深3～6.5cm。营巢主要由雌鸟承担，每窝产卵3～5枚，多为4枚。卵的颜色变化较大，有白色、灰白色、浅绿色、灰蓝色或土黄色等，其上被有紫黑色或暗红褐色点状、棒状或发丝状深浅两层不同的斑点和斑纹，尤以钝端较密，常形成圈状。卵的大小为19～22.5mm×14.5～16.3mm，平均21.2mm×15.5mm，重2.5g。孵卵由雌鸟承担，孵化期11～12天。雏鸟晚成性，雌雄鸟共同觅食喂雏，每日喂雏时间长达12小时，一般每小时喂2次，最多每小时达4次，雏鸟留巢期约12天。繁殖期间天敌主要有雀鹰、大嘴乌鸦和双斑锦蛇。据目前的研究记载，国内外尚无关于戈氏岩鹀被杜鹃寄生的记录。在宽阔水戈氏岩鹀是大杜鹃、四声杜鹃、中杜鹃等中大型杜鹃的潜在宿主。

22.7 保护现状

该物种已被列入《世界自然保护联盟濒危物种红色名录》（IUCN 2022年）——无危（LC）。该物种分布范围广，不接近物种生存的脆弱濒危临界值标准（分布区域或波动范围小于20000km^2，栖息地质量，种群规模，分布区域碎片化）。种群数量趋势稳定，因此被评价为无生存危机的物种。

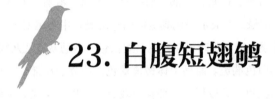

23. 白腹短翅鸲

23.1 概述

白腹短翅鸲（*Luscinia phaenicuroides*）属于小型鸣禽，体长16～19cm。雄鸟整个头、颈、胸和上体均为暗铅蓝灰色，翼短，尾长、尾羽蓝黑色，呈凸状，外侧尾羽基部栗色，腹白色。雌鸟上体暗橄榄褐色，腰至尾部上覆羽和尾部羽稍沾棕色，下体颏、喉和腹中部乳白色，其余下体淡黄褐色。特征明显，野外不难识别。白腹短翅鸲主要栖息于海拔1500～4000m的山地森林和林缘灌丛中，常见于林线上缘矮曲林、疏林灌丛和林线以上开阔的高山、岩石灌丛地带，秋冬季节也下到沟谷松林、针阔叶混交林、常绿阔叶林、竹林以及林缘灌丛中活动和寻食。常单独活动，多隐藏在灌木低枝上，并不时发出"吱、吱、吱"的叫声，闻其声而不见其形。有时也急速在地上奔跑捕食，当它们飞落到一个开阔地方时，常将尾部翘到背部上，并呈扇形散开。主要以金龟甲、甲虫、蜷象、鳞翅目幼虫为食，秋冬季节也食少量植物果实和种子。分布于不丹、中国、印度、老挝、缅甸、尼泊尔、巴基斯坦、克什米尔、泰国和越南。

23.2 | 分类与分布

目名：雀形目（Passeriformes）

科名：鹟科（Muscicapidae）

属名：歌鸲属（*Luscinia*）

学名：*Luscinia phaenicuroides*

英文名：White-bellied Redstart

白腹短翅鸲现隶属于雀形目鹟科歌鸲属，原属于短翅鸲属，于2010年从短翅鸲属移到歌鸲属。共有2个亚种，分别为*L. p. phaenicuroides*和*L. p. ichangensis*。其中指名亚种*phaenicuroides*最早于1847年被Gray记述，分布于喜马拉雅山，中国、巴基斯坦、印度、尼泊尔、不丹、孟加拉国、缅甸、老挝及越南等南疆诸邻国，非繁殖期也出现于印度东北部和缅甸北部。巴基斯坦、印度、尼泊尔、不丹、孟加拉国、缅甸、老挝及越南等南疆诸邻国。亚种*ichangensis*最早于1922年被Baker记述，分布于中国、缅甸、印度支那，非繁殖期也出现于泰国西北部和老挝北部。白腹短翅鸲2个亚种均在中国分布。其中指名亚种*phaenicuroides*分布于西藏东南部。亚种*ichangensis*分布于北京、河北北部、山东、河南、山西、陕西南部、宁夏南部、甘肃、青海东部、云南、四川、重庆、贵州和湖北西部。分布于贵州宽阔水的亚种为*ichangensis*。

23.3 | 形态特征

雄鸟额、头顶、头侧、后颈、颈侧、背部、肩一直到尾部上覆羽等上体概为暗铅灰蓝色，两翼较短黑褐色具暗灰蓝色羽缘，小翼羽黑色具宽的白色端斑。中央尾羽蓝黑色，其余尾羽基部栗色、端部蓝黑色。下体颏、喉和胸暗铅蓝灰色，腹白色，两胁灰蓝或灰褐色，两胁后部黄褐色，尾部下覆羽灰褐色具白色端斑。雌鸟上体橄榄褐色，两翼和尾部暗褐色，羽缘淡棕色，腰、尾部上覆羽和尾部羽沾棕色，尤以尾羽基部棕色较著。下体棕黄或淡黄褐色，两胁褐色，腹中部白色或近白色，尾部下覆羽较下体多沾棕而具白色端斑。雏鸟上体橄榄褐色具棕黄色轴纹和端斑。下体棕白色具褐色羽缘形成斑杂状。虹膜暗褐色，嘴雄鸟黑色、雌鸟黑褐色，脚淡红褐色或肉褐色。大小量度：体重雄性19～26g，雌性19～27g；体长雄性150～177mm，雌性

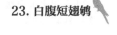

162～185mm；嘴峰雄性11～14mm，雌性12～14mm；翼长雄性58～73mm，雌性63～72mm；尾长雄性71～90mm，雌性68～86mm；跗跖长雄性26～32mm，雌性26～30mm。

23.4 | 栖息环境

主要栖息于海拔1500～4000m的山地森林和林缘灌丛中，尤以林线上缘矮曲林、疏林灌丛和林线以上开阔的高山、岩石灌丛地带较常见，秋冬季节也下到沟谷松林、针阔叶混交林、常绿阔叶林、竹林以及林缘灌丛中活动和寻食。

23.5 | 生活习性

留鸟，常栖于浓密灌丛或在近地面活动，不易被激起，仅在栖处鸣叫且尾部立起并扇开时可见到。甚喜叫。常单独活动，多隐藏在灌木低枝上，并不时发出"吱、吱、吱"的叫声，闻其声而不见其形。有时也急速在地上奔跑捕食，当它们飞落到一个开阔地方时，常将尾部翘到背部上，并呈扇形散开。繁殖期间雄鸟长时间的躲藏在灌丛中鸣叫，领域性甚强。性活泼而机警，而且好斗，当有入侵者侵入，则猛烈攻击。叫声为低chuck声。告警叫声似歌鸲的"tsiep～tsiep～tk～tk"或"tck～tck～sie"。鸣声为响亮而忧郁的三声哨音"he～did～so"，中间音较高而拖长，最末音仅半调。于夏季的晨昏及有月光的夜晚鸣唱。主要以金龟甲、甲虫、蟓象、鳞翅目幼虫为食，秋冬季节也食少量植物果实和种子。

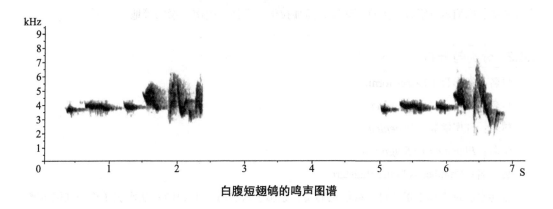

白腹短翅鸲的鸣声图谱

23.6 | 繁殖方式

繁殖期6～8月。通常营巢于离地不高的灌木低枝上。也在地上高的草丛和灌木丛中营巢。巢呈杯状，正开口，内径5～5.6cm，深3.5～5.5cm。结构较为粗糙，主要由枯草茎、草叶、草根等材料构成，内垫有细的草茎和草根，有时亦垫有兽毛和羽毛。营巢由雌雄鸟共同承担。每窝产卵2～4枚。卵天蓝色、光滑无斑，为钝卵圆形，大小为20～24mm×15～17mm。雌鸟孵卵，雏鸟晚成性，雌雄亲鸟共同育雏。据目前的研究记载，寄生白腹短翅鸲的杜鹃为大杜鹃和四声杜鹃，大杜鹃的寄生卵与白腹短翅鸲相似，为纯蓝色无斑点。除此之外，宽阔水的白腹短翅鸲也是红翅凤头鹃、中杜鹃和小杜鹃等大型到中小型杜鹃的潜在宿主。

23.7 | 保护现状

该物种已被列入《世界自然保护联盟濒危物种红色名录》（IUCN 2022年）——无危（LC）。全球种群规模尚未量化，但该物种在喜马拉雅山脉分布广泛，在缅甸、老挝北部和越南北部极为罕见，而在中国的数量估计有100000对左右的繁殖对和10000只以下的迁徙个体。

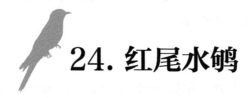

24. 红尾水鸲

24.1 | 概述

红尾水鸲（*Phoenicurus fuliginosa*）属于小型鸣禽，体长11～14cm。雄鸟通体大都暗灰蓝色；翼黑褐色；尾羽和尾部的上、下覆羽均栗红色。雌鸟上体灰褐色；翼褐色，具两道白色点状斑；尾部羽白色、端部及羽缘褐色；尾部的上、下覆羽纯白；下体灰色，杂以不规则的白色细斑。活动于山泉溪涧中或山区溪流、河谷、平原河川岸边的岩石间、溪流附近的建筑物四周或池塘堤岸间。主要以昆虫为食，也吃少量植物果实和种子。分布于中国、阿富汗、巴基斯坦、克什米尔、尼泊尔、锡金、不丹、印度、孟加拉国、缅甸、越南、泰国等地。

24.2 | 分类与分布

目名：雀形目（Passeriformes）

科名：鹟科（Muscicapidae）

属名：红尾鸲属（*Phoenicurus*）

学名：*Phoenicurus fuliginosa*

英文名：Plumbeous Water Redstart

红尾水鸲现隶属于雀形目鹟科红尾鸲属，原属于水鸲属，于2010年从水鸲属移到红尾鸲属。共有2个亚种，分别为 *P. f. fuliginosa* 和 *P. f. affinis*。其中指名亚种 *fuliginosa* 于1831年首次由 Vigors 记述，其分布在南亚、东南亚的阿富汗东部、巴基斯坦、克什米尔、尼泊尔、锡金、不丹、印度、孟加拉国、缅甸、越南、泰国和中国等地。亚种 *affinis* 于1906年首次被 Ogilvie-grant 在中国台湾发现并记述。红尾水鸲2个亚种均在中国分布。其中指名亚种 *fuliginosa* 除黑龙江、吉林、辽宁、新疆和台湾外，见于各省份。亚种 *affinis* 分布于台湾。分布于贵州宽阔水的亚种为 *fuliginosa*。

24.3 | 形态特征

雄鸟通体暗蓝灰色，两翼黑褐色，尾部红色。雌鸟上体暗蓝灰褐色，头顶较多褐色，翼上覆羽和飞羽黑褐色或褐色，内侧次级飞羽和覆羽具淡棕色羽缘、尖端具白色或黄白色斑点，在翼上形成两排白色或黄白色斑点。大覆羽、初级飞羽和外侧次级飞羽具褐色或淡色羽缘。尾部上覆羽和尾部下覆羽白色，尾部羽暗褐色，基部白色，并由内向外基部白色范围逐渐扩大，到最外侧一对尾部羽几全为白色。下体白色具淡蓝灰色"V"形斑，向后逐渐转为波状横斑，颏沾黄褐色并延伸至颊、眼先和额基等处。虹膜褐色，嘴黑色，脚雄性黑色、雌性暗褐色。大小量度：体重雄性17～28g，雌性15～24g；体长雄性117～140mm，雌性110～137mm；嘴峰雄性9～12mm，雌性9～12mm；翼长雄性70～80mm，雌性66～78mm；尾长雄性47～62mm，雌性40～56mm；跗跖长雄性21～26mm，雌性21～25mm。

24.4 | 栖息环境

主要栖息于山地溪流与河谷沿岸，尤以多石的林间或林缘地带的溪流沿岸较常见，也出现于平原河谷和溪流，偶尔也见于湖泊、水库、水塘岸边。

24.5 | 生活习性

留鸟，常单独或成对活动。多站立在水边或水中石头上、公路旁岩壁上或电线上，有时也落在村边房顶上，停立时尾部常不断地上下摆动，间或还将尾部散成扇状，并左右来回摆动。当发现水面或地上有虫子时，则急速飞去捕猎，取食后又飞回原处。有时也在地上快速奔跑啄食昆虫。当有人干扰时，则紧贴水面沿河飞行。常边飞边发出"吱～吱"的鸣叫声，声音单调清脆。主要以昆虫为食，如鞘翅目、鳞翅目、膜翅目、双翅目、半翅目、直翅目、蜻蜓目等昆虫和昆虫幼虫。此外也吃少量植物果实和种子，如草莓、悬钩子、荚蒾、胡颓子、马桑和草籽等。

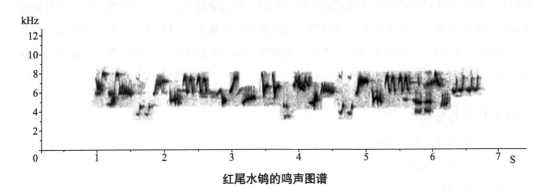

红尾水鸲的鸣声图谱

24.6 | 繁殖方式

繁殖期3～7月。通常营巢于河谷与溪流岸边，巢多置于岸边悬岩洞隙、岩石或土坎下凹陷处，也在岸边岩石中缝隙和树洞中营巢。巢呈杯状或碗状，通常隐蔽得很好，不易被发现。巢主要由枯草茎、枯草叶、草根、细的枯枝、树叶、苔藓、地衣等材料构成，内垫有细草茎和草根，有时垫有羊毛、纤维和羽毛。巢的大小为外径10～13cm，内径5.7～7cm，高6.5～7cm，深

3～4.5cm。主要由雌鸟营巢，雄鸟仅偶参与营巢活动。每窝产卵3～6枚，多为4～5枚，卵呈卵圆形或长卵圆形，白色或黄白色，也有呈淡绿色或蓝绿色的，被有褐色或淡赭色斑点，卵的大小为17～20mm×13.5～15.5mm。雌鸟孵卵，雏鸟晚成性，雌雄亲鸟共同育雏。据目前的研究记载，寄生红尾水鸲的杜鹃有大杜鹃和霍氏鹰鹃，但其寄生卵的色型未知。除此之外，在宽阔水红尾水鸲是中杜鹃和四声杜鹃等中大型杜鹃的潜在宿主。

24.7 | 保护现状

该物种已被列入《世界自然保护联盟濒危物种红色名录》（IUCN 2022年）——无危（LC）。该物种分布范围广，不接近物种生存的脆弱濒危临界值标准（分布区域或波动范围小于20000km^2，栖息地质量，种群规模，分布区域碎片化）。种群数量趋势稳定，因此被评价为无生存危机的物种。

25. 鹊鸲

25.1 | 概述

鹊鸲（*Copsychus saularis*）属于中小型鸣禽，体长约21cm。嘴形粗健而直长，尾部与翼几乎等长或较翼稍长，呈凸状；两性羽色相异，雄鸟上体大都黑色；翼具白斑；下体前黑后白。但雌鸟则以灰色或褐色替代雄鸟的黑色部分。鹊鸲性格活泼好动，觅食时常摆尾部，不分四季晨昏，在高兴时会在树枝或大厦外墙鸣唱，因此在中国内地有"四喜儿"之称。常出没于村落和人家附近的园圃，栽培地带或树旁灌丛，也常见于城市庭园中。以昆虫为食，兼吃少量草籽和野果。是孟加拉国的国鸟。

25.2 | 分类与分布

目名：雀形目（Passeriformes）

科名：鹟科（Muscicapidae）

属名：鹊鸲属（*Copsychus*）

学名：*Copsychus saularis*

英文名：Oriental Magpie-robin

鹊鸲隶属于雀形目鹟科鹊鸲属，共有14个亚种，分别为 *C. s. saularis*、*C. s. erimelas*、*C. s. prosthopellus*、*C. s. ceylonensis*、*C. s. andamanensis*、*C. s. musicus*、*C. s. zacnecus*、*C. s. nesiarchus*、*C. s. masculus*、*C. s. pagiensis*、*C. s. amoenus*、*C. s. adamsi*、*C. s. pluto*、*C. s. bonaparte*。其中指名亚种 *saularis* 于1758年首次由Linnaeus记述。亚种 *saularis*、亚种 *erimelas*、亚种 *prosthopellus*

均分布于巴基斯坦东北部、尼泊尔、印度北部、中国东南地区的海南群岛、泰国和印度。亚种
ceylonensis 于 1861 年首次由 Sclater 记述，分布于印度和里斯兰卡。亚种 *andamanensis* 于 1874
年首次由 Hume 记述，分布于安达曼群岛。亚种 *musicus* 于 1822 年首次由 Raffles 记述。亚种
musicus、*zacnecus*、*nesiarchus*、*masculus* 和 *pagiensis* 均分布于泰国 – 马来半岛、苏门答腊岛和
相关岛屿（包括锡默卢岛、百慕大群岛、尼亚斯岛屿、明打威群岛、廖内群岛、勿里洞岛和邦
加岛）、爪哇岛西部和爪哇岛中部的婆罗洲岛的西部。亚种 *amoenus* 于 1821 年首次由 Horsfield 记
述，分布于爪哇岛东部和巴厘岛。亚种 *adamsi* 于 1890 年首次由 Elliot 记述，分布于婆罗洲岛北
部和邦吉岛群岛。亚种 *pluto* 于 1850 年首次由 Bonaparte 记述，分布于婆罗洲和马拉图拉。亚种
bonaparte 于 1850 年首次记述，分布于婆罗洲东部的马拉图阿岛、婆罗洲南部。鹊鸲在中国共有
2 个亚种，分别为 *C. s. erimelas*、*C. s. prosthopellus*。其中亚种 *erimelas* 分布于西藏东南部、云南
和江西。亚种 *prosthopellus* 分布于河南南部、陕西南部、甘肃东南部、云南、四川、重庆、贵
州、湖北、湖南、安徽、江西、江苏、上海、浙江、福建、广东、香港、澳门、广西和海南。
分布于贵州宽阔水的亚种为 *prosthopellus*。

25.3 | 形态特征

雄性成鸟头顶至尾部上覆羽黑色，略带蓝色金属光泽；飞羽和大覆羽黑褐色，内侧次级飞羽外
翈大部和次级覆羽均为白色，构成明显的白色翼斑，其他覆羽与背部同色；中央两对尾羽全黑，外
侧第 4 对尾部羽仅内翈边缘黑色，余部均白，其余尾羽都为白色；从颏到上胸部分及脸侧均与头顶
同色；下胸至尾部下覆羽纯白。雌性成鸟与雄鸟相似，但雌鸟以灰色或褐色替代了雄鸟的黑色部
分；飞羽和尾部羽的黑色较雄鸟浅淡；下体及尾部下覆羽的白色略沾棕色。虹膜褐色；嘴黑色；
跗跖长和趾灰褐色或黑色。大小量度：体重雄性 33～47g，雌性 32～50g；体长雄性 187～227mm，
雌性 178～214mm；嘴峰雄性 15～21mm，雌性 15～20mm；翼长雄性 90～105mm，雌性
88～99mm；尾长雄性 87～110mm，雌性 80～96mm；跗跖长雄性 27～34mm，雌性 26～32mm。

25.4 | 栖息环境

主要栖息于海拔 2000m 以下的低山、丘陵和山脚平原地带的次生林、竹林、林缘疏林灌丛
和小块丛林等开阔地方，尤以村寨和居民点附近的小块丛林、灌丛、果园以及耕地、路边和房
前屋后树林与竹林较喜欢，甚至出现于城市公园和庭院树上。

25.5 | 生活习性

留鸟。性活泼，大胆，不畏人，好斗，特别是繁殖期，常为争偶而格斗。单独或成对活动。
休息时常展翼翘尾部，有时将尾部往上翘到背部上，尾部梢几与头接触。清晨常高高地站在树
梢或房顶上鸣叫，鸣声婉转多变，悦耳动听。尤其是繁殖期间，雄鸟鸣叫更为激昂多变，其他
季节早晚亦善鸣，常边鸣叫边跳跃。主要以昆虫为食。所吃食物种类常见有金龟甲、瓢甲、锹
形甲、步行虫、蝼蛄、蟋蟀、浮尘子、蚂蚁、蝇、蜂、蛹等鞘翅目、鳞翅目、直翅目、膜翅目、

双翅目、同翅目、异翅目等昆虫和昆虫幼虫。此外也吃蜘蛛、小螺、蜈蚣等其他小型无脊椎动物，偶尔也吃小蛙等小型脊椎动物和植物果实与种子。

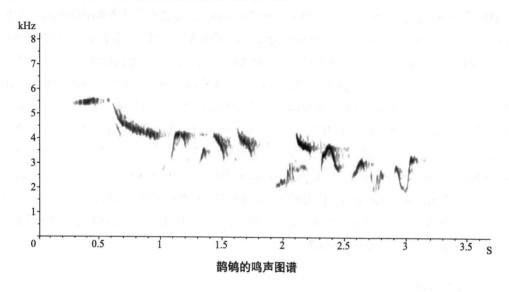

鹊鸲的鸣声图谱

25.6 繁殖方式

繁殖期4～7月，个别晚的一直到8月，早的在3月末即开始进入繁殖期。此时雄鸟特别好斗，有时为争雌连续争斗达1～2小时之久，甚至时间更长。通常营巢于树洞、墙壁、洞穴以及房屋屋檐缝隙等建筑物洞穴中，有时也在树枝丫处营巢。巢呈浅杯状或碟状，主要由枯草、草根、细枝和苔藓等材料构成，内垫有松针、苔藓和兽毛。巢的大小外径8～13cm，内径6.2～8cm，高4.5～4.8cm，深2.4～3.5cm，巢距地高3～4.5m，洞口直径7～9cm。每窝产卵通常4～6枚，多为5枚，偶尔也有少至3枚和多至7枚的。卵淡绿色、绿褐色、黄色或灰色，密被暗茶褐色、棕色或褐色斑点，尤以钝端较密集。卵呈卵圆形，大小为20.4～23mm×16.1～17.4mm。孵卵由雌雄亲鸟共同承担，孵化期13±1天。雏鸟晚成性，刚孵出的雏鸟赤裸无羽、眼未睁开，体重仅9.5～12g，体长51～54mm，翼长15～19mm，跗跖长11～16mm，雌雄亲鸟共同育雏。据目前的研究记载，寄生鹊鸲的杜鹃包括大杜鹃、红翅凤头鹃和斑翼凤头鹃（Clamator jacobinus），其中斑翼凤头鹃不在宽阔水分布，寄生卵的色型未知。此外，在宽阔水鹊鸲也是中杜鹃和四声杜鹃等中大型杜鹃的潜在宿主。

25.7 保护现状

该物种被列入国家林业和草原局2023年发布的《有重要生态、科学、社会价值的陆生野生动物名录》，列入《世界自然保护联盟濒危物种红色名录》（IUCN 2022年）——无危（LC）。鹊鸲是中国长江流域和长江以南地区较为常见的一种留鸟，种群数量较普遍。该种鸟类嗜吃昆虫，且多为农林业害虫，在植物保护方面很有意义。另外该鸟善鸣、好斗，又易于饲养，常被人作为笼养观赏鸟。应控制猎取，保护资源。该物种分布范围广，不接近物种生存的脆弱濒危临界值标准（分布区域或波动范围小于20000km^2，栖息地质量，种群规模，分布区域碎片化）。种群数量趋势稳定，因此被评价为无生存危机的物种。

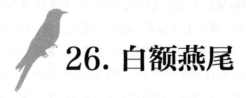

26. 白额燕尾

26.1 概述

白额燕尾（*Enicurus leschenaulti*）属于中小型鸣禽，体长25～27cm。尾长、呈深叉状。通体黑白相杂。额和头顶前部白色，其余头、颈、背部、颏、喉均为黑色。腰和腹白色，两翼黑褐色具白色翼斑。尾部黑色具白色端斑，由于尾羽长短不一，中央尾羽最短，往外依次变长，因而使整个尾部呈黑白相间状，极为醒目。

26.2 分类与分布

目名：雀形目（Passeriformes）

科名：鹟科（Muscicapidae）

属名：燕尾属（*Enicurus*）

学名：*Enicurus leschenaulti*

英文名：White-crowned Forktail

白额燕尾隶属于雀形目鹟科燕尾属，共有6个亚种，分别为*E. l. leschenaulti*、*E. l. indicus*、*E. l. sinensis*、*E. l. frontalis*、*E. l. chaseni*、*E. l. borneensis*。其中，指名亚种*leschenaulti*于1818年首次由Vieillot记述，其分布于爪哇岛和巴厘岛。亚种*indicus*于1910年首次由Hartert记述，其分布自印度至缅甸、中国云南省、泰国北部和越南。亚种*sinensis*于1866年首次由Gould记述，其分布于中国东南部，包括青海、甘肃、四川、浙江和广东等地区。亚种*frontalis*于1847年首次由Blyth记述，其分布于马来半岛的南部和中部、苏门答腊尼亚斯地区以及婆罗洲的低海拔地区。亚种*chaseni*于1940年首次由梅耶尔记述，仅分布在巴图岛内。亚种*borneensis*仅分布于婆罗洲的高原地区。白额燕尾在中国共有2个亚种，分别为*E. l. indicus*、*E. l. sinensis*。其中亚种*indicus*分布于西藏东南部和云南南部。亚种*sinensis*分布于河南南部、山西、陕西南部、宁夏、甘肃南部、云南西北部、四川、重庆、贵州、湖北、湖南、安徽、江西、江苏、上海、浙江、福建、广东、广西和海南。分布于贵州宽阔水的亚种为*sinensis*。

26.3 形态特征

雌雄羽色相似。前额至头顶前部白色，头顶后部、枕、头侧、后颈、颈侧、背部均为辉

黑色（雌鸟头顶后部沾有浓褐色）。肩亦为辉黑色且具窄的白色端斑。下背部、腰和尾部上
覆羽白色。尾长、呈深叉状，中央尾羽最短，往外侧尾羽依次变长，尾羽黑色具白色基部和
端斑，最外侧两对尾羽几全白色。翼上覆羽黑色，翼上大覆羽具白色尖端；飞羽黑色，基部
白色，与大覆羽白色端斑共同形成翼上显著的白色翼斑，内侧次级飞羽尖端亦为白色。下体
颏、喉至胸黑色，其余下体白色。雏鸟上体自额至腰咖啡褐色，颏、喉棕白色，胸和上腹淡咖
啡褐色具棕白色羽干纹，其余和成鸟相似。虹膜褐色，嘴黑色，脚肉白色。大小量度：体重雄
性42～52g，雌性37～52g；体长雄性250～307mm，雌性221～285mm；嘴峰雄性19～25mm，
雌性19～25mm；翼长雄性100～116mm，雌性98～114mm；尾长雄性140～177mm，雌性
125～162mm；跗跖长雄性29～35mm，雌性27～33mm。

26.4 | 栖息环境

主要栖息于山涧溪流与河谷沿岸，尤以水流湍急、河中多石头的林间溪流较喜欢，冬季也
见于水流平缓的山脚平原河谷和村庄附近缺少树木隐蔽的溪流岸边。

26.5 | 生活习性

留鸟，常单独或成对活动。性胆怯，平时多停息在水边或水中石头上，或在浅水中觅食，
遇人或受到惊扰时则立刻起飞，沿水面低空飞行并发出"吱、吱、吱"的尖叫声，每次飞行距
离不远。主要以水生昆虫和昆虫幼虫为食。所吃食物主要有鞘翅目、鳞翅目、膜翅目昆虫和幼
虫，以及蝗虫、蚱蜢、蚂蚁、蝇蛆、蜘蛛等。

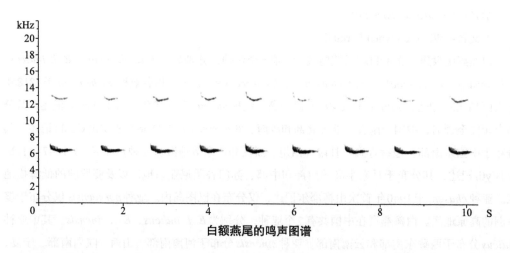

白额燕尾的鸣声图谱

26.6 | 繁殖方式

繁殖期4～6月。通常营巢于森林中水流湍急的山涧溪流沿岸岩石缝隙间，巢隐蔽甚好，不
易被发现。巢呈盘状或杯状，主要由苔藓和须根编织而成，内垫细草茎和枯叶。巢外径20.5cm，
内径9.5cm，高7.5cm，深3.5cm，营巢的土洞深8cm，洞口直径26cm，洞离地70cm，洞上面有

突出的天然岩石，四周密被蕨类植物和草将巢隐蔽起来。巢筑好后即开始产卵，每窝产卵3～4枚。卵为卵圆形，污白色、被有红褐色斑点，卵的大小24～27mm×17～20mm，重4～5g。孵卵由雌鸟承担雏鸟晚成性，雏鸟孵出后的当天，雌雄亲鸟即开始寻食喂雏。通常在早晨约7:30亲鸟即开始喂食，一直到傍晚约7:30才停止喂食，平均每天雌雄亲鸟共喂食108次，其中雄鸟喂食38次，雌鸟喂食次数明显高于雄鸟。晚上雌鸟与雏同宿于巢中，而雄鸟则在附近小树上栖息。刚出壳的绒羽期雏鸟头背部被灰色绒毛，喙基部浅黄色；针羽期针羽灰黑色；正羽期针羽羽鞘破开露出灰黑色羽毛；齐羽期身体羽毛主要为灰黑色，略带棕褐色斑点。白冠燕尾无论在巢的结构、材料和生境，还是卵色上，都与宽阔水同域分布的灰背燕尾和红尾水鸲相似，区别在于，红尾水鸲主要在塌陷的土坎内侧筑巢，而两种燕尾在溪流水边的土坎和石壁上营巢，三者中白冠燕尾的卵最大，红尾水鸲的卵最小，灰背燕尾的卵居中，可通过观察成鸟和对卵的大小进行测量来确认种类。另外，三者的巢均不常见，而其中又以灰背燕尾的巢最为罕见。据目前的研究记载，寄生白额燕尾的杜鹃仅有国外记录的灌丛杜鹃（*Cacomantis variolosus*），国内未见寄生报道。在宽阔水白额燕尾是大杜鹃、中杜鹃、四声杜鹃等中大型杜鹃的潜在宿主。

26.7 | 保护现状

该物种被列入《世界自然保护联盟濒危物种红色名录》（IUCN 2022年）——无危（LC）。全球种群规模尚未量化，该物种在其分布范围为常见种群，但在苏门答腊和婆罗洲的部分地区并不常见，而中国的种群数量估计为100～10000个繁殖对。

27. 灰背燕尾

27.1 | 概述

灰背燕尾（*Enicurus schistaceus*）体长约23cm，属于中小型鸣禽。雌雄成鸟大体同色，与其他燕尾的区别在头顶及背部灰色。雏鸟头顶及背部青石深褐色，胸部具鳞状斑纹。尾羽较长，呈深叉状。嘴直而壮，嘴须发达；第1枚初级飞羽大约为第2枚初级飞羽长度的一半；尾比翼长，外侧第二对和第三对尾羽最长，最外侧两对尾羽通常为白色，最外侧一对尾羽比邻近的一对外侧尾羽短；跗跖长而纤细，但色甚浅淡。

27.2 | 分类与分布

目名：雀形目（Passeriformes）

科名：鹟科（Muscicapidae）

属名：燕尾属（*Enicurus*）

学名：*Enicurus schistaceus*

英文名：Slaty-backed Forktail

灰背燕尾现隶属于雀形目鹟科燕尾属，原隶属于鹟鸫属，单型种，至今未见有亚种分化。1836年首次由Hodgson记述，其分布于印度、尼泊尔、缅甸、泰国、老挝、越南以及中国。在国内分布于陕西、云南、四川、贵州、湖北、湖南、江西、浙江、福建、广东、香港、广西和海南。

27.3 形态特征

成鸟的额基、眼先、颊和颈侧黑色；前额至眼圈上方白色；头顶至背部蓝灰色；腰和尾部上覆羽白色；飞羽黑色，大覆羽、中覆羽先端，初级飞羽外翈基部和次级飞羽基部白色，构成明显的白色翼斑，次级飞羽外翈具窄的白色端斑；尾羽梯形成叉状，呈黑色，其基部和端部均白，最外侧两对尾部羽纯白；颏至上喉黑色，下体余部纯白。虹膜黑褐色；嘴黑色；跗跖长、趾和爪等肉白色。大小量度：体重雄性27～40g，雌性27～36g；体长雄性206～235mm，雌性210～220mm；嘴峰雄性15～19mm，雌性15～18mm；翼长雄性93～102mm，雌性92～96mm；尾长雄性125～132mm，雌性113～131mm；跗跖长雄性26～29mm，雌性28～29mm。

27.4 栖息环境

一般栖息在海拔340～1600m，常停息在水边乱石上或在激流中的石头上停息，出没于山间溪流旁。

27.5 生活习性

留鸟，常单独或成对活动。平时多停息在水边或水中石头上，或在浅水中觅食。以水生昆虫、蚂蚁、蜻蜓幼虫、毛虫、螺类等为食。

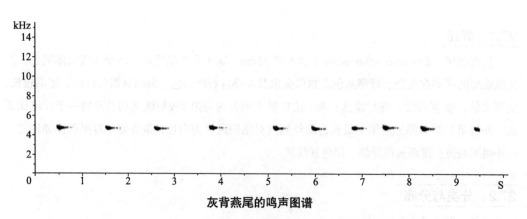

灰背燕尾的鸣声图谱

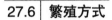

27.6 | 繁殖方式

繁殖期4～6月。通常营巢于森林中水流湍急的山涧溪流沿岸岩石缝隙间，巢隐蔽甚好，不易被发现。巢呈盘状或杯状，内径约7cm，深约4cm，主要由苔藓和须根编织而成，内垫细草茎和枯叶。洞上面有突出的天然岩石，四周密被蕨类植物和草将巢隐蔽起来。巢筑好后即开始产卵，每窝产卵3～4枚。卵为卵圆形，污白色、被有红褐色斑点，卵大小20.6～22mm×16.2～16.8mm，重2.6～2.7g。孵卵由雌鸟承担雏鸟晚成性，雏鸟孵出后的当天，雌雄亲鸟即开始寻食喂雏。雌鸟喂食次数明显高于雄鸟。晚上雌鸟与雏同宿于巢中，而雄鸟则在附近小树上栖息。刚出壳的绒羽期雏鸟头背部被灰色绒毛，喙基部浅黄色；针羽期针羽灰黑色。灰背燕尾无论在巢的结构、材料和生境，还是卵色上，都与宽阔水同域分布的白冠燕尾和红尾水鸲相似，区别在于，红尾水鸲主要在塌陷的土坎内侧筑巢，而两种燕尾在溪流水边的土坎和石壁上营巢，三者中白冠燕尾的卵最大，红尾水鸲的卵最小，灰背燕尾的卵居中，可通过观察成鸟和对卵的大小进行测量来确认种类。另外，三者的巢均不常见，而其中又以灰背燕尾的巢最为罕见。据目前的研究记载，寄生灰背燕尾的杜鹃有大杜鹃和巽他岛杜鹃（*Cuculus lepidus*），后者不在国内分布。除了大杜鹃，在宽阔水灰背燕尾是中杜鹃、四声杜鹃等中大型杜鹃的潜在宿主。

27.7 | 保护现状

该物种被列入《世界自然保护联盟濒危物种红色名录》（IUCN 2022年）——无危（LC）。该物种分布范围广，不接近物种生存的脆弱濒危临界值标准（分布区域或波动范围小于20000km²，栖息地质量，种群规模，分布区域碎片化）。种群数量趋势稳定，因此被评价为无生存危机的物种。

28. 山麻雀

28.1 | 概述

山麻雀（*Passer cinnamomeus*）体长13～15cm，属于小型鸣禽。雄鸟上体栗红色，背部中央具黑色纵纹，头棕色或淡灰白色，颏、喉黑色，其余下体灰白色或灰白色沾黄。雌鸟上体褐色具宽阔的皮黄白色眉纹，颏、喉无黑色。栖息于海拔1500m以下的低山丘陵和山脚平原地带的各类森林和灌丛中，在西南和青藏高原地区也见于海拔2000～3500m的各林带间。喜结群，除繁殖期间单独或成对活动外，其他季节多呈小群。属杂食性鸟类，主要以植物和昆虫为食。分布于中国、阿富汗、巴基斯坦、克什米尔、尼泊尔、锡金、不丹、孟加拉国、印度、缅甸、越南、朝鲜、俄罗斯及日本。

28.2 | 分类与分布

目名：雀形目（Passeriformes）

科名：雀科（Passeridae）

属名：雀属（*Passer*）

学名：*Passer cinnamomeus*

英文名：Russet Sparrow

山麻雀隶属于雀形目雀科雀属，共有3个亚种，分别为 *P. c. cinnamomeus*、*P. c. intensior*、*P. c. rutilans*。其中指名亚种 *cinnamomeus* 于1836年首次由 Gould 记述，分布于喜马拉雅山西北部，繁殖地位于阿富汗北部的努里斯坦地区。亚种 *intensior* 于1922年首次由 Rothschild 记述，其繁殖地包括中国西南部至印度部分地区、缅甸、老挝和越南。亚种 *rutilan* 于1836年首次由 Temminck 记述，其繁殖于日本、韩国和中国中部、东南部与中国台湾。山麻雀3个亚种均在中国分布。其中指名亚种 *cinnamomeus* 分布于西藏南部和东部。亚种 *intensior* 分布于云南、四川、重庆、贵州和广西西北部。亚种 *rutilan* 分布于北京、天津、河北、山东、河南、山西、陕西、宁夏、甘肃、青海东部、云南东北部、四川、重庆、湖北、湖南、安徽、江西、江苏、上海、浙江、福建、广东、香港、广西和台湾。分布于贵州宽阔水的亚种为 *intensior*。

28.3 | 形态特征

雄鸟上体从额、头顶、后颈一直到背部和腰概为栗红色，上背部内翈具黑色条纹，背部、腰外翈具窄的土黄色羽缘和羽端。眼先和眼后黑色，颊、耳羽、头侧白色或淡灰白色。颏和喉部中央黑色，喉侧、颈侧和下体灰白色有时微沾黄色，覆腿羽黑栗色。腋羽灰白色沾黄。尾部上覆羽黄褐色，尾部暗褐色或褐色亦具土黄色羽缘，中央尾羽边缘稍红。两翼暗褐色，外翈羽缘棕白色，翼上小覆羽栗红色，中覆羽黑栗色，每片羽毛中央有一楔状栗色斑，两侧黑栗色具宽阔的白色端斑，大覆羽黑栗色具宽阔的栗红色至栗黄色羽缘，小翼羽和初级覆羽黑褐色。初级和次级飞羽黑色，具宽阔的栗黄色羽缘，初级飞羽外翈基部有二道棕白色横斑。雌鸟上体橄榄褐色或沙褐色，上背部满杂以棕褐与黑色斑纹，腰栗红色，眼先和贯眼纹褐色，一直向后延伸至颈侧。眉纹皮黄白色或土黄色、长而宽阔。颊、头侧、颏、喉皮黄色或皮黄白色，下体淡灰棕色，腹部中央白色，两翼和尾部颜色同雄鸟。虹膜红栗褐色或褐色，嘴黑色，跗跖长和趾黄褐色。大小量度：体重雄性15～21g，雌性16～29g；体长雄性120～140mm，雌性113～138mm；嘴峰雄性10.4～12mm，雌性10.2～12.8mm；翼长雄性68～73mm，雌性62～72.3mm；尾长雄性47～54mm，雌性42～52mm；跗跖长雄性15.6～19mm，雌性15.4～19mm。

28.4 | 栖息环境

栖息于海拔1500m以下的低山丘陵和山脚平原地带的各类森林和灌丛中，在西南和青藏高原地区，也见于海拔2000～3500m的各林带间。多活动于林缘疏林、灌丛和草丛中，不喜欢茂密的大森林，有时也到村镇和居民点附近的农田、河谷、果园、岩石草坡、房前屋后和路边树上活动和觅食。

28.5 | 生活习性

留鸟，部分迁徙。山麻雀属杂食性鸟类，主要以植物性食物和昆虫为食。所吃动物性食物主要为昆虫，其中较常见的有金花甲、金龟甲、叩头甲、蝽象、蜻蜓幼虫、鳞翅目幼虫、象鼻虫、瓢虫、蚂蚁、蝉、蚊、金龟甲等鞘翅目、鳞翅目、膜翅目、半翅目、蜻蜓目等昆虫和昆虫幼虫。植物性食物主要有麦、稻谷、荞麦、小麦、玉米以及禾本科和莎草科等野生植物果实和种子。性喜结群，除繁殖期间单独或成对活动外，其他季节多呈小群，在树枝或灌丛间飞来飞去或飞上飞下，飞行力较其他麻雀强，活动范围亦较其他麻雀大。冬季常随气候变化移至山麓草坡、耕地和村寨附近活动。

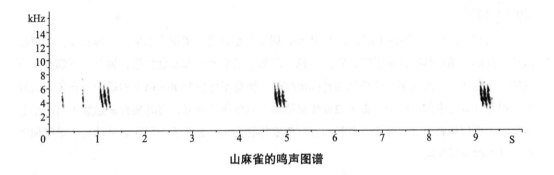

山麻雀的鸣声图谱

28.6 | 繁殖方式

繁殖期4~8月。营巢于山坡岩壁天然洞穴中，也筑巢在堤坝、桥梁洞穴或房檐下和墙壁洞穴中，也有报告在树枝上营巢和利用啄木鸟与燕的旧巢。在宽阔水除了筑巢于墙壁、石洞、屋檐和烟囱，喜欢利用居民点附近的人工巢箱，巢材几乎充满巢箱。巢主要用枯草叶、草茎和细枝构成，内垫有棕丝，羊毛、羽毛等，雌雄鸟共同参与营巢活动。巢侧开口，外径6.4~9cm×8.8~13cm，内径5~7cm×6~9cm，高6~9.7cm，深2.5~2.8cm。每窝产卵4~6枚，1年繁殖2~3窝。卵白色或浅灰色、被有茶褐色或褐色斑点，尤以钝端较密，常在钝端形成圈状。同一窝中产卵顺序靠后的卵常具有白化现象，即明显出现斑点颜色变浅和斑点变少的情况。卵的大小为17.3~20.7mm×13.2~15.4mm，重1.5~2.5g。刚出壳的绒羽期雏鸟光秃无绒毛，喙基部黄色；针羽期针羽灰黑色；正羽期针羽羽鞘破开露出棕褐色羽毛；齐羽期身体羽毛为棕褐色，翼膀羽缘皮黄色，并具有类似雌性成鸟的皮黄色眉纹。该种的巢容易鉴定，宽阔水同域分布的白鹡鸰偶尔也在巢箱筑巢，其卵与山麻雀相似，但卵斑较细，颜色较浅，且巢为典型正开口。据目前的研究记载，寄生山麻雀的杜鹃仅有大杜鹃1种；然而，在宽阔水的研究发现山麻雀能识别和拒绝大杜鹃的雏鸟，所以以往寄生记录的正确性还有待商榷。

28.7 | 保护现状

　　该物种被列入《世界自然保护联盟濒危物种红色名录》（IUCN 2022年）——无危（LC）。山麻雀在中国分布较广，种群数量较丰富。该物种分布范围广，不接近物种生存的脆弱濒危临界值标准（分布区域或波动范围小于20000km²，栖息地质量，种群规模，分布区域碎片化）。种群数量趋势稳定，因此被评价为无生存危机的物种。

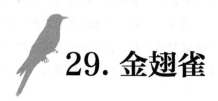

29. 金翅雀

29.1 | 概述

　　金翅雀（*Chloris sinica*）体长12～14cm，属于小型鸣禽。嘴细直而尖，基部粗厚，头顶暗灰色。背部栗褐色具暗色羽干纹，腰金黄色，尾部下覆羽和尾部基金黄色，翼上翼下都有一块大的金黄色块斑，无论站立还是飞翔时都很醒目。栖息于海拔1500m以下的低山、丘陵、山脚和平原等开阔地带的疏林中。常单独或成对活动，秋冬季节成群，有时集群多达数十只甚至上百只。主要以植物果实、种子、草籽和谷粒等农作物为食。分布于俄罗斯萨哈林岛、堪察加半岛、日本和朝鲜等地。

29.2 | 分类与分布

　　目名：雀形目（Passeriformes）

　　科名：燕雀科（Fringillidae）

　　属名：金翅雀属（*Chloris*）

　　学名：*Chloris sinica*

　　英文名：Oriental Greenfinch

　　金翅雀隶属于雀形目燕雀科金翅雀属，共有5个亚种，分别为 *C. s. sinica*、*C. s. minor*、*C. s. kawarahiba*、*C. s. ussuriensis* 和 *C. s. chabarovi*。指名亚种 *sinica* 于1766年首次由 Linnaeus 记述，其分布从中国西部（甘肃）至满洲的南部。亚种 *minor* 于1848年首次由 Temminck 和 Schlegel 记述，其分布于日本南部的本州、四国和九州和韩国的济州岛地区。亚种 *kawarahiba* 于1836年首次由 Temminck 记述，繁殖地位于堪察加半岛、库页岛、千岛群岛地区、日本北部的北海道北部地区，越冬于中国的东南部，偶见于台湾地区。亚种 *ussuriensis* 于1903年首次由 Hartert 记述，其分布自中国东北至乌苏里兰、朝鲜和韩国地区。亚种 *chabarovi* 分布自蒙古至中国东北地区。金翅雀在中国共有3个亚种，分别为 *C. s. ussuriensis*、*C. s. kawarahiba*、*C. s. sinica*。其中指名

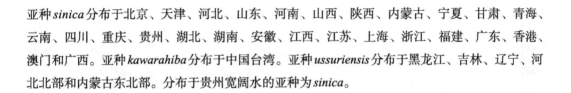

亚种 *sinica* 分布于北京、天津、河北、山东、河南、山西、陕西、内蒙古、宁夏、甘肃、青海、云南、四川、重庆、贵州、湖北、湖南、安徽、江西、江苏、上海、浙江、福建、广东、香港、澳门和广西。亚种 *kawarahiba* 分布于中国台湾。亚种 *ussuriensis* 分布于黑龙江、吉林、辽宁、河北北部和内蒙古东北部。分布于贵州宽阔水的亚种为 *sinica*。

29.3 │ 形态特征

雄鸟眼先、眼周灰黑色，前额、颊、耳覆羽、眉区、头侧褐灰色沾草黄色，头顶、枕至后颈灰褐色，羽尖沾黄绿色。背部、肩和翼上内侧覆羽暗栗褐色，羽缘微沾黄绿色，腰金黄绿色。短的尾部上覆羽亦为绿黄色，长的尾部上覆羽灰色缀黄绿色，中央尾部羽黑褐色，羽基沾黄色，羽缘和尖端灰白色，其余尾部羽基段鲜黄色，末段黑褐色，外翈羽缘灰白色。翼上小覆羽、中覆羽与背部同色，大覆羽颜色亦与背部相似、但稍淡，初级覆羽黑色，小翼羽亦为黑色，但羽基和外翈绿黄色，翼角鲜黄色。初级飞羽黑褐色，尖端灰白色，基部鲜黄色，在翼上形成一大块黄色翼斑，其余飞羽黑褐色，羽缘和尖端灰白色。颊、颏、喉橄榄黄色，胸和两胁栗褐沾绿黄色或污褐而沾灰，下胸和腹中央鲜黄色，下腹至肛周灰白色，尾部下覆羽鲜黄色，翼下覆羽和腋羽亦为鲜黄色。雌鸟和雄鸟相似，但羽色较暗淡，头顶至后颈灰褐而具暗色纵纹。上体少金黄色而多褐色，腰淡褐而沾黄绿色。下体黄色亦较少、仅微沾黄色且亦不如雄鸟鲜艳。雏鸟和雌鸟相似，但羽色较淡，上体淡褐色具明显的暗色纵纹，下体黄色亦具褐色纵纹。虹膜栗褐色，嘴黄褐色或肉黄色，脚淡棕黄色或淡灰红色。大小量度：体重雄性15～22g，雌性15～21g；体长雄性116～145mm，雌性119～140mm；嘴峰雄性10～12mm，雌性9.5～12mm；翼长雄性75～81mm，雌性73.2～82mm；尾长雄性42～55mm，雌性43～54mm；跗跖长雄性14～17mm，雌性14～17.5mm。

29.4 │ 栖息环境

主要栖息于海拔1500m以下的低山、丘陵、山脚和平原等开阔地带的疏林中，尤其喜欢林缘疏林和生长有零星大树的山脚平原，也出现于城镇公园、果园、苗圃、农田地边和村寨附近的树丛中或树上。喜欢在乔木上栖息和活动，在西部和南部地区，有时也见上到海拔2000～3000m的中山地区林缘疏林和灌木丛中，不进入密林深处。

29.5 │ 生活习性

留鸟，冬季游荡。常单独或成对活动，秋冬季节也成群，有时集群多达数十只甚至上百只。休息时多停栖在树上，也停落在电线上长时间不动。多在树冠层枝叶间跳跃或飞来飞去，也到低矮的灌丛和地面活动和觅食。飞翔迅速，两翼扇动甚快，常发出呼呼声响。鸣声单调清晰而尖锐，并带有颤音，其声似"dzi～i～di～i"。主要以植物果实、种子、草籽和谷粒等农作物为食。所吃食物几全是草籽、豆科植物幼芽、稗子、糜子、谷子、麻子等植物和农作物种子。

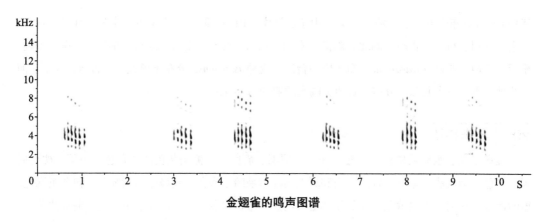

金翅雀的鸣声图谱

29.6 繁殖方式

繁殖期3~8月，1年繁殖2~3窝。其中在北部多为1~2窝，南部多为2~3窝。在北方最早3月中下旬即开始配对，在树冠层间飞来飞去，或雄鸟围绕雌鸟炫耀，载飞载鸣，彼此相互追逐。营巢于低山丘陵和山脚地带针叶树幼树枝杈上和杨树、果树、榕树等阔叶树和竹丛中。巢距地高1.2~5m。巢呈杯状或碗状，主要由细枝、草茎、草叶、植物纤维、须根等材料构成，有时也掺杂有棉、麻、羽毛等材料，巢的结构较为精致，内垫有毛发、兽毛和小片羽毛。巢的大小为外径7~11cm，内径5~7cm，高5~8cm，深3.5~5cm。营巢主要由雌鸟承担，雄鸟协助雌鸟搬运巢材。每个巢需7~8天完成。巢筑好后即开始产卵，每窝产卵4~5枚。卵呈椭圆形。卵的颜色变化较大：有的为灰绿色或淡绿色，被有锈褐色或褐色斑点，尤以钝端较密，常形成环状；也有的呈绿色、绿白色、鸭蛋青色或淡红色，被有褐色、黑褐色或紫色斑点。卵的大小为16.5~18mm×13.1~14.6mm，重1.3~1.7g。通常每天产卵1枚，多在7:00以前产出。卵产齐后即开始孵卵，由雌鸟承担，孵化期13±1天。雏鸟晚成性，刚孵出的雏鸟体重1.2~1.3g，全身除头顶、枕、肩、翼和背部中央具有稀疏的灰色绒羽外，大部赤裸无羽，皮肤肉红色，雌雄亲鸟共同觅食喂雏，留巢期15±1天。刚出壳的绒羽期雏鸟头背部被灰白色长绒毛，喙基部白色；针羽期针羽灰黑色；正羽期针羽羽鞘破开露出棕褐色羽毛，羽缘浅棕色；齐羽期背部羽毛棕褐色，羽缘浅棕色，翼膀黑色，胸腹部浅棕色带棕褐色纵纹。本种的巢特征明显，偏爱筑巢于杉树中，且靠近树干，卵白色带少量褐色至黑色斑点，在宽阔水无容易混淆的相似种类。据目前的研究记载，寄生金翅雀的杜鹃仅有大杜鹃一种，且卵色型未知。除了大杜鹃，在宽阔水金翅雀是中杜鹃、小杜鹃、乌鹃、八声杜鹃等中型至小型杜鹃的潜在宿主。

29.7 保护现状

该物种被列入国家林业和草原局2023年发布的《有重要生态、科学、社会价值的陆生野生动物名录》，列入《世界自然保护联盟濒危物种红色名录》（IUCN 2022年）——无危（LC）。种群现状：金翅雀全球种群数量尚未确定，但该物种被描述为常见或局部常见，而全球数量估计数包括：1000～100000个繁殖对和1000～10000只在中国迁徙的个体；中国台湾有50～1000只迁徙个体，50～1000只越冬个体和100～10000个繁殖对；韩国有10000～100000个繁殖对和1000～10000只越冬个体；在日本有10000～100000个繁殖对和1000～10000只越冬个体，以及在俄罗斯迁移的10000～100000个繁殖对和1000～10000只个体。趋势判断：如果没有任何下降或严重威胁的证据，则认为种群数量稳定。

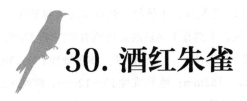

30. 酒红朱雀

30.1 | 概述

　　酒红朱雀（*Carpodacus vinaceus*）体长13～15cm，属于小型鸣禽。雄鸟通体深红色，头部深朱红或棕红色，下背部和腰玫瑰红色，眉纹粉红色而具丝绢光泽。两翼和尾部黑褐或灰褐色、具暗红色狭缘，内侧2枚三级飞羽具淡粉红色先端。雌鸟上体淡棕褐色具黑褐色羽干纹，两翼和尾部暗褐色，外翈羽缘淡棕色，最内侧2枚三级飞羽具棕白色端斑，下体淡褐或赭黄色、具窄的黑色羽干纹。该种特征明显，特别是通过上下体羽全为深红色和内侧两枚飞羽具粉红白色端斑，可以与其他朱雀明显区别。较其他朱雀色深；较点翼朱雀（*Carpodacus rhodopeplus*）体小；较暗胸朱雀（*Procarduelis nipalensis*）或曙红朱雀（*Carpodacus waltoni*）喉色深。雌鸟橄榄褐色而具深色纵纹；三级飞羽羽端浅皮黄色而有别于暗胸朱雀或赤朱雀（*Agraphospiza rubescens*）。体重17～23g，体长135～155mm。是一种中等体型而色深的朱雀。雄鸟体多绯红色，无眉纹。单独或结小群活动，常近地面。可长时间静立不动。叫声为偏高的抽辫声"pwit"或高音"pink"。鸣声为简单的"peedee、be do～do"，为时2秒。

30.2 | 分类与分布

　　目名：雀形目（Passeriformes）

　　科名：燕雀科（Fringillidae）

　　属名：朱雀属（*Carpodacus*）

　　学名：*Carpodacus vinaceus*

　　英文名：Vinaceous Rosefinch

　　酒红朱雀属于雀形目燕雀科朱雀属，无亚种分化，该物种于1870年首次被Verreaux记述，分布于印度、缅甸以及中国的河南、陕西南部、宁夏、甘肃南部、云南、四川、重庆、贵州、湖北西部、湖南西部。

30.3 | 形态特征

雄鸟通体表面深红色、眉纹淡粉红色而具细绢光泽，头顶羽色较亮和深，眼先和眼周围较暗呈暗红色，腰颜色较淡呈玫瑰红色，两翼黑褐色或黑色，羽缘红色，内侧2枚三级飞羽外翈具明显的淡粉红色尖端，尾部黑褐色，羽缘红色。整个下体红色，明显比背部亮、淡，有的具细而不明显的暗色羽轴纹。腋羽和翼下覆羽褐红色。雌鸟上体淡赭棕色或淡棕褐色、具细而不甚明显的暗色纵纹，下背部和腰纯色无暗色纵纹，两翼和尾部暗褐或黑褐色。外翈羽缘淡棕色或浅赭棕色。内侧2枚飞羽具棕白色端斑，下体赭黄色具灰褐色羽干纹，下胸和腹羽干纹细而不显。通常不具眉纹或眉纹不显，个别有不明显的皮黄色眉纹。虹膜黄褐或暗褐色，嘴褐色或黑褐色，下嘴基部较淡，脚褐色或角褐色。大小量度：体重雄性17～23g，雌性18～25g；体长雄性131～150mm，雌性128～152mm；嘴峰雄性10～12mm，雌性9.5～12mm；翼长雄性68～72mm，雌性64～70mm；尾长雄性58～63mm，雌性54～60mm；跗跖长雄性18～21.5mm，雌性17.5～22mm。

30.4 | 栖息环境

栖息于海拔3000m以下的山地针叶林、杨桦林、竹林和针阔叶混交林及其林缘地带，尤其喜欢灌木和林下植物发达的常绿阔叶林和针阔叶混交林。

30.5 | 生活习性

留鸟，在林下灌丛、竹丛、河谷和稀树草坡灌丛中活动和觅食，冬季也常到林缘、农田、地边、以及居民住宅附近的树丛与灌丛等开阔地带单独或成对活动，有时也成小群。性胆怯而机警，见人即飞。休息时多站在树上或高的灌木上，有时也栖于电线上或地上。以草籽、果实和种子等植物性食物为食，也吃少量昆虫。觅食方式主要为觅啄。据在贵州剖检的4只鸟胃，有3个胃内有杂草种子，仅1个胃内有昆虫，另1个胃内有少量荞麦。

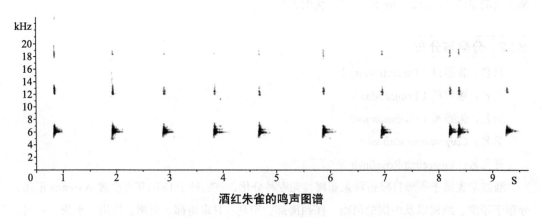

酒红朱雀的鸣声图谱

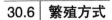

30.6 | 繁殖方式

繁殖期5～7月。巢营于灌木密枝上，巢外层为苔藓、主要由禾本科植物的茎和根等编成。仅雌鸟营巢。每窝产卵3～5枚，卵呈亮蓝色底布少量黑褐色斑点和线，并多集中于卵的钝端。卵大小19～20mm×15.4～15.7mm，重约2.3g。本种特征明显，巢内层为须根和羽毛，卵亮蓝色带黑褐色斑点和线，宽阔水无容易混淆的相似种类。据目前的研究记载，国内外尚无杜鹃寄生酒红朱雀的记录。在宽阔水酒红朱雀是大杜鹃、中杜鹃、小杜鹃等中型和中小型杜鹃的潜在宿主。

30.7 | 保护现状

该物种被列入《世界自然保护联盟濒危物种红色名录》（IUCN 2022年）——无危（LC）。全球种群未量化，但被描述为稀有或不常见鸟种。该鸟在中国台湾有10000～100000个繁殖对。中国大陆种群数量局部地区较常见。

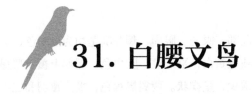

31. 白腰文鸟

31.1 | 概述

白腰文鸟（*Lonchura striata*）体长10～12cm，属于小型鸣禽。上体红褐色或暗沙褐色、具白色羽干纹，腰白色，尾部上覆羽栗褐色，额、嘴基、眼先、颏、喉均为黑褐色，颈侧和上胸栗色具浅黄色羽干纹和羽缘，下胸和腹近白色，各羽具"U"形纹。相似种斑文鸟腰不为白色，羽色亦不同。栖息于海拔1500m以下的低山、丘陵和山脚平原地带。喜结群成对，除繁殖期间多成对活动外，其他季节多成群，常成数只或10多只在一起，秋冬季节亦见数十只甚至上百只的大群，群的结合较为紧密，无论是飞翔或是停息时，常常挤成一团。主要以稻谷、谷粒、草籽、种子、果实、叶、芽等植物性食物为食，也吃少量昆虫等动物性食物。分布于中国、尼泊尔、印度、斯里兰卡、孟加拉国、缅甸、泰国、马来西亚和印度尼西亚等地。

31.2 | 分类与分布

目名：雀形目（Passeriformes）

科名：梅花雀科（Estrildidae）

属名：文鸟属（*Lonchura*）

学名：*Lonchura striata*

英文名：White-rumped Munia

白腰文鸟属于雀形目梅花雀科文鸟属，共有6个亚种，分别为 *L. s. striata*、*L. s. acuticauda*、*L. s. fumigata*、*L. s. semistriata*、*L. s. subsquamicollis*、*L. s. swinhoei*。其中指名亚种 *striata* 于1766年首次被 Linnaeus 记述，其繁殖地在南印度大陆、斯里兰卡。亚种 *acuticauda* 于1836年首次被 Hodgson 记述，其繁殖地从北印度大陆低于西经高度约1500m，北穿过不丹和尼泊尔的喜马拉雅山麓，到达北阿坎德邦的德拉敦地区，从印度穿过孟加拉国到达印度支那北部。亚种 *fumigata* 于1873年首次被 Walden 记述，其繁殖地在安达曼群岛。亚种 *semistriata* 于1874年首次被 Hume 记述，其繁殖地在卡尔尼科巴岛和中尼科巴群岛、尼科巴群岛。亚种 *subsquamicollis* 于1925年首次被 Baker 记述，其繁殖地从马来半岛到印度支那南部。亚种 *swinhoei* 于1882年首次被 Cabanis 记述，其繁殖地在中国中部、东部及台湾地区。白腰文鸟在中国共有2个亚种，分别为 *L. s. subsquamicollis*、*L. s. swinhoei*。其中亚种 *subsquamicollis* 分布于西藏东南部、云南西部和南部。亚种 *swinhoei* 分布于山东、河南、陕西南部、甘肃南部、云南、四川、重庆、贵州、湖北、湖南、安徽、江西、江苏、上海、浙江、福建、广东、香港、澳门、广西、海南、台湾。分布于贵州宽阔水的亚种为 *swinhoei*。

31.3 形态特征

雌雄羽色相似。额、头顶前部、眼先、眼周、颊和嘴基均为黑褐色，头顶后部至背部和两肩暗沙褐色或灰褐色、具白色或皮黄白色羽干纹。腰白色，尾部上覆羽栗褐色具棕白色羽干纹和红褐色羽端。尾部黑色，先端尖，呈楔状。两翼黑褐色，翼上覆羽和三级飞羽外表羽色同背部，但较背部深，亦具棕白色羽干纹。耳覆羽和颈侧淡褐色或红褐色、具细的白色条纹或斑点。颏、喉黑褐色，上胸栗色，各羽具浅黄色羽干纹和淡棕色羽缘，下胸、腹和两胁白色或灰白色，各羽具不明显的淡褐"U"形斑或鳞状斑；肛周、尾部下覆羽和覆腿羽栗褐色，具棕白色细纹或斑点。雏鸟上体淡褐色或灰褐色，各羽均具白色或棕白色羽干纹，腰灰白色，尾部上覆羽浅黄褐色具褐色弧状纹和近白色羽干纹。颏、喉淡灰褐色或灰色、具浅褐色弧状纹，胸、尾部下覆羽和覆腿羽淡黄褐色，各羽具浅褐和灰褐相间的弧状纹，腹、两胁灰褐沾黄，其余似成鸟。虹膜红褐或淡红褐色，上嘴黑色，下嘴蓝灰色，跗跖长蓝褐或深灰色。大小量度：体重雄性9～15g，雌性9～15g；体长雄性99～120mm，雌性99～128mm；嘴峰雄性10.3～12mm，雌性10～11.8mm；翼长雄性47.7～55mm，雌性48～54mm；尾长雄性36.8～52mm，雌性38.5～51mm；跗跖长雄性12～15.8mm，雌性12～16.2mm。

31.4 栖息环境

栖息于海拔1500m以下的低山、丘陵和山脚平原地带，尤以溪流、苇塘、农田和村落附近较常见，常见于低海拔的林缘、次生灌丛、农田及花园，高可至海拔1600m。很少到中高山地区和茂密的森林中活动。

31.5 | 生活习性

留鸟，习性性好结群，除繁殖期间多成对活动外，其他季节多成群，常成数只或10多只在一起，秋冬季节亦见数十只甚至上百只的大群，群的结合较为紧密，无论是飞翔或是停息时，常常挤成一团。常在矮树丛、灌丛、竹丛和草丛中，也常在庭院、田间地头和地上活动，晚上成群栖息在树上或竹上。夏秋季节常与麻雀一起站在稻穗和麦穗头上啄食种子，有时还成群飞往粮食仓库盗食，故有"偷仓"之称。冬季群居在旧巢中，一般10只或10余只同居一旧巢，故又有"十姐妹"之称。常站在树枝、竹枝等高处鸣叫，也常边飞边鸣，鸣声单调低弱，但很清晰。其声似"嘘、嘘、嘘、嘘"，多4～5声一度，声声分开，急速而短，受惊时鸣声更尖锐而短促。飞行时两翼扇动甚快，常可听见振翼声，特别是成群飞翔时声响更大，快而有力，呈波浪状前进。性温顺，不畏人。以植物种子为主食，特别喜欢稻谷。在夏季也吃一些昆虫和未熟的谷穗、草穗。

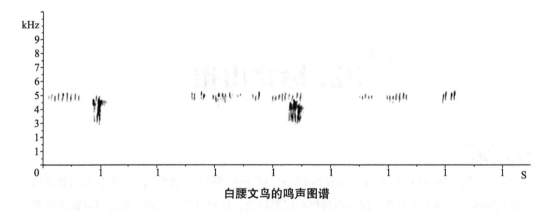

白腰文鸟的鸣声图谱

31.6 | 繁殖方式

在中国的繁殖期持续时间较长。在四川3月中旬即开始营巢繁殖，在贵州4月和9月均分别采得有卵的巢；在广东亦是到10月末繁殖才结束；在福州繁殖期甚至从2月到11月。或许1年繁殖2～3窝甚至4窝。营巢在田地边和村庄附近的树上或竹丛中，也在山边、溪旁和庭院中树上或灌丛与竹丛中营巢。距地高一般为1.5～6m，也有低于1m或高达8m的，巢置于接近主干的茂密枝杈处。营巢由雌雄亲鸟共同承担，巢侧开口，内径4～5.5cm，深10～14cm。主要用杂草、竹叶、稻穗、麦穗等材料构成，随地区而稍有不同，通常就地取材，内垫以细草。巢呈曲颈瓶状、椭圆状或圆球形，若为曲颈瓶状，则开口于曲颈端部，其他形状开口于顶端侧面。巢筑好后即开始产卵，每窝产卵3～7枚，通常4～6枚。卵白色、光滑无斑，卵为椭圆形或尖卵圆形，卵的大小为14.4～18mm×10.5～12.2mm，重0.7～1.5g。卵产齐后即开始孵卵，由雌雄亲鸟轮流承担。通常每1～2小时交换1次。夜间雌雄亲鸟同时栖于巢中。当亲鸟发现有危险或发现卵被侵扰过时，亲鸟则将卵挟在臀部飞往他处，或躲过危险再返回巢中，具有搬运卵的本能。也曾发现两只雌鸟同在一巢孵卵的现象，孵卵期14天左右。雏鸟晚成性，雌雄亲鸟轮流哺育，

19天左右未成年鸟即可离巢出飞。刚出壳的绒羽期雏鸟几乎无绒毛，喙基部白色，进食后的雏鸟在颈部可见明显膨胀的嗉囊；针羽期针羽灰黑色。本种特征明显，为大量芒絮筑的侧开口巢，卵小纯白色，在宽阔水无容易混淆的相似种类。据目前的研究记载，国内外尚无杜鹃寄生白腰文鸟的记录。在宽阔水白腰文鸟是乌鹃、八声杜鹃、翠金鹃等小型杜鹃的潜在宿主。

31.7 | 保护现状

该物种被列入《世界自然保护联盟濒危物种红色名录》（IUCN 2022年）——无危（LC）。白腰文鸟种群数较丰富。由于在谷物成熟期间，常成群飞到农田啄食谷物，给农业带来一定危害。但文腰文鸟小巧玲珑，易于驯养，常被捕捉用于笼养观赏。该物种分布范围广，不接近物种生存的脆弱濒危临界值标准（分布区域或波动范围小于20000km^2，栖息地质量，种群规模，分布区域碎片化）。种群数量趋势稳定，因此被评价为无生存危机的物种。

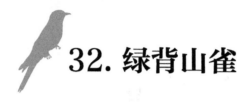

32. 绿背山雀

32.1 | 概述

绿背山雀（*Parus monticolus*）体长约13cm，属于小型鸣禽。在中国其分布仅与白腹的远东山雀（*Parus minor*）有重叠。绿背山雀雄雌同形同色，最明显的是肩部绿色区域与颈部黑色区域交界处有一条细的亮黄色环带。与远东山雀一样，绿背山雀亦受到非法鸟类贸易的威胁，属于稀有鸟种。

32.2 | 分类与分布

目名：雀形目（Passeriformes）

科名：山雀科（Paridae）

属名：山雀属（*Parus*）

学名：*Parus monticolus*

英文名：Green-backed Tit

绿背山雀属于雀形目山雀科山雀属，共有4个亚种，分别为 *P. m. monticolus*、*P. m. insperatus*、*P. m. yunnanensis*、*P. m. legendrei*。其中指名亚种 *monticolus* 于1830年首次被 Vigors 记述，分布于孟加拉国、不丹、中国、印度、老挝、缅甸、尼泊尔、巴基斯坦和越南。亚种 *insperatus* 于1866年首次被 Swinhoe 记述，模式产地在中国台湾。亚种 *yunnanensis* 于1921年首次被 La Touche 记述，模式产地在云南。亚种 *legendrei* 于1927年首次被 Delacour 记述，其模式产地在越南浪平山。绿背山雀系东洋界鸟种，分布于亚洲东南部，在巴基斯坦、印度、尼泊尔等南亚国家沿喜马拉雅山南麓有本物种分布，缅甸北部亦有分布；在中国西南诸省份，西藏南部、云南、贵州、四川各省份可见，其在中国的分布北限可达陕西、甘肃南部的秦岭一线，分布东限达长江中游的湖北省，在台湾亦有本物种分布。绿背山雀在中国共有3个亚种，分别为 *P. m. monticolus*、*P. m. insperatus*、*P. m. yunnanensis*。其中指名亚种 *monticolus* 分布于西藏南部和东南部。亚种 *insperatus* 分布于台湾。亚种 *yunnanensis* 分布于陕西南部、宁夏、甘肃南部、云南、四川、重庆、贵州、湖北西部、湖南、广西。分布于贵州宽阔水的亚种为 *yunnanensis*。

32.3 | 形态特征

雌雄羽色相似，额、眼先、头顶、枕至后颈黑色具蓝色光泽，眼下、面颊、耳羽和颈侧白色，后颈黑色向两侧延伸，沿白色脸颊下缘与颏、喉和前胸黑色相连，使脸颊白斑被围成一个近似三角形的白斑。上背部和两肩黄绿色，后颈黑色下面亦有一白斑，白斑与上背部间黄色，下背部和腰蓝灰色。尾部上覆羽暗灰蓝色，羽缘较淡，尾黑褐色，外翈羽缘灰蓝色，最外侧一对尾羽外翈几全为白色，其余外侧尾羽具白色端斑。翼上覆羽黑褐色，小覆羽具暗灰色羽缘，大覆羽和中覆羽外翈具灰蓝色羽缘和宽阔的灰白色端斑，在翼上形成两道明显的白色翼带。飞羽黑褐色，除最外侧两枚初级飞羽外，其余初级飞羽外翈羽缘灰蓝色，向羽端逐渐变为灰白色，次级飞羽外翈羽缘亦为灰蓝色，羽端白色，三级飞羽具宽阔的灰白色端斑。颏、喉和前胸黑色微具蓝色金色光泽，其余下体辉黄色，两胁辉黄沾绿色，腹部中央有一宽的黑色纵带，其前端与黑色的胸相连，后端延伸至尾部下覆羽。尾部下覆羽黑色具宽阔的白色端斑，腋羽黄色，翼下覆羽黑褐色、羽端白色，胫羽黑色，胫下部具白色羽端。雌鸟腹部中央黑色纵带较雄鸟稍较细窄，其余和雄鸟相似。雏鸟和成鸟相似，体色较暗淡而少光泽，头侧白斑沾黄，腹部黄色亦较淡，腹中央不具黑色纵带或黑色纵带不明显。虹膜褐色，嘴黑色，脚铅黑色。虹膜褐色；喙黑色足亦为黑色。鸣叫时发出"唧吱、唧吱"的声音。亚种 *yunnanensis* 较指名亚种上体绿色更为鲜亮。虹膜褐色；嘴黑色；脚青石灰色。大小量度：体重雄性9～15g，雌性9～17g；体长雄性108～140mm，雌性108～133mm；嘴峰雄性7～10mm，雌性9～10mm；翼长雄性60～70.5mm，雌性63～67.5mm；尾长雄性52～63mm，雌性51～63mm；跗跖长雄性18～21mm，雌性8～21mm。

32.4 | 生活习性

留鸟，冬季成群。生性活泼，行动敏捷，整天不停地在树枝叶间跳跃或来回穿梭活动和觅食，也能轻巧地悬垂在细枝端或叶下面啄食昆虫，偶尔也飞到地上觅食。鸣声和远东山雀近似，似"呀呀～黑黑"或"呀呀～黑"，受惊时常发出急促的"呀呀～黑黑"或"呀～呀～"声，并低头翘尾，不时左右窥视。食性：主要以昆虫和昆虫幼虫为食。所吃种类主要有金龟甲、步行虫、瓢虫、蚂蚁等鞘翅目和鳞翅目昆虫。此外也吃少量草籽等植物性食物。叫声似远东山雀，但声响而尖且更清亮。繁殖期鸣声尖锐多变，为连续的双声节或多音节声音，其声似"呀嘿、呀嘿、呀嘿、呀呀嘿、呀呀黑黑"或"黑呀、黑呀、黑呀、黑",尤其在春季繁殖初期鸣声更为急促多变。习性似远东山雀。

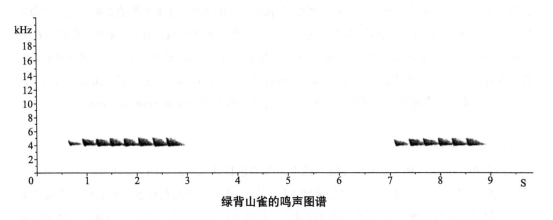

绿背山雀的鸣声图谱

32.5 栖息环境

喜欢成群活动,见于海拔在1000～4000m的中高山区,它们常活动于这个海拔的森林或林缘中。用苔藓、枯叶、树皮纤维及羽毛作为建造巢穴的材料。夏季主要栖息在海拔1200～3000m的山地针叶林和针阔叶混交林、阔叶林和次生林,海拔高度较远东山雀高。冬季常下到低山和山脚及平原地带的次生林、人工林和林缘疏林灌丛,有时也出现在果园、庭院和农田地边的树丛中。

32.6 繁殖方式

繁殖期4～7月。营巢于天然树洞中,也在墙壁和岩石缝隙中营巢,主要由雌鸟承担。巢呈杯状,主要由羊毛之类的动物毛构成,有时混杂有少量苔藓和草茎。天然树洞巢的大小为外径9cm,内径6cm,高8cm,巢深5cm,距地高1.5m。人工巢箱重的巢材为大量苔藓、棉絮和兽毛。巢杯状正开口,内径6cm左右。每窝产卵通常4～6枚,有时多至7～8枚。卵白色、具红褐色斑点,大小为15.1～17.7mm×11.9～13.3mm,重1～1.6g,和远东山雀的卵很相似。孵卵由雌鸟承担,雄鸟常带食物喂雌鸟,雏鸟晚成性。刚出壳的绒羽期雏鸟头背部被灰色短绒毛,喙基部黄色;针羽期针羽灰黑色,后期末端浅黄色;正羽期针羽羽鞘破开露出浅黄色和灰黑色相间羽毛;齐羽期背部羽毛深绿色,翼膀灰黑色带浅黄色至白色羽缘,尾部中央黑色两边白色,头部黑色,后颈部有近白色条带,脸颊白色,胸腹部黄色。本种的巢和卵与宽阔水同域分布的远东山雀很相似,观察亲鸟是区分两者最可靠的标准。另外,人工巢箱中绿背山雀的巢很常见,而远东山雀的巢少见。对比远东山雀,正羽期和齐羽期绿背山雀的雏鸟具有明显的黄色胸腹部。据目前的研究记载,国内外尚无杜鹃寄生绿背山雀的记录。在宽阔水绿背山雀是大杜鹃、中杜鹃和小杜鹃等中型到小型杜鹃的潜在宿主。

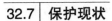

32.7 | 保护现状

该物种被列入国家林业和草原局2023年发布的《有重要生态、科学、社会价值的陆生野生动物名录》，列入《世界自然保护联盟濒危物种红色名录》（IUCN 2022年）——无危（LC）。与远东山雀一样，绿背山雀亦受到非法鸟类贸易的威胁，但由于其本身种群数量和分布地域的限制，在市场上通常不常看到他们的身影，即便出现，也常常被作为外形怪异的"河南黑子"（意即产自中国南方的远东山雀，所谓河南系虚指的地名，"黑子"是远东山雀的俗名）出售，这种非法贸易对野生绿背山雀的种群构成了一定的威胁。本物种尚未被列入保护动物目录，其在中国的分布地域虽然非常广泛，但并非优势种，属于稀有种。

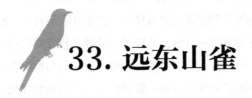

33. 远东山雀

33.1 | 概述

远东山雀（*Parus minor*）体长11.6～15.3cm，属于小型鸣禽。也被称为东方的山雀，是从大山雀的亚种分化而来。远东山雀仅有上背部黄绿色，下体灰白色或浅黄色，比较缺少黄色色调。栖息于低山和山麓地带的次生阔叶林、阔叶林和针阔叶混交林中，也出入于人工林和针叶林。性格活泼而大胆，不甚畏人。行动敏捷，常在树枝间穿梭跳跃，或从一棵树飞到另一棵树上，边飞边叫，略呈波浪状飞行，波峰不高。主要以金花虫、金龟子、毒蛾幼虫、蚂蚁、蜂、松毛虫、螽斯等昆虫为食，远东山雀也喜欢吃油质的种子，如瓜子、花生仁、核桃仁等，人造的糕点它们也非常喜爱，在北方的冬季，种仁是它们的主要食物。

33.2 | 分类与分布

目名：雀形目（Passeriformes）

科名：山雀科（Paridae）

属名：山雀属（*Parus*）

学名：*Parus minor*

英文名：Japanese Tit

远东山雀属于雀形目山雀科山雀属，于1848年首次被Temminck和Schlegel记述，原属于大山雀（*Parus major*）的*minor*、*tibetanus*、*commixtus*、*hainanus*亚种，现独立为远东山雀，共有4个亚种，即*P. m. minor*、*P. m. tibetanus*、*P. m. commixtus*、*P. m. hainanus*。其中指名亚种*minor*分布于东北、华北、西北、华中、华东。亚种*tibetanus*分布于西藏、青海、云南、贵州西部、

四川北部和西部。亚种 *commixtus* 分布于除海南以外的南方地区。亚种 *hainanus* 分布于海南。分布于贵州宽阔水的亚种为 *commixtus*。

33.3 形态特征

雄鸟前额、眼先、头顶、枕和后颈上部辉蓝黑色，眼以下整个脸颊、耳羽和颈侧白色，呈一近似三角形的白斑。后颈上部黑色沿白斑向左右颈侧延伸，形成一条黑带，与颏、喉和前胸之黑色相连。上背和两肩黄绿色，在上背黄绿色和后颈的黑色之间有一细窄的白色横带；下背至尾部上覆羽蓝灰色，中央一对尾羽亦为蓝灰色，羽干黑色，其余尾羽内翈黑褐色，外翈蓝灰色，最外侧一对尾羽白色，仅内翈具宽阔的黑褐色羽缘，次一对外侧尾羽末端具白色楔形斑。翼上覆羽黑褐色，外翈具蓝灰色羽缘，大覆羽具宽阔的灰白色羽端，形成一显著的灰白色翼带。飞羽黑褐色，羽缘蓝灰色，初级飞羽除最外侧两枚外，其余外翈部具灰白色羽缘；次级飞羽外翈羽缘亦为蓝灰色，但羽端仅微缀以灰白色；三级飞羽外翈具较宽的灰白色羽缘。颏、喉和前胸辉蓝黑色，其余下体白色，中部有一宽阔的黑色纵带，前端与前胸黑色相连，往后延伸至尾部下覆羽，有时在尾部覆羽下还扩大成三角形；腋羽白色。雌鸟羽色和雄鸟相似，但体色稍较暗淡，缺少光泽，腹部黑色纵纹较细。雏鸟羽色和成鸟相似，但黑色部分较浅淡而且沾褐色，缺少光泽，喉部黑斑较小，腹无黑色纵纹或黑色纵纹不明显，灰色和白色部分沾黄绿色。虹膜褐色或暗褐色，嘴黑褐色或黑色，脚暗褐色或紫褐色。大小量度：体重雄性 $11.8 \sim 15.5g$，雌性 $13 \sim 17g$；体长雄性 $120 \sim 148mm$，雌性 $116 \sim 153mm$；嘴峰雄性 $9 \sim 11mm$，雌性 $8 \sim 11mm$；翼长雄性 $64 \sim 73mm$，雌性 $61 \sim 72mm$；尾长雄性 $57 \sim 74mm$，雌性 $57 \sim 68mm$；跗跖长雄性 $16 \sim 23mm$，雌性 $16 \sim 20mm$。

33.4 栖息环境

主要栖息于低山和山麓地带的次生阔叶林、阔叶林和针阔叶混交林中，也出入于人工林和针叶林，夏季在北方有时可上到海拔1700m的中、高山地带，在南方夏季甚至上到海拔3000m左右的森林中，冬季多下到山麓和邻近平原地带的次生阔叶林、人工林和林缘疏林灌丛，有时也进到果园、道旁和地边树丛、房前屋后和庭院中的树上。

33.5 生活习性

留鸟，生性较活泼而大胆，不甚畏人。行动敏捷，常在树枝间穿梭跳跃，或从一棵树飞到另一棵树上，边飞边叫，略呈波浪状飞行，波峰不高，平时飞行缓慢，飞行距离亦短，但在受惊后飞行也很快。除繁殖期间成对活动外，秋冬季节多成3～5只或10余只的小群，有时亦见单独活动的。除频繁地在枝间跳跃觅食外，它们也能悬垂在枝叶下面觅食，偶尔也飞到空中和下到地上捕捉昆虫。繁殖期鸣声尖锐多变，为连续的双声节或多音节声音，其声似"呼嘿、呼嘿、呼嘿、呼呼嘿、呼呼黑黑"或"黑呼、黑呼、黑呼、黑"，尤其在春季繁殖初期鸣声更为急促多变。主要以金花虫、金龟子、毒蛾幼虫、刺蛾幼虫、尺蠖蛾幼虫、库蚊、花蝇、蚂蚁、蜂、松毛虫、浮尘子、蝽象、瓢虫、螽斯等鳞翅目、双翅目、鞘翅目、半翅目、直翅目、同翅目、膜翅目等昆虫和昆虫幼虫为食，此外也吃少量蜘蛛、蜗牛等其他小型无脊椎动物和草籽、花等植物性食物。

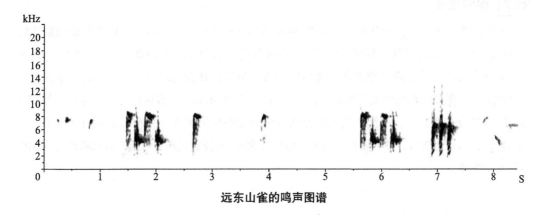

远东山雀的鸣声图谱

33.6 | 繁殖方式

繁殖期4～8月，在南方亦有早在3月即开始繁殖的，但多数在4～5月开始营巢。1年繁殖1窝或2窝，在长白山第一窝最早在4月中旬开始营巢，大量在5月初；第二窝6月中下旬开始营巢。通常营巢于天然树洞中，也利用啄木鸟废弃的巢洞和人工巢箱，有时也在土崖和石隙中营巢。巢呈杯状，外壁主要由苔藓构成，常混杂有地衣和细草茎，内壁为细纤维和兽类绒毛，巢内垫有兔毛、鼠毛、猪毛、牛毛和鸟类羽毛。巢距地高0.7～6m，巢的大小为外径8～14cm，内径5.5～7.5cm，高5～11cm，深3～5cm。雌雄鸟共同营巢，雌鸟为主，每个巢5～7天即可筑好。第一窝最早在5月初即有开始产卵的，多数在5月中下旬；第二窝多在6月末7月初开始产卵，有时边筑巢边产卵。每窝产卵6～13枚，多为6～9枚，有时多达15枚。卵呈卵圆形或椭圆形，乳白色或淡红白色，密布以红褐色斑点，尤以钝端较多。卵的大小为16～18mm×12～14.3mm，平均17.7mm×13.9mm，卵重0.8～2g，平均1.4g，每天产卵1枚，卵多在清晨产出，卵产齐后即开始孵卵，也有在产出最后一枚卵后隔1天才开始孵卵的。孵卵由雌鸟承担，白天坐巢时间7～8小时，夜间在巢内过夜。白天离巢时还用毛将卵盖住，有时也见雄鸟衔虫进巢饲喂正在孵卵的雌鸟，孵化期14±1天。雏鸟晚成性，雌雄亲鸟共同育雏。经过15～17天的喂养，未成年鸟即可离巢，出巢后常结群在巢附近活动几天，亲鸟仍给以喂食，随后未成年鸟自行啄食。刚出壳的绒羽期雏鸟头背部被灰色短绒毛，喙基部浅黄色；针羽期针羽灰黑色；正羽期针羽羽鞘破开露出近黑色羽毛；齐羽期背部羽毛深绿色，头部黑色，后颈部有近白色条带，脸颊白色，翼膀和尾部羽毛近黑色带白色羽缘。本种的巢和卵与宽阔水同域分布的绿背部山雀很相似，观察亲鸟是区分两者最可靠的标准。另外，人工巢箱中绿背山雀的巢很常见，而大山雀的巢少见。对比大山雀，正羽期和齐羽期绿背山雀的雏鸟具有明显的黄色胸腹部。据目前的研究记载，寄生远东山雀的杜鹃仅有大杜鹃一种，但卵色型未知。除了大杜鹃，在宽阔水远东山雀是中杜鹃、小杜鹃等中型到小型杜鹃的潜在宿主。

33.7 保护现状

该物种被列入国家林业和草原局2023年发布的《有重要生态、科学、社会价值的陆生野生动物名录》，列入《世界自然保护联盟濒危物种红色名录》（IUCN 2022年）——无危（LC）。在中国分布较广，种群数量较丰富，是中国较为常见的森林益鸟之一。由于它们大量捕食各类森林昆虫，在控制森林虫害发生方面，意义很大。因而东北一些省区已将它列为地区保护鸟类。该物种分布范围广，不接近物种生存的脆弱濒危临界值标准（分布区域或波动范围小于20000km²，栖息地质量，种群规模，分布区域碎片化）。种群数量趋势稳定，因此被评价为无生存危机的物种。

34. 金色鸦雀

34.1 概述

金色鸦雀（*Suthora verreauxi*）体长11～12cm，属于小型鸣禽。是体小的赭黄色鸦雀。喉黑，头顶、翼斑及尾羽羽缘橘黄色。分布于中国华中及东南、中国台湾地区，印度支那北部，缅甸东部。

34.2 分类与分布

目名：雀形目（Passeriformes）

科名：莺鹛科（Sylviidae）

属名：金色鸦雀属（*Suthora*）

学名：*Suthora verreauxi*

英文名：Golden Parrotbill

金色鸦雀属于雀形目莺鹛科金色鸦雀属，于1883年首次被Sharpe记述，其繁殖地在陕西南部（秦岭）、湖北、四川及云南东北部。在中国有4个亚种，分别是*S. v. verreauxi*、*S. v. craddocki*、*S. v. pallida*、*S. v. morrisoniana*。其中指名亚种*verreauxi*分布于陕西南部、云南东北部、四川、重庆、湖北。亚种*craddocki*分布于云南南部、湖南、广西。亚种*pallida*分布于贵州、江西东北部、福建西北部、广东。亚种*morrisoniana*分布于台湾。分布于贵州宽阔水的亚种为*pallida*。

34.3 形态特征

体小的赭黄色鸦雀。亚种 *morrisonianus* 较指名亚种灰色重，且白色的短眉纹上无狭窄的黑线。亚种 *craddocki* 上体橙褐，颈背及背部略有橄榄褐色。似橙额鸦雀但黄色较多且眉纹白色。虹膜深褐色；上嘴灰色，下嘴带粉色；脚带粉色。叫声为高音的唧啾叫声 cheeps，报警时发出吐气音的颤鸣；尖而高的颤音似橙额鸦雀。体重雄性和雌性均为6～9g；体长雄性107～122mm，雌性106～124mm；嘴峰雄性7～8mm，雌性6～7mm；翼长雄性52～58mm，雌性50～56mm；尾长雄性64～76mm，雌性59～69mm；跗跖长雄性19～20mm，雌性18～21mm。

34.4 栖息环境

主要结小群栖息于山区常绿林的常绿阔叶林、针阔叶混交林、竹林、针叶林及其林缘灌丛中。

34.5 生活习性

留鸟，繁殖期间多成对或单独活动，非繁殖期则喜成群，常10多只至20余只在一起，有时甚至多达40～50只的大群。常隐蔽在林下茂密的灌丛和竹丛间，时而沿灌木侧枝攀爬，时而在低枝间跳跃穿梭，并不时发出低沉的"嗞、嗞"声。活动时总是偷偷摸摸、躲躲闪闪，不易观察。只有当它们从一棵灌木飞向另一棵灌木时才易见到。叫声为哀怨的咩咩叫声及颤鸣声。主要以昆虫和草籽为食，也吃其他小型无脊椎动物和植物果实和种子。

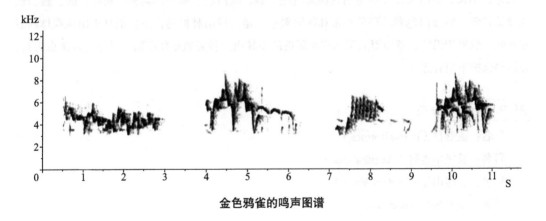

金色鸦雀的鸣声图谱

34.6 繁殖方式

繁殖期5～7月，营巢于林下茂密的灌丛和矢竹丛中，巢距地高1.5m，杯状正开口吊巢，内径3.5cm左右，深3～4.6cm。巢由枯草丝和枯草纤维编织，巢上方有枯草丝将巢悬吊于竹末端，巢外围有时具有苔藓包裹。窝卵数2～5枚，通常3枚。卵白色或浅蓝色，光滑无斑，卵为阔卵圆形，大小14.6～15.3mm×11～11.5mm，重0.9～1g。雌雄轮流孵卵，雏鸟晚成性。刚出壳的绒羽期雏鸟头被灰黑色长绒毛，喙基部黄色；针羽期针羽灰黑色；正羽期针羽羽鞘破开露出棕红色羽毛；

齐羽期身体羽毛棕红色。卵颜色和大小与宽阔水同域分布的灰喉鸦雀的白色和浅蓝色型卵相似，但金色鸦雀的巢为独特的悬吊结构，巢均筑于竹林，不同于灰喉鸦雀筑于草丛、灌丛和茶地。另外，灰喉鸦雀繁殖密度很高，而金色鸦雀的巢很罕见。据目前的研究记载，国内外尚无杜鹃寄生金色鸦雀的记录。在宽阔水金色鸦雀是八声杜鹃、翠金鹃等小型杜鹃的潜在宿主。

34.7 | 保护现状

该物种被列入《世界自然保护联盟濒危物种红色名录》（IUCN 2022年）——无危（LC）。不接近物种生存的脆弱濒危临界值标准（分布区域或波动范围小于20000km²，栖息地质量，种群规模，分布区域碎片化）。种群数量趋势稳定，因此被评价为无生存危机的物种。

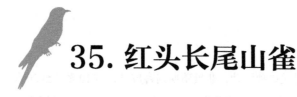

35. 红头长尾山雀

35.1 | 概述

红头长尾山雀（*Aegithalos concinnus*），体长9.5～11cm，属于小型鸣禽。头顶栗红色，背部蓝灰色，尾长，呈凸状，外侧尾羽具楔形白斑。额、喉白色、喉中部具黑色块斑，胸、腹白色或淡棕黄色，胸腹白色者具栗色胸带和两胁栗色。是一种山林留鸟，主要栖息于山地森林和灌木林间，也见于果园、茶园等人类居住地附近的小林内。种群数量较丰富，又主要以昆虫为食，在植物保护中很有意义。

35.2 | 分类与分布

目名：雀形目（Passeriformes）

科名：长尾山雀科（Aegithalidae）

属名：长尾山雀属（*Aegithalos*）

学名：*Aegithalos concinnus*

英文名：Black-throated Tit

红头长尾山雀属于雀形目长尾山雀科长尾山雀属，共有7个亚种，分别是 *A. c. concinnus*、*A. c. iredalei*、*A. c. manipurensis*、*A. c. rubricapillus*、*A. c. talifuensis*、*A. c. pulchellus*、*A. c. annamensis*。其中指名亚种*concinnus*于1855年首次被Gould记述，分布于中国长江流域诸省份，自四川（宝兴、雅安）以至湖北、湖南、江西，东抵江苏、浙江、安徽，北达甘肃（文县）、陕西（秦岭），南抵贵州、广东、广西、福建、台湾及越南东北部（高平、河江）。亚种*iredalei*于1920年首次被Baker记述，分布于巴基斯坦、尼泊尔、锡金、不丹、印度、孟加拉国和中国西藏（聂拉木、樟木、错那、林芝和波密）。亚种 *manipurensis* 于1888年首次被Hume记述，分布于印度和缅甸。亚种 *rubricapillus* 于1925年首次被Ticehurst记述，分布于喜马拉雅山。亚种 *talifuensis* 于1903年首次被Rippon记述，分布于缅甸、老挝、越南和中国四川（西南部）、贵州（兴义）、云南（西北部、西部、南部、东南部）。亚种 *pulchellus* 于1900年首次被Rippon记述，分布于缅甸东部和泰国西北部。亚种 *annamensis* 于1919年首次被Robinson和Kloss记述，分布于老挝（Boloven高原）、越南（安南中部和南部）和邻近的柬埔寨地区。红头长尾山雀在中国共有3个亚种，分别是 *A. c. concinnus*、*A. c. iredalei*、*A. c. talifuensis*。其中指名亚种 *concinnus* 分布于山东、河南南部、陕西南部、甘肃南部、四川中部、重庆、贵州、湖北、湖南、安徽、江西、江苏、上海、浙江、福建、广东、香港、广西、台湾。亚种 *iredalei* 分布于西藏南部和东南部。亚种 *talifuensis* 分布于云南、四川西南部、贵州南部和西部。分布于贵州宽阔水的亚种为 *concinnus*。

35.3 形态特征

雌雄羽色相似，但因亚种不同而羽色略有变化。其中指名亚种额、头顶和后颈栗红色，眼先、头侧和颈侧黑色；其余上体暗蓝灰色，腰部羽端浅棕色，飞羽黑褐色，除第一、二枚飞羽外，其余飞羽外翈具蓝灰色羽缘，内侧次级飞羽内翈微沾玫瑰红色，初级覆羽黑褐色。中央尾羽微沾蓝灰色微沾棕色，尾部黑褐色，中央尾部羽微沾蓝灰色，最外侧3对尾羽具楔状白色端斑，最外侧一对尾部羽外翈白色，其余尾羽外翈羽缘蓝灰色。颏、喉白色，喉部中央有一大型绒黑色块斑；胸、腹亦为白色，胸部有一宽的栗红色胸带，两胁和尾部下覆羽亦为栗红色，腋羽和翼下覆羽白色。云南亚种和指名亚种大致相似，但头顶栗红色较淡，胸带和两胁栗红色较暗且胸带亦较细窄。西藏亚种和指名亚种相似，但具白色眉纹，眉纹以下，眼先、眼周和耳羽黑色。颏和颚纹白色，喉有一黑斑，其余下体淡棕黄色，胸部有一淡色横带，位于黑色喉部和淡棕黄色胸部之间。虹膜橘黄色，嘴蓝黑色，脚棕褐色。大小量度：体重雄性5～8g，雌性4～8g；体长雄性91～116mm，雌性90～106mm；嘴峰雄性6～7.5mm，雌性6～7mm；翼长雄性46～51mm，雌性45～49mm；尾长雄性49～54mm，雌性43～54mm；跗跖长雄性15～17.3mm，雌性15～17mm。

35.4 栖息环境

主要栖息于山地森林和灌木林间，也见于果园、茶园等人类居住地附近的小林内。

35.5 生活习性

红头长尾山雀是一种山林留鸟，主要栖息于山地森林和灌木林间，也见于果园、茶园等人类居住地附近的小林内。常十余只或数十只成群活动。性活泼，常从一棵树突然飞至另一树，不停地在枝叶间跳跃或来回飞翔觅食。边取食边不停地鸣叫，叫声低弱，似"吱—吱—吱"。主要以鞘翅目和鳞翅目等昆虫为食。

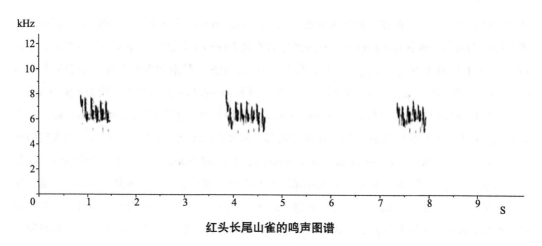

红头长尾山雀的鸣声图谱

35.6 | 繁殖方式

繁殖期1~9月。营巢在柏树上，巢为椭圆形，主要用苔藓、细草、鸡毛和蜘蛛网等材料构成。巢距地高1~9m，巢的大小为长7~12cm，宽7.5~9.7cm，高7.5~10.2cm，深4.5~7.6cm，巢为侧开口，内径3~4cm，深6~8cm。巢内垫有羽毛。巢口开在近顶端的一侧，也有少数开口于顶端，有的巢口还用锦鸡毛作檐。巢筑好后即开始产卵，每天1枚，每窝产卵5~9枚。产卵期间亲鸟还继续衔羽毛垫巢和盖卵。卵白色，钝端微具棕色晕带，有时不明显。卵的大小为11.8~15.3mm×10.1~11.7mm，重0.6~1g。卵产齐后开始孵卵，由雌雄亲鸟轮流承担，以雌鸟为主，坐巢时间明显较雄鸟为长，孵化期16天。雌雄亲鸟共同育雏，据对一巢从6:37~19:00的全天观察，整天喂食303次，全天共有两个喂食高峰，即7:00~8:00和11:00~12:00。雏鸟出巢后先随亲鸟在巢附近树枝间练习飞行和觅食，然后再逐渐远离巢区飞走。刚出壳的绒羽期雏鸟几乎无绒毛，喙基部浅黄色；针羽期针羽灰黑色；齐羽期背部和翼膀覆羽灰黑色，翼膀近黑色带黄色羽缘，尾部羽中央黑色两边白色，头顶和胸腹部灰白色，眼周具宽大的黑色过眼纹。本种的巢特征明显，外层苔藓内垫红色羽毛，卵小具棕色晕带，在宽阔水无容易混淆的相似种类。另外，红头长尾山雀的繁殖时间明显早于其他同域分布鸟种，主要在3月左右，5月后巢很少。据目前的研究记载，国内外尚无杜鹃寄生红头长尾山雀的记录。在宽阔水红头长尾山雀是八声杜鹃和翠金鹃等小型杜鹃的潜在宿主。

35.7 | 保护现状

该物种被列入国家林业和草原局2023年发布的《有重要生态、科学、社会价值的陆生野生动物名录》，列入《世界自然保护联盟濒危物种红色名录》（IUCN 2022年）——无危（LC）。该物种分布范围广，不接近物种生存的脆弱濒危临界值标准（分布区域或波动范围小于20000km²，栖息地质量，种群规模，分布区域碎片化）。种群数量趋势稳定，因此被评价为无生存危机的物种。

36. 暗绿绣眼鸟

36.1 | 概述

　　暗绿绣眼鸟（*Zosterops simplex*）体长9~11cm，属于小型鸣禽。上体绿色，眼周有一白色眼圈极为醒目。下体白色，颏、喉和尾部下覆羽淡黄色。此鸟较活泼，在林间的树枝间敏捷地穿飞跳跃。鸣叫声似"滑儿，滑—儿，滑—儿"，婉转动听。非繁殖季节亦有集群习性，冬季能达50~60只。多在南方，主要在阔叶林营巢，巢小而精致，为吊篮式，隐藏在浓密的枝叶间，不易发现。主要以昆虫和一些植物为食。分布于中国、日本、韩国、老挝、缅甸、泰国和越南。

36.2 | 分类与分布

　　目名：雀形目（Passeriformes）

　　科名：绣眼鸟科（Zosteropidae）

　　属名：绣眼鸟属（*Zosterops*）

　　学名：*Zosterops simplex*

　　英文名：Swinhoe's White-eye

　　暗绿绣眼鸟属于雀形目绣眼鸟科绣眼鸟属，共有5个亚种，分别为*Z. s. simplex*、*Z. s. hainanus*、*Z. s. erwini*、*Z. s. williamsoni*、*Z. s. salvadorii*。其中指名亚种*simplex*于1861年首次被Swinhoe记述，分布于中国东部、中国台湾和越南东北部。亚种*hainanus*于1923年首次被Hartert记述，分布于海南（中国东南部）。亚种*erwini*于1935年首次被Chasen记述，分布于泰国-马来半岛沿海，苏门答腊岛、廖内群岛、邦加岛、纳土纳群岛低地和西婆罗洲低地。亚种*williamsoni*于1919年首次被Robinson和Kloss记述，分布于泰国湾沿岸和柬埔寨西部。亚种*salvadorii*于1894年首次被Meyer和Wiglesworth记述，分布于恩加诺岛（西苏门答腊岛）。暗绿绣眼鸟在中国共有2个亚种，分别为*Z. j. simplex*、*Z. j. hainanus*。其中指名亚种*simplex*分布于辽宁、北京、天津、河北、山东、河南、陕西、山西、内蒙古、甘肃、云南、四川、重庆、贵州、湖北、湖南、安徽、江西、江苏、上海、浙江、福建、广东、香港、澳门、广西、海南、台湾。亚种*hainanus*分布于海南。分布于贵州宽阔水的亚种为*simplex*。

36.3 | 形态特征

　　雌雄鸟羽色相似，从额基至尾部上覆羽概为草绿或暗黄绿色，前额沾有较多黄色且更为鲜亮，眼周有一圈白色绒状短羽，眼先和眼圈下方有一细的黑色纹，耳羽、脸颊黄绿色。翼上内侧覆羽与背部同色，外侧覆羽和飞羽暗褐色或黑褐色，除小翼羽和第一枚短小的退化初级飞羽外，其余覆羽和飞羽外翈均具草绿色羽缘，尤以大覆羽和三级飞羽草绿色羽缘较宽。尾暗褐色，外翈羽缘草绿或黄绿色。颏、喉、上胸和颈侧鲜柠檬黄色，下胸和两胁苍声色，腹中央近白色，尾部下覆羽淡柠檬黄色，腋羽和翼下覆羽白色有时腋羽微沾淡黄色。虹膜红褐或橙褐色，嘴黑色，下嘴基部稍淡，脚暗铅色或灰黑色。大小量度：体重雄性9～15g，雌性8～12g；体长雄性88～114mm，雌性96～115mm；嘴峰雄性8～11mm，雌性9.6～11mm；翼长雄性50～57mm，雌性52～57mm；尾长雄性33～43mm，雌性35～42mm；跗跖长雄性15～17mm，雌性15.5～17mm。

36.4 | 栖息环境

主要栖息于阔叶林和以阔叶树为主的针阔叶混交林、竹林、次生林等各种类型森林中，也栖息于果园、林缘以及村寨和地边高大的树上。迁徙性，夏季多迁往北部和高海拔温凉地区，最高有时可达海拔2000m左右的针叶林，冬季多迁到南方和下到低山、山脚平原地带的阔叶林、疏林灌丛中。

36.5 | 生活习性

中国北部地区多为夏候鸟，华南沿海省区、海南岛和台湾地区主要为留鸟。常单独、成对或成小群活动，迁徙季节和冬季喜欢成群，有时集群多达50～60只。在次生林和灌丛枝叶与花丛间穿梭跳跃，或从一棵树飞到另一棵树，有时围绕着枝叶团团转或通过两翼的急速振动而悬浮于花上，活动时发出"嗞嗞"的细弱声音。以昆虫为食，所吃昆虫主要有鳞翅目成虫和幼虫、鞘翅目金龟甲、金花甲、象甲、叶甲、叩头虫和蝗虫、蝽象、蚜虫、瓢虫、螳螂、蚂蚁等半翅目、膜翅目、直翅目等昆虫，也吃蜘蛛、小螺等一些小型无脊椎动物。植物性食物主要有松子、马桑子、黄莓、蔷薇种子、女贞果实、花瓣、草籽等植物果实和种子。夏季主要以昆虫为主，冬季则主要以植物性食物为主。

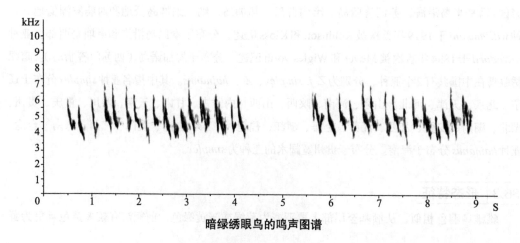

暗绿绣眼鸟的鸣声图谱

36.6 | 繁殖方式

繁殖期4~7月，有的早在3月即开始营巢。营巢于阔叶或针叶树及灌木上，巢呈吊篮状或杯状，主要由草茎、草叶、苔藓、树皮、蛛丝、木棉绒等构成，内垫有棕丝、羽毛、细根、草茎、羊毛等。巢多悬吊于细的侧枝末梢或枝杈上，四周多有浓密的枝叶隐蔽，不易发现，距地高1~10m。巢外径6~7.5cm，内径4~5.8cm，高4~6cm，深2.7~4.6cm。1年繁殖1~2窝。每窝产卵3~4枚，多为3枚。卵淡蓝绿色或白色，大小为14.2~17.2mm×11.1~12.8mm，重0.7~1.4g。刚出壳的绒羽期雏鸟头被少量白色的短小绒毛，喙基部黄色；针羽期针羽灰黑色；正羽期针羽羽鞘破开露出绿色至深绿色羽毛；齐羽期羽色接近成鸟，通体羽毛绿色，腹部白色。本种特征明显，以蛛丝、苔藓和芒絮编织成的小型杯状巢，往往筑于枝丫处，卵小纯白色，在宽阔水没有容易混淆的相似种类。据目前的研究记载，寄生暗绿绣眼鸟的杜鹃仅有巽他岛杜鹃（*Cuculus lepidus*）一种，国内尚无寄生记录。暗绿绣眼鸟在宽阔水是八声杜鹃和翠金鹃等小型杜鹃的潜在宿主。

36.7 | 保护现状

该物种被列入国家林业和草原局2023年发布的《有重要生态、科学、社会价值的陆生野生动物名录》，列入《世界自然保护联盟濒危物种红色名录》（IUCN 2022年）——无危（LC）。该物种分布范围广，不接近物种生存的脆弱濒危临界值标准（分布区域或波动范围小于20000km^2，栖息地质量，种群规模，分布区域碎片化）。种群数量趋势稳定，因此被评价为无生存危机的物种。

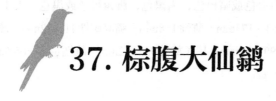

37. 棕腹大仙鹟

37.1 | 概述

棕腹大仙鹟（*Niltava davidi*）体重24~28g，体长15~17cm，属于小型鸣禽，是一种小型的色彩亮丽的鹟。雄鸟上体深蓝，下体棕色，脸黑，额、颈侧小块斑、翼角及腰部亮丽闪辉蓝色。容易与棕腹仙鹟混淆，区别在于色彩较暗。雌鸟灰褐，尾及两翼棕褐，喉上具白色项纹，颈侧具辉蓝色小块斑。与棕腹仙鹟的区别在于腹部较白多在林下灌丛和下层树冠层中单独或成对活动。是山区密林及林下灌丛中甚常见的鹟。喜静，常静静地停息在灌木或幼树枝上，当发现地上有昆虫时，则突然飞到地上捕食，有时也飞到空中捕食飞行性昆虫。主要以甲虫、蚂蚁、蛾、蚊、蜂、蟋蟀等昆虫为食，也吃少量植物果实和种子。分布于中国南方；越冬至泰国及印度。

37.2 | 分类与分布

目名：雀形目（Passeriformes）

科名：鹟科（Muscicapidae）

属名：仙鹟属（*Niltava*）

学名：*Niltava davidi*

英文名：Fujian Niltava

棕腹大仙鹟属于雀形目鹟科仙鹟属，是中国的特有物种，无亚种分化。于1907首次被La Touche记述，其分布地包括陕西南部、云南、四川、重庆、贵州北部、湖北、江西、福建西北部、广东、香港、澳门、广西、海南。

37.3 | 形态特征

雄鸟前额、眼先和头侧黑色，头顶至后颈、腰、尾部上覆羽以及翼上小覆羽和中覆羽均辉钴蓝色或绀青蓝色，颈侧有一更为鲜亮的淡钴蓝色斑。背部、肩翼上大覆羽深紫蓝色看起来有点近似黑色，飞羽黑褐色或黑色，羽缘亦为深紫蓝色。中央一对尾羽钴蓝色，其余尾部羽黑色，外翈羽缘钴蓝色。颏、喉黑色具深蓝色光泽，胸、腹等其余下体橙棕色或橙栗色，喉部黑色和胸部橙棕相接平直。雌鸟上体橄榄褐色或橄榄棕褐色，头顶后部和枕蓝灰褐色，额淡棕色，眼先和眼周、颊、耳棕黄色具细的淡色羽轴纹。腰和尾部上覆羽栗棕色，尾部羽棕褐色或红褐色，两翼褐色或黑褐色，羽缘棕褐色或深棕色；颈两侧各具一辉蓝色斑。颏、喉和上胸淡皮黄色或棕褐色，下胸、腹和两胁橄榄褐色，上胸中部有一白色块斑，下腹和尾部下覆羽棕白色，腹中央近白色。虹膜褐色或暗褐色，嘴黑色，脚角褐色或黑色。大小量度：体重雄性28g，雌性24g；体长雄性164～173mm，雌性158mm；嘴峰雄性11～12mm，雌性10.5～12mm；翼长雄性90～94mm，雌性90～91mm；尾长雄性71～72mm，雌性64.5～65.5mm；跗跖长雄性20～23.5mm，雌性20～21mm。

37.4 | 栖息环境

主要栖息于山地常绿阔叶林、落叶阔叶林和混交林中，也栖息于林缘疏林和灌丛，夏季栖息海拔较高，一般在900～2200m富有林下植物的常绿和落叶阔叶林与混交林中，冬季栖息地海拔较低，多活动在低山山脚地带。有时也到农田和村寨附近小树丛中活动。

37.5 | 生活习性

包括夏候鸟、冬候鸟旅鸟和留鸟。常单独或成对活动，有沿着粗的树枝奔跑的习性。性较安静，常静静地停息在灌木或幼树枝上，当发现地上有昆虫时，则突然飞到地上捕食，有时也飞到空中捕食飞行性昆虫。叫声甚高音的"ssssew"或"siiiii"声，短暂停顿后又重复。告警叫声为尖厉的金属音"tit tit tit…trrt trrt trrt…trrt trrt tit tit…"。主要以甲虫、蚂蚁、蛾、蚊、蜂、蟋蟀等昆虫为食，也吃少量植物果实和种子。

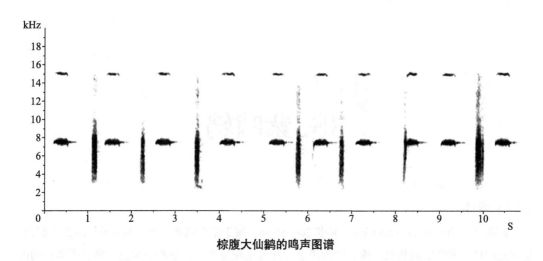

棕腹大仙鹟的鸣声图谱

37.6 | 繁殖方式

繁殖期5～7月。通常营巢于陡岸岩坡洞穴中或石隙间，也在天然树洞中或塌陷的土坎内侧营巢。巢呈碗状正开口，内径约7cm，主要由苔藓构成，内垫细的须根。每窝产卵通常4枚，卵淡黄色或皮黄色、被有粉红褐色或淡红色斑点，尤以钝端较密，常在钝端形成一个环状。卵的大小为21.8～22.4mm×16.8～17mm，重3.3～3.4g。孵卵主要由雌鸟承担，雄鸟偶尔参与孵卵活动。雏鸟晚成性，孵化期12～13天，雌雄亲鸟共同育雏。刚出壳的绒羽期雏鸟头背部被黑色长绒毛，喙基部黄色；针羽期针羽灰黑色；正羽期针羽羽鞘破开露出棕色羽毛。本种巢的结构、材料、生境和卵色与宽阔水同域分布的铜蓝鹟、白冠燕尾、灰背燕尾和红尾水鸲相似。区别在于，棕腹大仙鹟巢材较单一，一般只有苔藓构成，卵小于白冠燕尾但明显大于其他相似种类，铜蓝鹟、红尾水鸲和棕腹大仙鹟均在塌陷土坎内侧筑巢，而两种燕尾在靠近水边土坎筑巢。另外，相比铜蓝鹟，棕腹大仙鹟很罕见。据目前的研究记载，国内外尚无杜鹃寄生棕腹大仙鹟的记录。在宽阔水棕腹大仙鹟是鹰鹃和霍氏鹰鹃等大型和中大型杜鹃的潜在宿主。

37.7 | 保护现状

该物种被列入国家林业和草原局2023年发布的《有重要生态、科学、社会价值的陆生野生动物名录》，列入《世界自然保护联盟濒危物种红色名录》（IUCN 2022年）——无危（LC），列入国家林业和草原局、农业农村部2021发布的《国家重点保护野生动物名录》——二级。该物种分布范围广，不接近物种生存的脆弱濒危临界值标准（分布区域或波动范围小于20000km^2，栖息地质量，种群规模，分布区域碎片化）。种群数量趋势稳定，因此被评价为无生存危机的物种。

38. 紫啸鸫

38.1 概述

　　紫啸鸫（*Myophonus caeruleus*）体长26～35cm，属于中型鸣禽。全身羽毛呈黑暗的蓝紫色，各羽先端具亮紫色的滴状斑，嘴、脚为黑色。此鸟远观呈黑色，近看为紫色，栖息于多石的山间溪流的岩石上，往往成对活动，常在灌木丛中互相追逐，边飞边鸣，声音洪亮短促犹如钢琴声。在地面上或浅水间觅食，以昆虫和小蟹为食，兼吃浆果及其他植物。繁殖于4～7月，巢筑在岩隙间、树杈或山上庙宇的横梁上。巢以苔藓、须根、残叶等构成，呈杯状。每窝产4枚卵，纯绿色或黄绿色，具深浅不一的红色细斑。分布于中亚、阿富汗、巴基斯坦、印度以至东南亚，南达爪哇以及中国。

38.2 分类与分布

　　目名：雀形目（Passeriformes）

　　科名：鹟科（Muscicapidae）

　　属名：啸鸫属（*Myophonus*）

　　学名：*Myophonus caeruleus*

　　英文名：Blue Whistling-thrush

　　紫啸鸫属于雀形目鹟科啸鸫属，共有6个亚种，分别为 *M. c. caeruleus*、*M. c. temminckii*、*M. c. eugenei*、*M. c. crassirostris*、*M. c. dichrorhynchus*、*M. c. flavirostris*。其中指名亚种 *caeruleus* 于1786年首次被Scopoli记述，其繁殖地从中国秦岭山脉及山西、河北等地到广西、广东等地，为留鸟。亚种 *temminckii* 于1831年首次被Vigors记述，其繁殖地包括中亚山脉至中国西部和缅甸东北部，为留鸟。亚种 *eugenei* 于1873年首次被Hume记述，其繁殖地缅甸中部至泰国东部、中国南部和中印北部、中部，为留鸟。亚种 *crassirostris* 于1910年首次被Robinson记述，其繁殖于泰国、柬埔寨和马来半岛，为留鸟。亚种 *dichrorhynchus* 于1879年首次被Salvadori记述，其繁殖于马来半岛南部和苏门答腊地区，为留鸟。亚种 *flavirostris* 于1821年首次被Horsfield记述，其繁殖地于爪哇岛，为留鸟。紫啸鸫在中国共有3个亚种，分别为 *M. c. caeruleus*、*M. c. temminckii* 和 *M. c. eugenei*。其中指名亚种 *caeruleus* 分布于北京、河北、山东、河南、山西、陕西、内蒙古东部、宁夏、甘肃、云南南部、四川、贵州、湖北、湖南、安徽、江西、江苏、上海、浙江、福建、广东、广西、香港、澳门。亚种 *temminckii* 分布于新疆、西藏、云南西部、贵州。亚种 *eugenei* 分布于云南，四川，贵州西部，广西南部。分布于贵州宽阔水的亚种为 *caeruleus*。

38.3 | 形态特征

雌雄羽色相似。前额基部和眼先黑色，其余头部和整个上下体羽深紫蓝色，各羽末端均具辉亮的淡紫色滴状斑，此滴状斑在头顶和后颈较小，在两肩和背部较大，腰和尾部上覆羽滴状斑较小而且稀疏。两翼黑褐色，翼上覆羽外翈深紫蓝色，内翈黑褐色，翼上小覆羽全为辉紫蓝色，中覆羽除西南亚种无白色端斑外，均具白色或紫白色端斑。飞羽亦为黑褐色，除第一枚初级飞羽外，其余飞羽外表均缀紫蓝色。尾部内翈黑褐色，外翈深紫蓝色，其外表亦为深紫蓝色。头侧、颈侧、颏喉、胸、上腹和两胁等下体亦具辉亮的淡紫色滴状斑，且滴状斑较大而显著，特别是喉、胸部滴状斑更大，常常比背部，肩部滴状斑大而显著。腹、后胁和尾部下覆羽黑褐色有的微沾紫蓝色。雏鸟和成鸟基本相似，上体包括两翼和尾部表面概为紫蓝色无滴状斑，中覆羽先端缀有白点。下体乌棕褐色，喉侧杂有紫白色短纹，胸和上腹杂有细的白色羽干纹。虹膜暗褐或黑褐色，嘴黑色（西藏亚种和西南亚种嘴黄色），脚黑色。嘴短健，上嘴前端有缺刻或小钩，颈椎15枚。鸣肌发达。离趾型足，趾三前一后，后趾与中趾等长；腿细弱，跗跖长后缘鳞片常愈合为整块鳞板；雀腭型头骨。大小量度：体重雄性136~210g；雌性136~190g；体长雄性280~352mm，雌性260~330mm；嘴峰雄性23~34mm，雌性25~31mm；翼长雄性166~190mm，雌性160~185mm；尾长雄性113~147mm，雌性110~138mm；跗跖长雄性47~56mm，雌性46~56mm。

38.4 | 栖息环境

主要栖息于海拔3800m以下的山地森林溪流沿岸，尤以阔叶林和混交林中多岩的山涧溪流沿岸较常见。

38.5 | 生活习性

在中国长江以南地区为留鸟，长江以北地区为夏候鸟。每年4月迁往北方繁殖地繁殖，9~10月迁到南方繁殖地越冬。单独或成对活动，地栖性，常在溪边岩石或乱石丛间跳来跳去或飞上飞下，有时也进到村寨附近的园圃或地边灌丛中活动，性活泼而机警。在地面活动时主要是跳跃前进，停息时常将尾部羽散开并上下摆动，有时还左右摆动。在地上和水边浅水处觅食。善鸣叫，繁殖期中雄鸟鸣啭非常动听。繁殖期间鸣声清脆高亢、多变而富有音韵，其声颇似哨声，甚为动听。告警时发出尖厉高音"eer~ee~ee"，似燕尾，受惊时慌忙逃至覆盖下并发出尖厉的警叫声。在地面取食，主要以昆虫和昆虫幼虫为食。所吃的食物有金龟甲、金花甲、象甲、步行虫、田鳖、直翅目蝗虫、半翅目蝽象和双翅目蝇蛆等昆虫。也吃蜂、蚌和小蟹等其他动物，偶尔吃少量植物果实与种子。

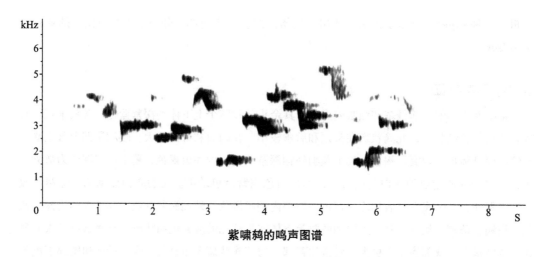

紫啸鸫的鸣声图谱

38.6 繁殖方式

繁殖期4~7月，通常营巢从山脚到海拔3800m的山洞溪流岸边。巢多置于溪边岩壁突出的岩石上或岩缝间，也在瀑布后面岩洞中和树根间的洞穴中营巢，巢旁多有草丛或灌丛隐蔽，有时也营巢于庙宇上或树枝上。巢呈碗状正开口，内径约11cm，主要由苔藓、苇茎、泥、枯草等材料构成，内垫有细草茎、须根等柔软物质，营巢由雌雄鸟共同承担。每窝产卵3~5枚，多为4枚，卵色型变异较大，包括淡棕色密布浅棕色细斑；或淡绿色被红色、暗色或淡色斑点；或灰天蓝色，钝端被有大小不等的紫色斑点；或纯淡绿色无斑；或黄绿色或淡褐色而具暗淡不一的细小斑点。卵的大小为34.9~37.2mm×24.7~25.6mm，重11.3~12.6g。雌雄亲鸟轮流孵卵。雏鸟晚成性，雌雄亲鸟共同育雏。本种特征明显，筑巢于洞穴石壁，卵大，在宽阔水无容易混淆的相似种类。据目前的研究记载，寄生紫啸鸫的杜鹃包括大杜鹃、红翅凤头鹃和斑翅凤头鹃（*Clamator jacobinus*）等大型杜鹃。除此之外，在宽阔水紫啸鸫也是鹰鹃和四声杜鹃等大型和中大型杜鹃的潜在宿主。

38.7 保护现状

该物种被列入《世界自然保护联盟濒危物种红色名录》（IUCN 2022年）——无危（LC）。该物种分布范围广，种群数量较丰富，不接近物种生存的脆弱濒危临界值标准（分布区域或波动范围小于20000km²，栖息地质量，种群规模，分布区域碎片化）。种群数量趋势稳定，因此被评价为无生存危机的物种。

39. 矛纹草鹛

39.1 概述

矛纹草鹛（*Babax lanceolatus*）体长25～29cm，属于中型鸣禽。头顶和上体暗栗褐色具灰色或棕白色羽缘。形成栗褐色或灰色纵纹。下体棕白色或淡黄色，胸和两胁具暗色纵纹，髭纹黑色。尾褐色具黑色横斑。虹膜白色、黄白色、黄色至橙黄色，嘴黑褐色至角褐色，脚角褐色。矛纹草鹛主要栖息于稀树灌丛草坡、竹林、常绿阔叶林、针阔叶混交林、亚高山针叶林和林缘灌丛中，喜结群，除繁殖期外，常成小群活动，多活动在林内或林缘灌木丛和高草丛中，尤其喜欢在有稀疏树木的开阔地带灌丛和草丛中活动和觅食。食性较杂，主要以昆虫、昆虫幼虫、植物叶、芽、果实和种子为食。分布于中国、印度东北部阿萨姆和缅甸北部。

39.2 分类与分布

目名：雀形目（Passeriformes）

科名：噪鹛科（Leiothrichidae）

属名：草鹛属（*Babax*）

学名：*Babax lanceolatus*

英文名：Chinese Babax

矛纹草鹛属于雀形目噪鹛科草鹛属，共有3个亚种，分别为*B. l. lanceolatus*、*B. l. bonvaloti*、*B. l. latouchei*。其中指名亚种*lanceolatus*于1871年首次被Verreaux记述，其繁殖于中国和缅甸东北部，为留鸟。亚种*bonvaloti*于1892年首次被Oustalet记述，其繁殖地于中国西南地区包括西藏昌都和四川西部等，留鸟。亚种*latouchei*于1929年首次被Stresemann记述，其繁殖于中国华南地区，为留鸟。矛纹草鹛3个亚种均在中国分布，其中指名亚种*lanceolatus*分布于河南、陕西西南部、甘肃南部、云南、四川、重庆、贵州、湖北西部。亚种*bonvaloti*分布于西藏东部、云南西北部、四川北部和西部。亚种*latouchei*分布于云南、贵州南部、湖南西部、江西、福建、广东北部、广西。分布于贵州宽阔水的亚种为*lanceolatus*。

39.3 形态特征

羽色区别明显，前额、头顶至枕栗褐色或浓栗褐色，羽缘灰色或棕色，有的具黑褐色轴纹。上体暗栗褐。色具宽阔的灰色或灰白色或棕色或棕白色羽缘，有的还渲染有淡茶黄色，形

成明显的暗栗褐色纵纹；腰和尾部上覆羽栗褐色或橄榄褐色，有的还具橄榄灰色或橄榄棕色羽
缘，至尾部上覆羽几纯为橄榄褐色或橄榄灰色至橄榄棕色，因而纵纹亦不显；尾羽暗褐色或
橄榄褐色、具明暗相间横斑，羽基沾染灰色或淡茶黄色；翼上覆羽颜色与背部相似，但大覆
羽和初级覆羽纵纹不显著，飞羽褐色或暗褐色，外侧飞羽外翈羽缘灰色或淡灰褐色、有的沾
染茶黄色或褐白色，内侧飞羽外翈羽缘转为暗棕褐色、有的具隐约可见的暗色横斑。眼先棕
白、灰白或淡茶黄色，有的具黑色先端。颊、耳羽、头侧和颈侧棕白或灰白色具褐色或栗褐色
纵纹，髭纹暗栗褐色或栗黑色。颏、喉淡皮黄白色或棕白色；胸、腹棕白或茶黄白色，胸具细
窄的黑褐色羽干纹，胸侧和两胁满被以暗栗褐色或栗黑色粗著纵纹，纵纹两侧并缘以栗色或栗
红色；尾部下覆羽中央灰褐色，羽缘棕白色。虹膜白色、黄白色、黄色至橙黄色，嘴黑褐色
至角褐色，脚角褐色。大小量度：体重雄性64～85g，雌性65～88g；体长雄性225～282mm，
雌性230～270mm；嘴峰雄性22～26.5mm，雌性21～26mm，翼长雄性90～101mm，雌
性89～101mm；尾长雄性109～133mm，雌性102～131mm，跗跖长雄性34～40mm，雌性
33～40.2mm。

39.4 | 栖息环境

主要栖息于稀树灌丛草坡、竹林、常绿阔叶林、针阔叶混交林、亚高山针叶林和林缘灌丛
中，海拔高度从山脚平原一直到3700m左右的森林地带，在西藏甚至出现在海拔3900～4200m
处有稀疏树木的开阔草地。

39.5 | 生活习性

留鸟，喜结群，除繁殖期外，常成小群活动，多活动在林内或林缘灌木丛和高草丛中，尤
其喜欢在有稀疏树木的开阔地带灌丛和草丛中活动和觅食。性活泼，常在灌丛或高草丛间跳跃
穿梭，也在地上奔跑和觅食。一般较少飞翔，常边走边鸣叫，叫声嘈杂，似"唧、唧、唧"或
"嘟、嘟、嘟"的声音，群中个体间即通过彼此的叫声保持联系。繁殖期间也能发出响亮动听的

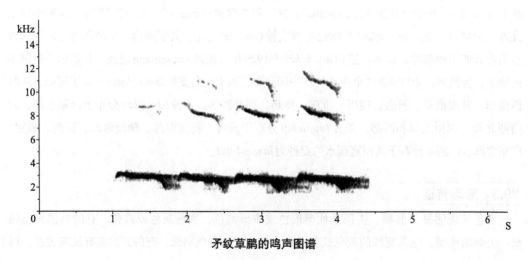

矛纹草鹛的鸣声图谱

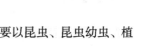

鸣声，其声似"偶～飞、偶～飞…"连续的双音节声音。食性较杂，主要以昆虫、昆虫幼虫、植物叶、芽、果实和种子为食。所吃昆虫主要有金龟甲、蚂蚁、甲虫、鞘翅目、鳞翅目、膜翅目昆虫和其他昆虫，植物性食物主要有野生植物果实、种子、草籽、花、玉米、荞麦、芝麻和高粱等。

39.6 | 繁殖方式

繁殖期4～6月，最早在3月末即已开始繁殖，在贵州5月上旬即见有未成年鸟出巢。营巢于灌丛中，巢呈碗状正开口，内径7～10cm，深4～8cm，主要由枯草茎、叶构成，内垫有细草茎和草根。在宽阔水营巢于灌丛、茶地和草丛，少数在乔木，巢外层为细枝（常为枯蒿枝）和枯草叶，内层为弯曲的草根加枯草纤维。窝卵数2～4枚。卵为尖卵圆形，青蓝色，光滑无斑点。卵大小24.2～30.4mm×18.5～22.3mm，重4.2～7.0g。刚出壳的绒羽期雏鸟头背部被棕灰色短绒毛，喙基部黄色；针羽期针羽灰黑色；正羽期针羽羽鞘破开露出棕色羽毛；齐羽期身体羽毛棕色，头侧、颈部和胸部初显类似成鸟的纵纹。卵大小和颜色与宽阔水同域分布的棕噪鹛和画眉相似，但画眉巢很松散，最外层和底部往往有大的树叶或竹叶为垫，卵也往往偏圆，主要筑于地面，而棕噪鹛主要营巢于树上，且很罕见。矛纹草鹛刚出壳雏鸟被灰色短绒毛，而画眉光秃无毛，棕噪鹛则具白色短绒毛，齐羽期矛纹草鹛雏鸟具纵纹，而画眉和棕噪鹛为较单一的棕褐色，画眉初显白色眉纹。据目前的研究记载，寄生矛纹草鹛的杜鹃有鹰鹃和斑翅凤头鹃（ *Clamator jacobinus* ），后者不在宽阔水分布。鹰鹃的寄生卵与矛纹草鹛不相似，矛纹草鹛是青蓝色卵，而鹰鹃为白色或略带浅蓝色的卵。除此之外，矛纹草鹛在宽阔水还是红翅凤头鹃的潜在宿主。

39.7 | 保护现状

该物种被列入国家林业和草原局2023年发布的《有重要生态、科学、社会价值的陆生野生动物名录》，列入《世界自然保护联盟濒危物种红色名录》（IUCN 2022年）——无危（LC）。该物种分布范围广，不接近物种生存的脆弱濒危临界值标准（分布区域或波动范围小于20000km²，栖息地质量，种群规模，分布区域碎片化）。种群数量趋势稳定，因此被评价为无生存危机的物种。全球种群规模尚未量化，据估计，中国的种群为100～10000个繁殖对。

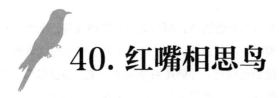

40. 红嘴相思鸟

40.1 | 概述

红嘴相思鸟（ *Leiothrix lutea* ）体长13～16cm，属于小型鸣禽。嘴赤红色，上体暗灰绿色、眼先、眼周淡黄色，耳羽浅灰色或橄榄灰色。两翼具黄色和红色翼斑，尾部叉状、黑色，颏、喉黄色，胸橙黄色。栖息于海拔1200～2800m的山地常绿阔叶林、常绿落叶混交林、竹林和林缘疏林灌丛地带。除繁殖期间成对或单独活动外，其他季节多成3～5只或10余只的小群，有时亦与其他小鸟混群活动。主要以毛虫、甲虫、蚂蚁等昆虫为食，也吃植物果实、种子等植物性食物，偶尔也吃少量玉米等农作物。红嘴相思鸟在中国分布较广，种群数量较丰富。该鸟羽色艳丽、鸣声婉转动听，是世界各地著名的笼养观赏鸟之一，也是中国传统的外贸出口鸟类。每年除大量捕捉供各动物园和个人饲养观赏外，还出口境外，致使种群数量显著减少，应控制捕猎，注意保护资源。

40.2 分类与分布

目名：雀形目（Passeriformes）

科名：噪鹛科（Leiothrichidae）

属名：相思鸟属（*Leiothrix*）

学名：*Leiothrix lutea*

英文名：Red-billed Leiothrix

红嘴相思鸟属于雀形目噪鹛科相思鸟属，共有5个亚种，分别为 *L. l. lutea*、*L. l. kumaiensis*、*L. l. calipyga*、*L. l. yunnanensis*、*L. l. kwangtungensis*。其中指名亚种 *lutea* 于1786年首次被 Scopoli 记述，其繁殖地包括中国中南和华东地区，为留鸟。亚种 *kumaiensis* 于1943年首次被 Whistler 记述，其繁殖地于喜马拉雅山脉西北部，为留鸟。亚种 *calipyga* 于1837年首次被 Hodgson 记述，其繁殖地从喜马拉雅山脉中部到缅甸西北部，为留鸟。亚种 *yunnanensis* 于1921年首次被 Rothschild 记述，其繁殖于缅甸东北部和中国南部，为留鸟。亚种 *kwangtungensis* 于1923首次被 Stresemann 记述，其繁殖于中国东南部和越南北部，为留鸟。红嘴相思鸟在中国分布有4个亚种，其中指名亚种 *lutea* 分布于河南南部、陕西南部、甘肃南部、云南东北部、四川、重庆、贵州、湖北、湖南、安徽南部、江西、上海、浙江、福建。亚种 *calipyga* 分布于西藏东南部。亚种 *yunnanensis* 分布于云南西部和西北部。亚种 *kwangtungensis* 分布于云南南部、广东、澳门、广西。分布于贵州宽阔水的亚种为 *lutea*。

40.3 形态特征

雄鸟额、头顶、枕和上背橄榄绿色沾黄，额和头顶前部稍浅淡，下背、腰和尾部上覆羽暗灰橄榄绿色，最长的尾部上覆羽具淡黄色端斑。尾部呈叉状、辉黑色，外侧尾羽向外稍曲，中央尾羽暗灰橄榄绿色具金属蓝黑色端斑，外侧尾羽外翈和端斑金属蓝绿色，内翈基部暗灰橄榄绿色。翼上覆羽亦大多暗橄榄绿色，飞羽黑褐色，向内渐深，呈辉黑色。初级飞羽外翈羽缘黄色，往内逐渐变为金黄色，从第三枚初级飞羽起，初级飞羽外翈基部朱红色，形成显著的朱红色翼斑；次级飞羽外翈辉黑色，基部橙黄色。眼先、眼周淡黄色、耳羽浅灰或橄榄灰色，颏和喉辉黄色，上胸橙红色，形成一显著的胸带，下胸、腹和尾部下覆羽黄白色或乳黄色，腹中部较白，两胁橄榄绿灰色或浅黄灰色；翼下覆羽灰色，腋羽黄绿沾灰。雌鸟和雄鸟大致相似，但翼斑朱红色为橙黄色所取代，眼先白色微沾黄色。虹膜暗褐色或淡红褐色、嘴赤红色，基部黑色，跗跖长和趾黄褐色。大小量度：体重雄性14～28g，雌性19～29g；体长雄性129～154mm，雌性127～151mm；嘴峰雄性11～15mm，雌性11～14mm；翼长雄性62～74mm，雌性60～72mm；尾长雄性50～68mm，雌性50～67mm；跗跖长雄性22～27mm，雌性23～27mm。

40.4 | 栖息环境

　　主要栖息于海拔1200～2800m的山地常绿阔叶林、常绿落叶混交林、竹林和林缘疏林灌丛地带，冬季多下到海拔1000m以下的低山、山脚、平原与河谷地带，有时也进到村舍、庭院和农田附近的灌木丛中。

40.5 | 生活习性

　　留鸟，除繁殖期间成对或单独活动外，其他季节多成3～5只或10余只的小群，有时亦与其他小鸟混群活动。性大胆，不甚怕人，多在树上或林下灌木间穿梭、跳跃、飞来飞去，偶尔也到地上活动和觅食。善鸣叫，尤其繁殖期间鸣声响亮、婉转动听。常站在灌木顶枝上高声鸣唱，并不断抖动着翼膀，其声似"嘀～嘀～嘀～"或"古儿～古儿～古儿～"。雄鸟鸣唱时常扇动双翼，耸竖体羽，声脆响亮，多变悦耳，音似"微归—微归—微归—微微归"，"骨里—句，骨里—句"……雌鸟只能发出低沉单一的"吱吱"声。主要以毛虫、甲虫、蚂蚁等昆虫为食，也吃植物果实、种子等植物性食物，偶尔也吃少量玉米等农作物。

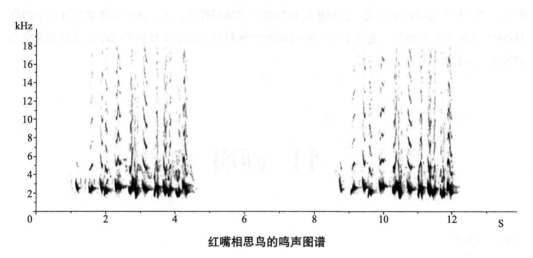

红嘴相思鸟的鸣声图谱

40.6 | 繁殖方式

　　繁殖期5～7月。通常营巢于林下或林缘灌木丛或竹丛中，巢多筑于灌木侧枝或小树枝杈上或竹枝上，距地高1～1.5m。呈深杯状正开口，外径8～12.6cm，内径5～8cm，高6～8cm，深5～6cm，主要由苔藓、草茎、草叶、树叶、竹叶、树皮、草根等材料构成，内垫有细草茎、棕丝和须根，常垫有黑丝。窝卵数2～4枚。卵19.4～24.4mm×14.1～17mm，重1.9～3.7g，具白色和浅蓝色型卵，均布红褐色斑点，且主要集中在钝端。刚出壳的绒羽期雏鸟头背部被灰色绒毛，喙基部浅黄色；针羽期针羽灰黑色，喙尖开始有红色显现；正羽期针羽羽鞘破开露出绿色羽毛；齐羽期背部和头部绿色，胸部至腹部为黄绿色至黄色，翅膀带有类似成鸟的亮黄色羽缘，喙尖红色明显。巢与宽阔水同域分布的灰眶雀鹛相似，区别在于红嘴相思鸟偏好营巢于竹林，巢杯内常垫有黑丝，而灰眶雀鹛巢外围往往有许多苔藓包裹。红嘴相思有两种色型卵，但灰眶雀鹛卵的斑点和颜色变化更大，有的密布有的散布，其红褐色斑点卵与红嘴相思鸟的白色型带红褐色斑点卵较相似，区别在于灰眶雀鹛的红褐斑具有点和线，且点线往往带有红晕，而红嘴相思鸟的红褐色斑点具有类似血迹的特征，卵色斑纹较固定，且明显密集在钝端。灰眶雀鹛没有类似红嘴相思的浅蓝色型卵。据目前的研究记载，寄生红嘴相思鸟的杜鹃仅有大杜鹃一种，但在宽阔水未记录到寄生，红嘴相思鸟也是四声杜鹃和中杜鹃等中大型杜鹃的潜在宿主。

40.7 | 保护现状

该物种被列入国家林业和草原局2023年发布的《有重要生态、科学、社会价值的陆生野生动物名录》，列入《世界自然保护联盟濒危物种红色名录》（IUCN 2022年）——无危（LC），列入国家林业和草原局、农业农村部2021发布的《国家重点保护野生动物名录》——二级。该物种分布范围广，不接近物种生存的脆弱濒危临界值标准（分布区域或波动范围小于20000km^2，栖息地质量，种群规模，分布区域碎片化）。种群数量趋势稳定，因此被评价为无生存危机的物种。全球种群数量尚未确定，但据报道该物种在当地很普遍，而全球种群数量估计在中国有10000～100000个繁殖对，在日本有100～10000个繁殖对。由于栖息地的不断破坏和笼养贸易的捕获，怀疑种群数量正在下降。

41. 画眉

41.1 | 概述

画眉（*Garrulax canorus*）体长约23cm，属于中型鸣禽。上体橄榄色，头顶至上背部棕褐色具黑色纵纹，眼圈白色，并沿上缘形成一窄纹向后延伸至枕侧，形成清晰的眉纹，极为醒目。下体棕黄色，喉至上胸杂有黑色纵纹，腹中部灰色。虹膜橙黄色或黄色，上嘴橘色，下嘴橄榄黄色，跗跖和趾黄褐色或浅角色。栖息于山丘的灌丛和村落附近的灌丛或竹林中，机敏而胆怯，常在林下的草丛中觅食，不善作远距离飞翔。雄鸟在繁殖期常单独藏匿在杂草及树枝间极善鸣啭，声音十分洪亮，歌声悠扬婉转，非常动听。属杂食性鸟类，主要以昆虫为食，特别在繁殖季节嗜食昆虫；兼食草籽、野果。分布于老挝、越南北部和中国的东南沿海地区，在华中、华南、海南及台湾地区的为留鸟。为广州市市鸟。

41.2 分类与分布

目名：雀形目（Passeriformes）

科名：噪鹛科（Leiothrichidae）

属名：噪鹛属（*Garrulax*）

学名：*Garrulax canorus*

英文名：Chinese Hwamei

画眉属于雀形目噪鹛科噪鹛属，无亚种分化。该种于1758年首次被Linnaeus记述，其繁殖于中国东南部和中部、越南北部和中部以及老挝，为留鸟；在中国分布于河南南部、陕西南部、甘肃南部、云南、四川、重庆、贵州、湖北、湖南、安徽、江西、江苏、上海、浙江、福建、广东、香港、澳门、广西。

41.3 形态特征

雌雄羽色相似。额棕色，头顶至上背部棕褐色，自额至上背部具宽阔的黑褐色纵纹，纵纹前段色深后部色淡。眼圈白色，其上缘白色向后延伸成一窄线直至颈侧，状如眉纹，故有画眉之称（台湾亚种无眉纹）。头侧包括眼先和耳羽暗棕褐色，其余上体包括翼上覆羽棕橄榄褐色，两翼飞羽暗褐色，外侧飞羽，外翈羽缘缀以棕色，内翈基部亦具宽阔的棕缘。内侧飞羽外翈棕橄榄褐色，尾部羽浓褐或暗褐色、具多道不甚明显的黑褐色横斑，尾部末端较暗褐。颏、喉、上胸和胸侧棕黄色杂以黑褐色纵纹，其余下体亦为棕黄色，两胁较暗无纵纹，腹中部污灰色，肛周沾棕，翼下覆羽棕黄色。画眉身体修长，略呈两头尖中间大的梭子形，具有流线型的外廓。一般上体羽毛呈橄榄色，下腹羽毛呈绿褐色或黄褐色，下腹部中央小部分羽毛呈灰白色，没有斑纹；头、胸、颈部的羽毛和尾羽颜色较深，并有黑色条纹或横纹。它的眼圈为白色，眼边各有一条白眉，匀称地由前向后延伸，并多呈蛾眉状，故得此名。在头部的前端具有角质的嘴甲（喙），是画眉啄食、梳理羽毛、打斗、鸣唱的器官。一般嘴甲长20~25mm，上嘴甲稍长于下嘴甲。上嘴甲角质呈褐黑色，面积较大，下嘴甲角质呈褐黑色，但颜色较上嘴甲浅，面积也小。上嘴甲的后上方两侧有鼻孔。近额部生长有较长的黑色髭毛（俗称胡须）。它的两个眼睑是圆形。两眼由于眼内的视色素不同而产生各种色彩艳丽的"眼沙"。眼球外部有一层瞬膜，平时开放，飞行时紧闭，起到保护眼球的作用。眼球最外层有眼环，也起保护眼球的作用。在两眼的后方，有凹陷如黄豆般大小的耳孔，周围生有耳羽，有助于收集声波。画眉的翼膀较长，飞羽从前胸盖至背部后，全长75mm左右。翼膀展开后左右各宽90~110mm。画眉缺乏腺体，唯一的皮肤腺称尾脂腺，生在尾羽的根部，能分泌油脂，以保护羽毛不至于变形和起防水作用。身体最下部为脚爪，一般呈淡黄褐色，脚胫高约40mm左右。7月雏鸟上体淡棕褐色无纵纹，尾部亦无横斑，下体绒羽棕白色亦无纵纹或横斑。9月雏鸟已和成鸟相似，但羽色稍暗，头顶至上背部、喉至胸均有黑褐色纵纹。虹膜橙黄色或黄色，上嘴橘色，下嘴橄榄黄色，跗跖长和趾黄褐色或浅角色。大小量度：体重雄性55～58g，雌性54～75g；体长雄性195～256mm，雌性197～246mm；嘴峰雄性19～23mm，雌性19～23mm；翼长雄性86～97mm，雌性83～96mm；尾长雄性93～115mm，雌性92～115mm；跗跖长雄性33～40mm，雌性33～40mm。

41.4 栖息环境

　　主要栖息于海拔1500m以下的低山、丘陵和山脚平原地带的矮树丛和灌木丛中，也栖于林缘、农田、旷野、村落和城镇附近小树丛、竹林及庭园内。画眉产地，一般属于亚热带气候，比较温暖，光照充足，雨量充沛。这些地区大多河流纵横交错，水库、小溪众多，淡水资源丰富，湿润度较大。因此，这些地区植被茂盛，昆虫、植物种子和植物果实都比较多，十分适宜于画眉的繁衍、生长、生活和栖息。作为产地的留鸟，画眉终年较固定地生活在一个区域内，一般不会往远处迁徙。它的栖息地主要是山丘的灌木丛和村落附近的灌丛或矮树林，亦活动于海拔1000m以上的阔叶林、针阔混交林、针叶林、竹林及田园边的灌木丛中。画眉在野外常常单独活动，有时结小群活动。画眉喜爱清洁、讲卫生，一年四季几乎每天都要洗浴。因此，没有水和树林的地方是不会有画眉的。画眉既机灵又胆怯，且好隐匿，常常在密林中飞蹿而行，或立于茂密的树梢枝杈间鸣叫。

41.5 生活习性

　　留鸟，生活在山林地区，常单独或成对活动，偶尔也结成小群。性胆怯而机敏，平时多隐匿于茂密的灌木丛和杂草丛中，喜在灌丛中穿飞和栖息，不时地上到树枝间跳跃、飞翔。如遇惊扰，立刻下到灌丛下，然后再沿地面逃至他处，紧迫时也直接起飞，而且飞行迅速，但飞不多远又落下，飞行不持久，一般不远飞。常在林下的草丛中觅食，不善作远距离飞翔。善鸣唱，鸣声婉转动听，特别是繁殖季节，雄鸟尤为善唱，鸣声亦更加悠扬婉转，悦耳动听和富有变化，尾音略似"mo～gi～yiu～"，因而古人称其叫声为"如意如意"。杂食性，但全年食物以昆虫为主，尤其在繁殖季节，其中大部分是农林害虫，包括蝗虫、椿象、松毛虫、金龟甲、鳞翅目的天社蛾幼虫和其他蛾类的幼虫等，都是它的捕捉对象。植物性食物主要为种子、果实、草籽、野果、草莓等。在繁殖季节，亲鸟为了喂养雏鸟，大量捕捉昆虫。在非繁殖季节，"立秋"之后，昆虫渐少，就以各种植物果实、杂草种子或嫩菜为食。在山区，霜雪天气来临之前，画眉还将采集来的果实、种子，收藏于地洞或山石岩边的地下，作为越冬的粮食。在早春季节，也偶啄食豆类作物及玉米的幼苗。

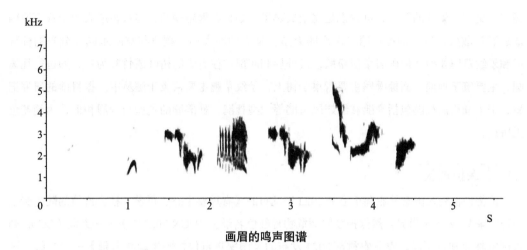

画眉的鸣声图谱

41.6 繁殖方式

画眉从3月底至4月初开始繁殖，一直延续到7月中旬，一年可繁殖1~2次。画眉的听觉器官十分发达，对音频的振动极为敏感，而且反应特别快。在繁殖季节，雄鸟特别擅长引吭高歌，尤其喜在清晨和傍晚鸣叫。它的鸣叫婉转多变，而且持久不断。雌雄画眉择偶配对以后，便以"小家庭"为单位分散活动，寻找适合筑巢的地方。有繁殖经验的会在故地繁殖。如无遇到敌害，一般能在原栖息地居住数年。它们交配后，就找适合的地方筑巢，为繁殖后代做准备。它们的巢一般多筑于山丘茂密的草丛、灌木丛中的地面或背部北向南，上有大树，下有灌木丛的距地面1m左右的灌木枝上，以干草叶、枯草根和茎等编织而成。巢较隐蔽，呈碗状正开口，多为地面巢，巢位于草丛、灌丛和茶地基部，少数位于乔木、竹林和土坎。巢材为枯树叶和枯草纤维，内垫枯草细丝。巢内径9~13cm、外径13~20cm，巢深7.5~8.5cm、巢高为10~11cm。画眉每窝产卵3~5枚，每日产1枚。它的卵呈椭圆形，浅蓝或天蓝色，卵壳有光泽。卵的长径为27~28mm，宽径20~22mm，卵重5~7g。孵化温度为36.5~39℃，孵化期为14~15天。雌鸟产完卵后即开始孵化，孵化仅由雌鸟担任，雄鸟在巢周围警戒。亲鸟在孵化期十分恋巢，如果有敌害，直至对方接近巢前才沿着灌丛底部逃走。逃走时，不鸣叫也不远飞，当敌害离去后3~5分钟即返回巢中。雏鸟刚出生时眼睛尚未睁开，全身光秃无绒毛，喙基部黄色至浅黄色，全靠雌雄亲鸟含食哺养。雏鸟出壳的第二日开始喂食，逐渐眼睛开始睁开，体表长出针状的羽毛，食欲渐旺，能在巢中与其他雏鸟争食。雏鸟25天左右离巢，此时体形开始明显增大，逐渐能爬窝行动，小小的羽毛开始出现，针羽的顶端长出棕褐色羽片，其形态已接近成鸟，但尾部羽短小，白色眉纹开始显现。由于飞翔及寻食能力较弱，尚需由亲鸟带领下寻食，并由亲鸟喂食3周左右后才离巢，跟随亲鸟活动，这时可以见到亲鸟带领未成年鸟在灌丛中鱼贯地穿来穿去。再过6~7周，雏鸟各部分羽毛已经长齐，已能飞翔和自由觅食。这时的未成年鸟虽然从外表上看已经和成鸟差异不大了，但从鸟体内部的发育情况来说，还没有完全成熟。因此，它还必须经过"中秋"节前后两个月左右的"换羽"阶段，才开始独立生活。冬去春来，它们也拥有了交配、繁育的能力，可以说是完全成熟了。如果在繁殖期间，因敌害或人为干扰等原因造成雏鸟散失，亲鸟即可作第二次产卵繁殖。画眉的卵大小与颜色与宽阔水同域分布的棕噪鹛和矛纹草鹛相似，但画眉巢很松散，最外层和底部往往有大的树叶或竹叶为垫，卵也往往偏圆，主要筑于地面，而棕噪鹛主要营巢于树上，矛纹草鹛主要营巢于灌丛中。据目前的研究记载，寄生画眉的杜鹃包括鹰鹃和红翅凤头鹃等大型杜鹃，杜鹃卵的色型与画眉相似，为纯蓝色无斑点。

41.7 | 保护现状

该物种被列入国家林业和草原局2023年发布的《有重要生态、科学、社会价值的陆生野生动物名录》，列入《世界自然保护联盟濒危物种红色名录》（IUCN 2022年）——无危（LC）；列入国家林业和草原局、农业农村部2021发布的《国家重点保护野生动物名录》——二级。画眉是中国特产鸟类，主要分布于中国，它不仅是重要的农林益鸟，而且鸣声悠扬婉转，悦耳动听，又能仿效其他鸟类鸣叫，被誉为鹛类之王驰名中外。因此每年不仅大量被民间捕捉饲养观赏，而且大量出口国外，致使种群数量明显减少。应加强保护，控制捕捉猎取。全球物种数量及规模尚未量化，但该物种被描述为相对普遍。数量趋势难以确定，在越南的原分布地区已经非常稀缺，可能主要是由于强烈的诱捕压力所导致。其丰富度在中国的南部和西部较低，暗示它已经超过了十年增长替代时间尺度。尽管存在很高的诱捕压力，但该物种在中国仍然很常见，这个物种很容易栖息在人类居住区附近。总体来说，数量可能在下降，但下降速度可能缓慢到适度。该物种分布范围广，不接近物种生存的脆弱濒危临界值标准（分布区域或波动范围小于20000km^2，栖息地质量，种群规模，分布区域碎片化）。种群数量趋势稳定，因此被评价为无生存危机的物种。

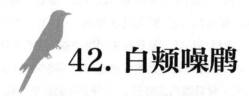

42. 白颊噪鹛

42.1 | 概述

白颊噪鹛（*Garrulax sannio*）体长21～25cm，属于中型鸣禽。雌雄羽色相似。前额至枕深栗褐色，眉纹白色或棕白色、细长，往后延伸至颈侧。背部、肩、腰和尾部上覆羽等其余上体包括两翼表面棕褐或橄榄褐色，尾部栗褐或红褐色，飞羽暗褐色，外翈羽缘沾棕。颊、喉和上胸淡栗褐色或棕褐色，下胸和腹多呈淡棕黄色或淡棕色，两胁暗棕色。特征明显，野外容易识别。相似种画眉眼周白色，颊不为白色，区别明显。隐匿于次生灌丛、竹丛及林缘空地。分布于印度、缅甸、老挝、越南以及中国的甘肃、陕西以南、西藏、云南以东的华南大陆、包括海南等地，一般生活于平原至海拔2000m的高山地区以及活动于山丘、山脚及田野灌丛和矮树丛间。

42.2 分类与分布

目名：雀形目（Passeriformes）

科名：噪鹛科（Leiothrichidae）

属名：噪鹛属（*Garrulax*）

学名：*Garrulax sannio*

英文名：White-browed Laughingtrush

白颊噪鹛属于雀形目噪鹛科噪鹛属，共有4个亚种，分别为 *G. s. sannio*、*G. s. albosuperciliaris*、*G. s. comis*、*G. s. oblectans*。其中指名亚种*sannio*于1867年首次被Swinhoe记述，其繁殖于越南以及中国大陆的长江以南、贵州以东等地区，为留鸟。亚种*albosuperciliaris*于1874年首次被Godwin-Austen记述，其繁殖地于印度东北部，为留鸟。亚种*comis*于1952年首次被Deignan记述，其繁殖地包括缅甸、老挝、越南以及中国的四川、西藏、云南、贵州等地，为留鸟。亚种*oblectans*于1952年首次被Deignan记述，其繁殖于中国甘肃、陕西、四川、湖北、贵州等地，是中国特有亚种。白颊噪鹛在中国共有3个亚种，分别为 *G. s. sannio*、*G. s. comis*、*G. s. oblectans*。其中指名亚种*sannio*分布于云南东南部，四川东部、重庆、贵州、湖北、湖南、安徽、江西、浙江、福建、广东、广西、海南。亚种*comis*分布于西藏东南部、云南、四川西南部。亚种*oblectans*分布于陕西南部、甘肃南部、云南东北部、四川、贵州中部和北部。分布于贵州宽阔水的亚种为*sannio*和*oblectans*。

42.3 形态特征

雌雄羽色相似。前额至枕深栗褐色，眉纹白色或棕白色、细长，往后延伸至颈侧，眼先和颊白色或棕白色，眼后至耳羽深棕褐色或黑褐色，后颈和颈侧浅棕色或葡萄褐色。背、肩、腰和尾部上覆羽等其余上体包括两翼表面棕褐或橄榄褐色，尾栗褐或红褐色，飞羽暗褐色，外翈羽缘沾棕。颊、喉和上胸淡栗褐色或棕褐色，下胸和腹变淡、多呈淡棕黄色或淡棕色，两胁暗棕色，尾部下覆羽红棕色。虹膜栗色，暗褐或茶褐色，嘴黑褐色，脚黄褐或灰褐色。大小量度：雄性52～80g，雌性57～77g；体长雄性202～255mm，雌性200～240mm；嘴峰雄性19～24mm，雌性19.5～22.5mm；翼长雄性91～101mm，雌性90～98mm；尾长雄性98～125mm，雌性98～119mm；跗跖长雄性36～40mm，雌性34～39mm（四川亚种）。白颊噪鹛舌呈长三角形。舌尖分叉呈"V"字形，黏膜上具有尖端指向后方的栉状突；食道颈胸分段不明显，食管全长43.33mm，食管与嗉囊分界不明显；腺胃上圆形乳突少而稀，肌胃发达。肠几乎与体长相等，小肠较发达，雄鸟约长182.8mm，占肠道总长88.8%；雌鸟约长196.38mm，占肠道总长88.6%；具有左右侧盲肠，占肠道总长4.87%；直肠占肠道总长6.4%；肝分左右两叶；胰细长形，分两小叶。这些消化道特征说明白颊噪鹛是以食虫为主的杂食性鸟类。

42.4 | 栖息环境

主要栖息于海拔2000m以下的低山丘陵和山脚平原等地的矮树灌丛和竹丛中，也栖息于林缘、溪谷、农田和村庄附近的灌丛、芦苇丛和稀树草地、甚至出现在城市公园和庭院，是我国南方常见的低山灌丛鸟类之一。

42.5 | 生活习性

留鸟，除繁殖期成对活动外，其他季节多成群活动，集群个体从10余只到20多只不等，有时也见与黑脸噪鹛混群，多在森林中下层和地上活动和觅食。善鸣叫，叫声响亮而急促，其声似"jeer～jeer""吉呀，吉呀"地反复鸣叫声，尤其是清晨、傍晚和天气晴朗时，鸣叫更为频繁，常常一只鸣叫，引起群中个体相互对鸣，经久不息，鸣声甚为嘈杂。性活泼、频繁地在树枝或灌木丛间跳上跳下或飞进飞出，遇人等干扰，立刻下到树丛基部，躲躲闪闪和毫无声响地在低枝间穿梭或藏匿，待危险过去后，则又窜上枝头开始鸣叫。当敌害逼近等紧急情况时，也起飞逃走，但飞不多远又落下，一般不做远距离飞行，有时也通过在地上急速奔跑逃走。主要以昆虫和昆虫幼虫等动物性食物为食，也吃植物果实和种子。所吃昆虫主要有甲虫、象甲、金龟甲、金花虫、天牛、步行虫、锹形甲、瓢虫、蝽象、蝗虫、蝼蛄、蚂蚱、毛虫、蛾类、蟋蟀、蚂蚁、鳞翅目幼虫等昆虫。此外也吃蜘蛛、蜈蚣、虾等无脊椎动物以及石龙子。

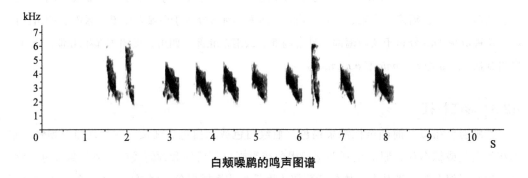

白颊噪鹛的鸣声图谱

42.6 | 繁殖方式

繁殖期3～7月。通常营巢于柏树、棕树、竹和荆棘等灌丛中，距地高1～6m。巢呈碗状正开口，主要用枯草茎、草叶、竹叶、蕨叶、稻草、细藤、松枝、松叶、麦茎和棕丝等材料构成，内垫细草茎、草根、松叶、竹叶、棕丝等。巢的大小为外径11～15cm×7.5～14cm，平均13.7cm×11.4cm，内径6.5～9.5cm×6～9cm，平均8cm×8cm。巢高8～12cm，深4～9.2cm。每窝通常产卵4枚，偶尔也有少至3枚的，每日或间隔1日产1枚卵。卵浅蓝色或白色，卵大小为22.5～28.2mm×19～21mm，重4～6g。白色型卵在孵卵早期由于卵黄颜色透出而呈现微粉肉色，后期变成纯白色，浅蓝色型卵在孵卵后期蓝色越发明显。产卵后期亲鸟即开始孵卵，孵卵由雌雄亲鸟轮流承担，孵卵期15～17天，雌雄亲鸟共同育雏。刚出壳的绒羽期雏鸟全身赤裸无绒毛，未睁眼，喙基部白色；接着皮肤颜色渐深并进入针羽期；进入正羽期雏鸟针羽羽鞘破开露出棕色羽毛；至齐羽期头顶深棕色明显，且开始显现成鸟的皮黄白色眉纹。本种巢与宽阔水同域分布的棕噪鹛和矛纹草鹛相似，但白颊噪鹛一般营巢于竹林和灌丛，巢往往比矛纹草鹛高，巢杯底部常可见棕色松针，卵色也与两者不同。据目前的研究记载，寄生白颊噪鹛的杜鹃仅有鹰鹃一种，除此之外，在宽阔水白颊噪鹛还是噪鹃和四声杜鹃等大型和中大型杜鹃的潜在宿主。

42.7 保护现状

白颊噪鹛是中国南部省区较为常见的一种低山灌丛鸟类，种群数量较丰富。该物种被列入国家林业和草原局2023年发布的《有重要生态、科学、社会价值的陆生野生动物名录》，列入《世界自然保护联盟濒危物种红色名录》（IUCN 2022年）——无危（LC）。该种分布范围广，不接近物种生存的脆弱濒危临界值标准（分布区域或波动范围小于20000km^2，栖息地质量，种群规模，分布区域碎片化）。种群数量趋势稳定，因此被评价为无生存危机的物种。

43. 棕噪鹛

43.1 概述

棕噪鹛（*Garrulax berthemyi*）体长25～28cm，属于中型鸣禽。上体赭褐色，头顶具黑色羽缘，尾部上覆羽灰白色，尾羽棕栗色，外侧尾羽具宽阔的白色端斑。额、眼先、眼周、耳羽上部、脸前部和颏黑色，眼周裸皮蓝色，极为醒目。喉和上胸与背部同色，下胸至腹蓝灰色。腹部及初级飞羽羽缘灰色，臀白。该种与灰胁噪鹛在体型大小和羽色上都非常相似，野外不易区分。但灰胁噪鹛下体仅颏尖黑色，其余下体白色而沾有灰色，两胁暗灰色。结小群栖于丘陵及山区原始阔叶林的林下植被及竹林层。惧生，不喜开阔地区。鸣声为响亮悦耳而多变的哨音"hoo guo hoo hoo hoo"。有时模仿其他鸟叫。

43.2 分类与分布

目名：雀形目（Passeriformes）

科名：噪鹛科（Leiothrichidae）

属名：噪鹛属（*Garrulax*）

学名：*Garrulax berthemyi*

英文名：Rusty Laughingthrush

棕噪鹛属于雀形目噪鹛科噪鹛属。棕噪鹛是中国特有物种，无亚种分化，于1876年首次被Oustalet记述。分布于四川东南部、贵州、湖北、湖南、安徽、江西、江苏、浙江、福建、广东北部。

43.3 形态特征

雌雄羽色相似。上体赭褐色，鼻羽、前额、眼先、眼周、耳羽上部、颊前部和颏黑色，头顶至后颈具窄的淡黑色羽缘，在头顶形成鳞状斑。两翼内侧覆羽和飞羽与背部同色，外侧覆羽棕褐色，飞羽外翈棕黄色，内翈黑褐色。喉和上胸淡赭褐色，下胸、腹和两胁灰色，尾部下覆羽灰白色或白色。中央一对尾羽棕栗色，外侧尾羽外翈棕栗色，内翈暗褐色，外侧尾羽外翈棕栗色从内向外逐渐变淡，至最外侧一枚尾羽外翈亦变为暗褐色，最外侧3对尾羽具宽阔的白色端斑。虹膜灰色，眼周裸露部蓝色，嘴端部黄色或黄绿色，基部黑色，脚、趾铅褐色，爪黄色。大小量度：体重雄性80～100g，雌性80～100g；体长雄性234～292mm，雌性250～273mm；嘴峰雄性19～23mm，雌性19～24mm；翼长雄性108～123mm，雌性109～123mm；尾长雄性119～144mm，雌性116～146mm；跗跖长雄性38～47mm，雌性37～42mm。

43.4 栖息环境

主要栖息于海拔1000～2700m的山地常绿阔叶林中，尤以林下植物发达、阴暗、潮湿和长满苔藓的岩石地区较常见。

43.5 生活习性

留鸟，结小群栖于丘陵及山区原始阔叶林的林下植被及竹林层。惧生，不喜开阔地区。常单独或成小群活动。性羞怯、善隐藏，多活动在林下灌木丛间地上，很少到森林中上层活动，因而不易见到。但该鸟善鸣叫，又喜成群，因而显得较嘈杂，常常闻其声而难觅其影。群体中如有一只遇害，其余则争相走避。繁殖期间鸣声亦甚委婉动听，其声似"呼果呼，呼呼"，系反复重复之哨声，鸣声圆润，且富有变化。杂食性。以啄食昆虫为主，也吃植物的果实和种子。

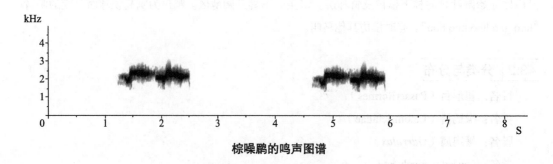

棕噪鹛的鸣声图谱

43.6 | 繁殖方式

于5月初筑巢于矮低枝丫上，巢离地约2m高，以干燥的树叶、草茎及草根为巢材，并衬一些松萝的白色线状株体为巢内。巢呈碗状正开口，高14cm、深5cm、外径14cm、内径10cm。一窝产卵2～4枚，卵亮蓝色至青蓝色，光滑无斑。卵大小为26.0～33.3mm×20.1～21.9mm，重5.6～7.6g。宽阔水的棕噪鹛营巢于乔木枝丫上。巢材为枯枝树叶和草茎，内垫枯草纤维和黑丝，有时还垫有松针。雏鸟由亲鸟轮流喂养。绒羽期刚出壳的雏鸟头被白色的短绒毛，喙基部黄色；针羽期针羽灰黑色；进入正羽期羽鞘破开露出棕色羽毛。本种的卵大小与颜色与宽阔水同域分布的画眉和矛纹草鹛相似，但画眉巢很松散，最外层和底部往往有大的树叶或竹叶为垫，卵也往往偏圆，主要筑于地面，而棕噪鹛主要营巢于树上，矛纹草鹛主要营巢于灌丛中。据目前的研究记载，国内外尚无杜鹃寄生棕噪鹛的记录，在宽阔水棕噪鹛为鹰鹃、红翅凤头鹃、四声杜鹃等大型和中大型杜鹃的潜在宿主。

43.7 | 保护现状

棕噪鹛是中国特产鸟类，在贵州遵义、绥阳、江口、惠水和雷山一带较丰富，安徽黄山景区也发现不少此鸟。其他地区均很稀少，不普遍，应注意保护。该物种被列入国家林业和草原局2023年发布的《有重要生态、科学、社会价值的陆生野生动物名录》，列入《世界自然保护联盟濒危物种红色名录》（IUCN 2022年）——无危（LC）。该物种分布范围广，不接近物种生存的脆弱濒危临界值标准（分布区域或波动范围小于20000km^2，栖息地质量，种群规模，分布区域碎片化）。种群数量趋势稳定，因此被评价为无生存危机的物种。该物种被列入国家林业和草原局、农业农村部2021发布的《国家重点保护野生动物名录》——二级。全球种群未量化，在原产地属稀有至较为普通的鸟种。

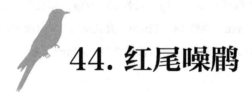

44. 红尾噪鹛

44.1 | 概述

红尾噪鹛（*Trochalopteron milnei*）体长24～28cm，属于中型鸣禽。头顶至后颈红棕色，两翼和尾鲜红色，眼先、眉纹、颊、额和喉黑色，眼后有一灰色块斑。其余上下体羽大都暗灰或橄榄灰色。特征极明显，特别是通过鲜红色的头顶、翼和尾。相似种丽色噪鹛，两翼和尾亦为鲜红色，额和喉亦为黑色，但头顶不为红棕色，上下体羽亦较棕而少灰色。喜作喧闹的舞蹈炫耀表演，尾部抽动并扑打绯红色的两翼。结群栖于常绿林的稠密林下植被及竹丛中。叫声响亮刺耳，群鸟发出叽喳声。

44.2 | 分类与分布

目名：雀形目（Passeriformes）

科名：噪鹛科（Leiothrichidae）

属名：彩翼噪鹛属（*Trochalopteron*）

学名：*Trochalopteron milnei*

英文名：Red-tailed Laughingthrush

红尾噪鹛属于雀形目噪鹛科彩翼噪鹛属，共有4个亚种，分别为 *T. m. milnei*、*T. m. sharpei*、*T. m. vitryi*、*T. m. sinianum*。其中指名亚种 *milnei* 于1874年首次被David记述，分布于中国东南部。亚种 *sharpei* 于1901年首次被Rippon记述，分布于缅甸北部和东部、泰国西北部、老挝北部和中部、越南西北部和中国南部。亚种 *vitryi* 于1932年首次被Delacour记述，分布于老挝南部和越南等地。亚种 *sinianum* 于1930年首次被Stresemann记述，分布于中国东南部。红尾噪鹛在中国共有3个亚种，分别为 *T. m. milnei*、*T. m. sharpei*、*T. m. sinianum*。其中指名亚种 *milnei* 分布于福建西北部。亚种 *sharpei* 分布于云南、重庆。亚种 *sinianum* 分布于贵州、湖北、湖南、广东北部、广西。分布于贵州宽阔水的亚种为 *sinianum*。

44.3 | 形态特征

雌雄羽色相似，头顶至后颈红棕色，眼先、颊、眉纹均为黑色，颊后部和耳羽灰白色或银灰色沾褐色，在头侧形成一块灰色块斑。背部橄榄灰色或橄榄绿色，各羽均具黑褐色羽缘；腰和尾部上覆羽橄榄绿色或橄榄黄色，两翼小覆羽和中覆羽与背部颜色大致相似，初级覆羽黑色，外缘赤红色，大覆羽和飞羽表面概为鲜红色，内翈黑褐色，最内侧次级飞羽内翈具白斑；尾羽表面鲜红色。颏、喉黑色，上胸暗棕褐色或橄榄黄色、具灰色羽缘，下胸、腹等其余下体暗灰褐色，腹隐约具黑端，尾部下覆羽近黑色。虹膜红色或褐色，嘴黑色，脚黑色或紫褐色，趾、爪亦为黑褐色。大小量度：体重雄性66～93g，雌性67～93g；体长雄性220～272mm，雌性238～256mm；嘴峰雄性19～22mm，雌性18～22mm；翼长雄性94～106mm，雌性93～102mm；尾长雄性108～134mm，雌性110～128mm；跗跖长雄性38～44mm，雌性37～41mm。

44.4 | 栖息环境

主要栖息于海拔1500～2500m的常绿阔叶林、竹林和林缘灌丛带，冬季也下到山脚和沟谷等低海拔地区。

44.5 | 生活习性

留鸟，常成对或成3～5只的小群活动。性胆怯，善鸣叫，鸣声嘈杂，稍有动静即藏入浓密的灌丛内，常常听其声不见其影。主要以昆虫和植物果实与种子为食。种类主要有土蚕、蝉幼虫、甲虫等昆虫以及蜘蛛等无脊椎动物和草莓、草籽、野果等植物性食物。

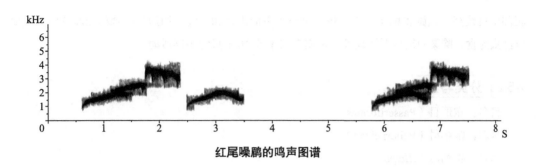

红尾噪鹛的鸣声图谱

44.6 | 繁殖方式

繁殖期5～7月。通常营巢于茂密的常绿阔叶林中，巢多置于林下灌木上或小树上。巢呈碗状正开口，内径7～9cm，深6～7cm，主要由竹叶、枯草和混杂一些细根构成，内垫有竹叶和一些黑丝。窝卵数1～4枚。卵大小27.1～32.2mm×19.8～22.4mm，重5.6～7.8g，白色底带少许红褐色至黑褐色斑点。刚出壳的绒羽期雏鸟头背部带红棕色长绒毛，喙基部为明显的橙红色；针羽期针羽灰黑色；正羽期羽鞘破开露出深棕色羽毛；齐羽期头顶羽毛棕色，翼膀具红棕色斑纹。此种较为特殊，卵色与其他宽阔水同域分布的噪鹛不同，雏鸟亦有独特的红棕色绒毛和橙红色喙基，容易鉴别。据目前的研究记载，国内外尚无杜鹃寄生红尾噪鹛的记录。在宽阔水的红尾噪鹛是鹰鹃、噪鹃、红翅凤头鹃等大型杜鹃的潜在宿主。

44.7 | 保护现状

红尾噪鹛在中国种群数量稀少，不常见。该物种被列入国家林业和草原局2023年发布的《有重要生态、科学、社会价值的陆生野生动物名录》，列入《世界自然保护联盟濒危物种红色名录》（IUCN 2022年）——无危（LC）。该物种分布范围广，不接近物种生存的脆弱濒危临界值标准（分布区域或波动范围小于20000km²，栖息地质量，种群规模，分布区域碎片化）。种群数量趋势稳定，因此被评价为无生存危机的物种。全球种群未量化。但在原产地被描述为极罕见或稀有物种。中国有100～10000个繁殖对。

45. 灰眶雀鹛

45.1 | 概述

灰眶雀鹛（*Alcippe morrisonia*）体长12～14cm，属于小型鸣禽。头、颈和脸均为褐灰色，头侧和颈侧深灰色；上体和翼、尾表面橄榄褐；喉呈灰色；胸浅皮黄；腹部和胁部皮黄至赭黄，腹部中央浅淡。灰眶雀鹛栖息于海拔2500m以下的山地和山脚平原地带的森林和灌丛中，主要以昆虫为食，除繁殖期成对活动外，常成5～7只至10余只的小群活动。

45.2 分类与分布

目名：雀形目（Passeriformes）

科名：幽鹛科（Pellorneidae）

属名：雀鹛属（*Alcippe*）

学名：*Alcippe morrisonia*

英文名：Morrison's Fulvetta

灰眶雀鹛属于雀形目幽鹛科雀鹛属，共有7个亚种，分别为*A. m. morrisonia*、*A. m. yunnanensis*、*A. m. fraterculus*、*A. m. schaefferi*、*A. m. davidi*、*A. m. hueti*、*A.m. rufescentior*。其中指名亚种*morrisonia*于1863年被Swinhoe首次记述，分布于中国台湾。分布于贵州宽阔水的亚种为*davidi*。亚种*yunnanensis*于1913年被Harington首次记述，分布于云南中部、四川西南部。亚种*fraterculus*于1900年被Rippon首次记述，分布于云南。亚种*schaefferi*于1922年被La Touche首次记述，分布于越南北部、中国云南东南部、贵州西南部、广西中部。亚种*davidi*于1896年被Styan首次记述，分布于河南、陕西南部、甘肃东南部、云南东北部、四川、重庆、贵州、湖北西部、湖南、江西、广西北部。亚种*hueti*于1874年被David首次记述，分布于安徽、江西、浙江、福建、广东东北部、澳门、广西。亚种*rufescentior*于1910年被Hartert首次记述，分布于海南。

45.3 形态特征

灰眶雀鹛额、头顶、枕、颊和耳羽颈侧灰褐色；背部、腰都为橄榄褐色；尾部上覆羽逐渐转棕褐色；眼先灰褐眼周灰白色；颊比头顶稍淡；颏、喉浅灰褐色；胸灰白染草黄；腹侧和两胁为草黄色，腹中央灰白色；尾部下覆羽棕黄色；肩羽、小覆羽、内侧飞羽和各飞羽外翈同背部色，内翈黑褐，但内翈缘色较淡；第2～6枚初级飞羽具切迹；飞羽式为4>5>6≥3>7>8>9>10；第2初级飞羽等于次内侧飞羽；第1枚初级飞羽短于最内侧飞羽。尾羽12枚，中央尾羽橄榄褐。其余尾羽外翈暗橄榄褐色，内翈更暗；中央尾羽具不明显的暗色横隐纹；各尾羽末端羽轴尖出。灰眶雀鹛嘴黑褐色，嘴峰稍曲，上喙末端略钩，具缺刻，鼻须嘴须均发达。跗跖长前缘，被盾状鳞，跗跖长趾角褐色，爪稍淡。大小量度：体重雄性15～18g，雌性16～19g；体长雄性122～143mm，雌性122～140mm；嘴峰雄性10～12mm，雌性10～12mm；翼长雄性58～66mm，雌性61～68mm；尾长雄性55～65mm，雌性53～65mm；跗跖长雄性20～24mm，雌性20～23mm。

45.4 栖息环境

主要栖息于海拔2500m以下的山地和山脚平原地带的森林和灌丛中，在原始林、次生林、落叶阔叶林、常绿阔叶林、针阔叶混交林和针叶林以及林缘灌丛、竹丛、稀树草坡等各类森林中均有分布，在油茶林、竹林、果园等经济林以及农田和居民点附近的小块丛林和灌丛内都见有活动，是雀鹛属鸟类在中国分布最广的一种。

45.5 生活习性

留鸟，主要以昆虫及其幼虫为食，也吃植物果实、种子、苔藓、植物叶、芽等植物性食物。所吃昆虫各类主要有甲虫、毛虫、鞘翅目昆虫、鳞翅目昆虫、膜翅目昆虫、双翅目昆虫、蜻蜓目昆虫以及其他昆虫和昆虫幼虫，植物性食物主要有榕果、浆果、草莓、花蕊、苔藓、悬钩子、果实、杂草种籽、叶芽等，偶尔也吃少量谷粒等农作物。灰眶雀鹛除繁殖期成对活动外，常成5～7只至10余只的小群，有时亦见与其他小鸟混群，频繁地在树枝间跳跃或飞来飞去，有时也沿粗的树枝或在地上奔跑捕食。常常发出"唧、唧、唧、唧"的单调叫声。常与其他种类混合于"鸟潮"中，大胆围攻小型鸦类及其他猛禽。

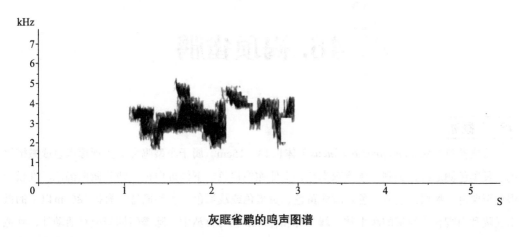

灰眶雀鹛的鸣声图谱

45.6 繁殖方式

繁殖期5～7月，通常营巢于林下灌丛近地面的枝杈上，巢距地高0.2～2m。巢呈深杯状正开口，主要由草叶、草茎和草根等材料构成，有时还有树叶和苔藓掺杂在一起。巢的大小为外径8.3cm，内径3.5～6cm，巢高6.3cm，深3～5cm。每窝产卵2～4枚，卵大小18.0～20.5mm×14.2～15.6mm，重1.7～2.6g，具多种色型卵，有白色底密布红褐色至棕褐色细点，或散步红棕色点和线，或底部布深红褐色斑点。在宽阔水其筑巢地点包括竹林、灌丛、杉树、和茶地，少数位于草丛。巢由苔藓和枯草组成，内垫枯草纤维和兽毛。刚出壳的绒羽期雏鸟头背部被灰色短绒毛，喙基部黄色；针羽期针羽灰黑色。本种巢与宽阔水同域分布的红嘴相思鸟相似，区别在于灰眶雀鹛巢外围苔藓明显较多，红嘴相思鸟偏好营巢于竹林，巢杯内常垫有黑丝。灰眶雀鹛卵的斑点和颜色变化较大，有的密布有的散布，其红褐色斑点卵与红嘴相思鸟白色型带红褐色斑点卵较相似，区别在于灰眶雀鹛的红褐斑具有点和线，且点线往往带有红晕，而红嘴相思鸟的红褐色斑点具有类似血迹的特征，卵色斑纹较固定，且明显密集在钝端。灰眶雀鹛没有类似红嘴相思的浅蓝色带红褐色斑点卵。据目前的研究记载，寄生灰眶雀鹛的杜鹃仅有乌鹃一种，除此之外，在宽阔水灰眶雀鹛还是大杜鹃和中杜鹃等中大型杜鹃的潜在宿主。

45.7 | 保护现状

灰眶雀鹛有一个非常大的分布范围，种群趋势尚不清楚，种群规模没有量化。该物种已被列入《世界自然保护联盟濒危物种红色名录》（IUCN 2022年）——无危（LC）。该物种分布范围广，不接近物种生存的脆弱濒危临界值标准（分布区域或波动范围小于20000km²，栖息地质量，种群规模，分布区域碎片化）。种群数量趋势稳定，因此被评价为无生存危机的物种。

46. 褐顶雀鹛

46.1 | 概述

褐顶雀鹛（*Schoeniparus brunneus*）体长13～15cm，属于小型鸣禽。头顶棕褐色或橄榄褐色、具黑色侧冠纹，头侧和颈侧灰褐色，上体橄榄褐色。下体近白色，两胁橄榄褐色。虹膜暗褐色至栗色，嘴黑褐色或黑色。脚淡黄色、黄褐色或浅褐色。主要栖息于海拔1800m以下的低山丘陵和山脚林缘地带的次生林、阔叶林和林缘灌丛与竹丛中。除繁殖期间成对活动外，其他季节多呈小群。活泼而大胆，常在林下灌丛与竹丛间跳跃或飞来飞去，也频繁地在草丛中或农作物枝叶间活动和觅食。主要以昆虫为食。褐顶雀鹛是中国特产鸟类，分布于中国甘肃南部、陕西南部、安徽、湖南等长江流域和长江以南各省份，东至江西、福建等东南沿海，西至四川、贵州、云南，南至广东、广西、海南和台湾。

46.2 | 分类与分布

目名：雀形目（Passeriformes）

科名：幽鹛科（Pellorneidae）

属名：乌线雀鹛属（*Schoeniparus*）

学名：*Schoeniparus brunneus*

英文名：Dusky Fulvetta

褐顶雀鹛属于雀形目幽眉科乌线雀鹛属，共有5个亚种，均在中国分布，分别为 *S. b. brunneus*、*S. b. olivaceus*、*S. b. weigoldi*、*S. b. superciliaris*、*S. b. argutus*。其中指名亚种 *brunneus* 由Gould于1874年首次记述，分布于中国台湾。分布于贵州宽阔水的亚种为 *olivaceus*。亚

种 *olivaceus* 由 Styan 于 1896 年首次记述,分布于陕西南部、云南东北部、四川东南部、重庆、贵州、湖北。亚种 *weigoldi* 由 Stresemann 于 1923 年首次记述,分布于甘肃中部、四川、重庆。亚种 *superciliaris* 由 David 于 1874 年首次记述,分布于中国东部和东南部,包括湖南、安徽、江西、浙江、福建、广东、广西。亚种 *argutus* 由 Hartert 于 1910 年首次记述,分布于海南。

46.3 形态特征

雌雄羽色相似。前额、头顶和枕棕褐或橄榄褐色,头侧有一对黑色侧冠纹,从眼上方直达上背部,并在上背部形成若干道黑色纵纹。头顶至枕部各羽有的具窄的暗色羽缘,形成鳞片状;侧冠纹外面有一宽的褐灰色纵纹、呈眉纹状,向后延伸到颈侧;眼先和颊近白色、微缀黑纹。耳羽浅灰褐色或浓褐色,头侧和颈侧灰色。上体和两翼表面橄榄褐色,下背部和腰沾棕。尾部褐色或深褐色。外侧尾部羽内朔较暗,外嘲较鲜亮。两翼暗褐色,其表面与背部相似。三级飞羽沾棕,其余飞羽外翻羽缘棕褐色。下体颏、喉、胸、腹乳白色或污白色,胸、腹沾棕或微沾灰色,胸侧灰橄榄色,两胁橄榄褐色或棕橄榄褐色,尾部下覆羽棕褐色或浅茶黄色。虹膜暗褐色至栗色,嘴黑褐色或黑色。脚淡黄色、黄褐色或浅褐色。海南亚种头和上体棕褐色,额羽棕黄色而具鳞状斑,耳羽淡棕色而沾灰色。指名亚种头、枕较上一亚种暗且具黑色鳞状斑,上体暗褐色,下体亦较暗、多呈灰白色,胸多灰色。湖北亚种和指名亚种很相似,但头顶和上体概为橄榄褐色,头顶具明显的鳞状斑。华南亚种头几棕色具黑色侧冠纹,上体橄榄棕褐色,下体大都近白色。四川亚种头和上体多棕褐色,头颈两侧和下体也多棕褐色沾染,头顶鳞状斑亦不如湖北亚种明显。海南亚种头和上体棕褐色,额羽棕黄色而具鳞状斑,耳羽淡棕色而沾灰色。指名亚种头、枕较上一亚种暗且具黑色鳞状斑,上体暗褐色,下体亦较暗、多呈灰白色,胸多灰色。湖北亚种和指名亚种很相似,但头顶和上体概为橄榄褐色,头顶具明显的鳞状斑。华南亚种头几棕色具黑色侧冠纹,上体橄榄棕褐色,下体大都近白色。四川亚种头和上体多棕褐色,头颈两侧和下体也多棕褐色沾染,头顶鳞状斑亦不如湖北亚种明显。

46.4 生活习性

留鸟,主要栖息于海拔 1800m 以下的低山丘陵和山脚林缘地带的次生林、阔叶林和林缘灌丛与竹丛中,也频繁地出入于路边、耕地和居民点附近的山坡灌丛和草丛。除繁殖期间成对活动外,其他季节多呈小群。性活泼而大胆,常在林下灌丛与竹丛间跳跃或飞来飞去,也频繁地在草丛中或农作物枝叶间活动和觅食,见人也不飞,有时快到眼前,才突然飞走。主要以昆虫为食。据 10 月间在秦岭剖检的 5 只鸟胃,80% 为昆虫,4 月间在金沙江解剖的 2 只鸟胃,亦几全为昆虫。所吃昆虫种类主要有毛虫、甲虫、蚂蚁、金龟子以及其他鞘翅目和鳞翅目昆虫及昆虫幼虫;偶尔也吃少量植物果实与种子。

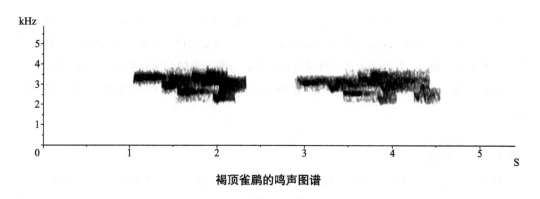

褐顶雀鹛的鸣声图谱

46.4 栖息环境

主要栖息于海拔1800m以下的低山丘陵和山脚林缘地带的次生林、阔叶林和林缘灌丛与竹丛中。

46.6 繁殖方式

繁殖期4~6月。巢主要由芒草、枯草和枯叶构成，巢呈球形或半球形，侧开口，多置于靠近地面的灌丛中。在宽阔水褐顶雀鹛营巢于茶地、灌丛和草丛。巢材为竹叶或枯草叶组成，内垫细草丝，有时还垫有须根。巢高17cm，宽10cm，巢内径5~7cm，深9~10cm。窝卵数4枚左右，卵白色底带棕褐色斑点和细线，卵的大小为21.1~21.3mm×15.1~15.7mm，重2.4~2.5g。刚出壳的绒羽期雏鸟头背部被黑色长绒毛，喙基部黄色；针羽期针羽灰黑色；正羽期针羽羽鞘破开露出棕色羽毛。本种的巢和卵与宽阔水同域分布的褐胁雀鹛相似，区别在于巢常用完整的竹叶组成，相比褐胁雀鹛结构较松散，巢口略大，而褐胁雀鹛的巢常用枯草和细枯草编织，较紧密，巢口略小。据目前的研究记载，国内外尚无杜鹃寄生褐顶雀鹛的记录。在宽阔水褐顶雀鹛是大杜鹃、中杜鹃、小杜鹃、乌鹃等中大型至小型杜鹃的潜在宿主。

46.7 保护现状

该物种被列入国家林业和草原局2023年发布的《有重要生态、科学、社会价值的陆生野生动物名录》，列入《世界自然保护联盟濒危物种红色名录》（IUCN 2022年）——无危（LC）。该物种分布范围广，不接近物种生存的脆弱濒危临界值标准（分布区域或波动范围小于20000km²，栖息地质量，种群规模，分布区域碎片化）。种群数量趋势稳定，因此被评价为无生存危机的物种。在中国种群数量为100~100000个繁殖对。种群数量较丰富。其中在云南金沙江下游两岸海拔1000m左右的亚热带阔叶林为常见种，在陕西秦岭，种群数量较少。

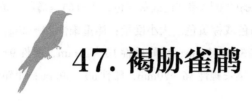

47. 褐胁雀鹛

47.1 | 概述

　　褐胁雀鹛（*Schoeniparus dubius*）体长13～15cm，属于小型鸣禽。头顶棕褐色，黑色侧冠纹和宽阔的白色眉纹，眼先黑色。上体包括两翼和尾部橄榄褐色。颏、喉、胸、腹均为白色，腹和胸沾皮黄色，两胁橄榄褐色，尾部下覆羽茶黄色。褐胁雀鹛主要栖息于海拔2500m以下的山地常绿阔叶林、次生林和针阔叶混交林中，主要以甲虫、蝗虫、蟓象、步行虫、鳞翅目幼虫等昆虫和昆虫幼虫为食。

47.2 | 分类与分布

　　目名：雀形目（Passeriformes）

　　科名：幽鹛科（Pellorneidae）

　　属名：乌线雀鹛属（*Schoeniparus*）

　　学名：*Schoeniparus dubius*

　　英文名：Rusty-capped Fulvetta

　　褐胁雀鹛属于雀形目幽眉科乌线雀鹛属，共有5个亚种，分别为 *S. d. dubius*、*S. d. mandellii*、*S. d. intermedius*、*S. d. genestieri*、*S. d. cui*。其中指名亚种 *dubius* 由 Hume 于1874年首次记述，分布于缅甸东南部和泰国西部。亚种 *mandellii* 由 Godwin-Austen 于1876年首次记述，分布于喜马拉雅山脉东部至缅甸西部。亚种 *intermedius* 由 Rippon 于1900年首次记述，分布于缅甸东北部、东部、云南西部。亚种 *genestieri* 由 Oustalet 于1897年首次记述，分布于中国东部、东南部和中印北部。亚种 *cui* 由 Eames 于2002年首次记述，分布于老挝东部和越南中部。褐胁雀鹛在中国共有2个亚种，分别为 *S. d. intermedius*、*S. d. genestieri*。其中亚种 *intermedius* 分布于云南西部和西北部。亚种 *genestieri* 分布于云南、四川、重庆、贵州、湖北、湖南西部、广西。分布于贵州宽阔水的亚种为 *genestieri*。

47.3 | 形态特征

　　雌雄羽色相似。前额浅棕色，头顶至枕棕褐色具有细窄的暗色羽缘，一般不甚明显；头顶两侧各有一条显著的黑色侧冠纹从额侧向后延伸至上背部，并在上背部分成若干条黑色纵纹；眉纹白色、长而宽阔，沿眼上向后延伸至耳羽上方；眼先黑色，耳羽和颈侧赭褐红色，羽缘微暗。上体橄榄褐色，两翼和尾部表面橄榄褐沾棕。颏、喉白色，其余下体白色沾浅皮黄色，两胁橄榄褐色，尾部下覆羽茶黄褐色。褐胁雀鹛雏鸟上体棕褐色或暗褐带红棕色，头顶较红棕色，其余和成鸟相似。褐胁雀鹛的虹膜棕红色或灰褐色，也有的呈褐色、黄色、灰粉红色，嘴黑褐色或黑色，脚肉色、肉褐色或棕黄色。大小度量：体重雄性14～20g，雌性18～22g；体长雄性128～148mm，雌性123～145mm；嘴峰雄性10～13mm，雌性9～13mm；翼长雄性52～65mm，雌性50～64mm；尾长雄性56～70mm，雌性60～69mm；跗跖长雄性20～24mm，雌性20～24mm。

47.4 | 栖息环境

主要栖息于海拔2500m以下的山地常绿阔叶林、次生林和针阔叶混交林中，也栖息于林缘疏林灌丛草坡和耕地以及居民点附近的稀树灌丛草地

47.5 | 生活习性

留鸟，常成对或成小群活动在林下灌木枝叶间，也在林下草丛中活动和觅食。频繁地在灌丛间跳跃穿梭或飞上飞下，有时亦见沿树干螺旋形攀缘向上觅食，边活动边发出"喊、喊、喊"的叫声。主要以甲虫、蝗虫、蜻象、步行虫、鳞翅目幼虫等昆虫和昆虫幼虫为食，也吃虫卵和少量植物果实与种子等植物性食物。

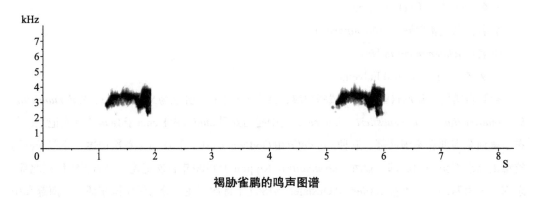

褐胁雀鹛的鸣声图谱

47.6 | 繁殖方式

繁殖期4～6月。营巢于林下植物发达的常绿阔叶林中，海拔高度1000～2500m，巢多置于林下草丛中地上。在宽阔水褐胁雀鹛营巢于草丛和灌丛。巢材为枯草和枯草纤维，有时内垫黑丝和兽毛。巢呈杯状，侧开口，外层由玉米叶、枯草、树叶、竹叶等材料构成，内层为细的草茎、根和树叶及纤维。巢的外径为13.5cm，内径5～7cm，高9.5cm，深4～7cm。每窝产卵3～5枚，卵椭圆形，白色或乳白色、密被有浅褐色细纹或棕褐色斑点和细线。卵的大小为18.9～22.6mm×14.2～16.4mm，重1.8～2.9g。雌雄轮流孵卵，雏鸟晚成性，刚出壳的绒羽期雏鸟头背部被灰黑色绒毛，喙基部浅黄色；针羽期针羽灰黑色；正羽期针羽羽鞘破开露出棕色羽

毛；齐羽期身体羽毛棕色，类似成鸟的棕色头顶和白色眉纹显现。本种的巢和卵与宽阔水同域
分布的褐顶雀鹛相似，区别在于巢常用枯草和细枯草编织，较紧密，巢口略小，而褐顶雀鹛巢
常用完整的竹叶组成，结构较松散，巢口略大。据目前的研究记载，寄生褐胁雀鹛的杜鹃仅有
大杜鹃一种，但宽阔水未记录到寄生。褐胁雀鹛还是中杜鹃、小杜鹃、乌鹃等中型至小型杜鹃
的潜在宿主。

47.7 | 保护现状

该物种被列入国家林业和草原局2023年发布的《有重要生态、科学、社会价值的陆生野生
动物名录》，列入《世界自然保护联盟濒危物种红色名录》（IUCN 2022年）——无危（LC）。该
物种分布范围广，不接近物种生存的脆弱濒危临界值标准（分布区域或波动范围小于20000km²，
栖息地质量，种群规模，分布区域碎片化）。种群数量趋势稳定，因此被评价为无生存危机的
物种。

48. 金胸雀鹛

48.1 | 概述

金胸雀鹛（*Lioparus chrysotis*）体长10～11cm，属于小型鸣禽。头黑色，头顶中央有一道
白色中央冠纹，颊和耳羽亦为白色，在黑色的头部极为醒目。上体深灰沾绿。两翼黑色，外侧
飞羽有黄色外缘和白色端斑；尾部黑色，呈凸状。颏、喉都为黑色，胸和其余下体为黄色。虹
膜褐色或灰白色、嘴灰蓝色或铅褐色，脚肉色。主要栖息于海拔1200～2900m的常绿和落叶阔
叶林、针阔叶混交林和针叶林中，也栖息于林缘和山坡稀树灌丛与竹林中。常单独或成对活动，
也成5～6只的小群，尤其是秋冬季节，常见成小群活动，有时亦与希鹛等其他小鸟混群。性格
胆小，但行动敏捷，常在树枝和竹丛间跳跃。主要以昆虫为食。分布于中国、尼泊尔、不丹、
孟加拉国、印度（阿萨姆、锡金）、缅甸东北部和越南西北部。

48.2 | 分类与分布

目名：雀形目（Passeriformes）

科名：莺鹛科（Sylviidae）

属名：金胸雀鹛属（*Lioparus*）

学名：*Lioparus chrysotis*

英文名：Golden-breasted Fulvetta

金胸雀鹛属于雀形目莺鹛科金胸雀鹛属，共有6个亚种，分别为 *L. c. chrysotis*、*L. c. albilineatus*、*L. c. forresti*、*L. c. swinhoii*、*L. c. amoenus*、*L. c. robsoni*。其中指名亚种 *chrysotis* 由 Blyth 于1845年首次记述，分布于尼泊尔中部东部至印度东北部（阿鲁纳恰尔邦西部）和邻近的中国南部（西藏东南部）。亚种 *albilineatus* 由 Koelz 于1954年首次记述，分布于印度东北部的阿萨姆邦，那加兰邦和曼尼普尔邦。亚种 *forresti* 由 Rothschild 于1926年首次记述，分布于缅甸东北部和云南西北部。亚种 *swinhoii* 由 Verreaux 于1871年首次记述，分布于中国甘肃东南部，陕西南部和四川中部南部至广西，湖南东南部和广东北部。亚种 *amoenus* 由 Mayr 于1941年首次记述，分布于云南东南部和越南西北部。亚种 *robsoni* 由 Eames 在2002年首次记述，分布于越南中部。金胸雀鹛在中国共有3个亚种，分别为 *L. c. forrestii*、*L. c. swinhoii*、*L. c. amoenus*。其中亚种 *forrest* 分布于云南西北部。亚种 *swinhoii* 分布于陕西南部、甘肃南部、云南东北部、四川、贵州、湖北、湖南南部、广东、广西。亚种 *amoenus* 分布于云南东南部。分布于贵州宽阔水的亚种为 *swinhoii*。

48.3 | 形态特征

雌雄羽色相似。前额、头顶至后颈黑色，颊后部和耳羽白色，眼先、颊前部、头侧黑色，头顶有一白色中央冠纹自额经头中央直达后颈，其余上体灰橄榄绿色或橄榄灰色。颏、喉、颈侧、上胸均为黑色，其余下体金黄色。翼上中覆羽和小覆羽与背部同色、呈灰橄榄绿色或橄榄灰色，初级覆羽和大覆羽黑色；飞羽褐黑色，外侧5枚初级飞羽外缘淡黄色，向内侧初级飞羽此淡黄色侧仅限于羽端并逐渐消失，次级飞羽外缘橙黄色具白色端斑，最内侧次级飞羽黑色，内翈缘以白色；尾部黑色，外翈基部羽缘橙黄色。虹膜褐色或灰白色、嘴灰蓝色或铅褐色，脚肉色。

48.4 | 栖息环境

主要栖息于海拔1200～2900m的常绿和落叶阔叶林、针阔叶混交林和针叶林中，也栖息于林缘和山坡稀树灌丛与竹林中。

48.5 | 生活习性

留鸟，主要栖息于海拔1200～2900m的常绿和落叶阔叶林、针阔叶混交林和针叶林中，也栖息于林缘和山坡稀树灌丛与竹林中。常单独或成对活动，也成5～6只的小群，尤其是秋冬季节，常见成小群活动，有时亦与希鹛等其他小鸟混群。性胆怯。行动敏捷，常在树枝和竹丛间跳跃，也频繁地在林下灌丛间穿梭，不时发出"嗞～嗞～嗞"的叫声。遇有惊扰。立即飞离。持续不断叽喳低叫。一连串下降的五个尖细高音。主要以昆虫为食。所吃食物全部为鞘翅目、鳞翅目、半翅目等昆虫和昆虫幼虫。在中国云南和贵州的研究表明食物亦几乎全为鞘翅目、鳞翅目、膜翅目、半翅目、双翅目等昆虫和昆虫幼虫，偶尔在胃中见有少量植物碎片。

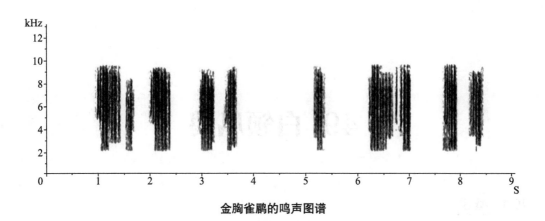

金胸雀鹛的鸣声图谱

48.6 | 繁殖方式

繁殖期5～7月。通常营巢于常绿阔叶林中，多置于林下竹丛和灌丛中。巢呈杯状正开口。外层主要由竹叶和草构成，内层主要由苔藓、草和根构成，巢内垫有少许羽毛。宽阔水的金胸雀鹛营巢于竹林。巢材为竹叶或枯草加枯草纤维，内垫黑丝，有时还垫有羽毛。巢内径3.5～5cm，深3～4cm。每窝产卵2～4枚，卵大小为14.8～16.9mm × 11.8～12.4mm，重1.1～1.2g，白色底布棕褐色细斑点，钝端较密集。刚出壳的绒羽期雏鸟头被灰色短绒毛，喙基部浅黄色；针羽期针羽灰黑色；齐羽期羽色与成鸟接近，头部羽毛黑色，头顶白色中央顶纹，翼膀具黄色条纹，腹部黄色。此种较为特殊，容易鉴别。巢的生境、结构和材料均与宽阔水同域分布的红嘴相思鸟类似，但巢明显小，如同缩小版的红嘴相思鸟巢。据目前的研究记载，国内外尚无杜鹃寄生金胸雀鹛的记录。在宽阔水金胸雀鹛是中杜鹃、八声杜鹃、乌鹃、翠金鹃等中型至小型杜鹃的潜在宿主。

48.7 | 保护现状

该物种已被列入《世界自然保护联盟濒危物种红色名录》（IUCN 2022年）——无危（LC），列入国家林业和草原局、农业农村部2021发布的《国家重点保护野生动物名录》——二级。该物种分布范围广，不接近物种生存的脆弱濒危临界值标准（分布区域或波动范围小于20000km²，栖息地质量，种群规模，分布区域碎片化）。种群数量趋势稳定，因此被评价为无生存危机的物种。

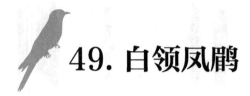

49. 白领凤鹛

49.1 概述

白领凤鹛（*Yuhina diademata*）体长15～18cm，属于小型鸣禽。头顶和羽冠土褐色，具白色眼圈，眼先黑色，枕白色，向两侧延伸至眼，向下延伸至后颈和颈侧，在颈部形成白领极为醒目。上体土褐色，飞羽黑色，外侧初级飞羽末端外缘白色，尾部深褐色，羽轴白色。颏和喉都为黑褐色，胸灰褐色，腹和尾部下覆羽白色。白领凤鹛主要栖息于海拔1500～3000m的山地阔叶林、针阔叶混交林、针叶林和竹林中，除繁殖期间多成对或单独活动外，其他时候多成3～5只至10余只的小群。主要以昆虫和植物果实与种子为食。分布于中国西部、缅甸东北部及越南北部。

49.2 分类与分布

目名：雀形目（Passeriformes）

科名：绣眼鸟科（Zosteropidae）

属名：凤鹛属（*Yuhina*）

学名：*Yuhina diademata*

英文名：White-collared Yuhina

白领凤鹛属于雀形目绣眼鸟科凤鹛属，共有2个亚种，分别为*Y. d. diademata*和*Y. d. ampelina*。其中指名亚种*diademata*由Verreaux于1869年首次记述，分布于中国的中部。亚种*ampelina*由Rippon于1900年首次记述，分布于缅甸东北部、中国南部和越南北部。白领凤鹛2个亚种均在中国分布。其中指名亚种*diademata*分布于陕西南部、甘肃南部、四川、重庆、贵州、湖北、湖南西部、广西西部。亚种*ampelina*分布于云南、贵州、广西西部。分布于贵州宽阔水的亚种为*diademata*。

49.3 形态特征

雌雄羽色相似。前额暗褐色，头顶和可竖起的羽冠淡栗褐色或土褐色或深咖啡色、具辉亮的淡色羽轴纹；枕和后颈白色，一宽的白色眉纹自眼上后方向后延伸至枕，与枕部的白色融为一体；眼先黑色，眼圈白色；头侧、耳羽淡褐色或灰褐色具茶褐轴纹。背、肩、腰和尾部上覆羽土褐色或淡栗褐色，尾羽深褐色，内翈和羽端黑褐色，羽轴纹白色；小翼羽和初级覆羽黑褐色，其余翼上覆羽与背部相似；飞羽黑褐色，外缘和羽轴黑色，外侧初级飞羽端部外缘和羽轴白色，内侧初级飞羽和次级飞羽羽轴白色，最内侧初级飞羽和三级飞羽颜色亦与背部同色。颏和上喉黑褐色，下喉、胸和两胁土褐色或淡灰褐色，腹、肛周和尾部下覆羽白色。虹膜栗色或栗褐色，上嘴黄褐色，下嘴黄色，脚肉黄色。大小量度：体重雄性15～29g，雌性16～28g；体长雄性145～185mm，雌性150～180mm；嘴峰雄性12～14mm，雌性11～15mm；翼长雄性72～82mm，雌性71～79mm；尾长雄性74～89mm，雌性73～81mm；跗跖长雄性21～25mm，雌性21～25mm。

49.4 栖息环境

　　主要栖息于海拔1500～3000m的山地阔叶林、针阔叶混交林、针叶林和竹林中，也栖息于次生林、人工林和林缘疏林灌丛，冬季有时也下到海拔1000m以下的低山地带农田、茶园和村寨附近的树丛与竹丛间活动和觅食，是阔叶林、针叶林和针阔叶混交林中较常见的鸟类之一。

49.5 生活习性

　　留鸟，除繁殖期间多成对或单独活动外，其他时候多成3～5只至10余只的小群。常在树冠层枝叶间、也下到林下幼树或高的灌木与竹丛上或林下草丛中活动和觅食。不时发出尖细的"丝、丝、丝"声音，繁殖期间常站在灌木枝梢上长时间地鸣叫，鸣声洪亮多变。白领凤鹛主要以昆虫和植物果实与种子为食。植物性食物占取食总频数的83%，昆虫占61%。植物性食物主要为蔷薇科果实、各种浆果和杂草种子等，所吃昆虫主要为金龟甲、金花甲、瓢甲和叩头虫等鞘翅目昆虫，其次为鳞翅目、膜翅目、双翅目和直翅目昆虫。

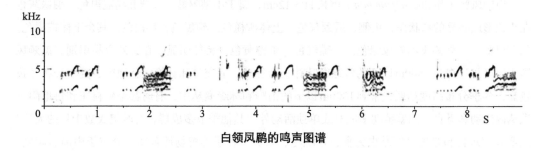

白领凤鹛的鸣声图谱

49.6 繁殖方式

　　繁殖期主要在5～8月，少数迟至9月。通常营巢于海拔1200～2700m的山地森林和山坡灌丛中，也有在茶园内筑巢的。巢多置于低矮树丛间或灌木枝杈上，距地高0.2～1.5m。巢呈杯状正开口，外层主要为苔藓，中层为枯草、枯叶和细根构成，内垫棕丝、细草茎、草根和须根等材料，并用须根系于枝杈上。在宽阔水白领凤眉营巢于灌丛、竹林、茶地和草丛。巢材为须根，有时外围有枯枝，而内层有时垫黑丝。巢的大小为外径9～13cm，内径5～7cm，高6～12cm，深3.8～7.2cm。每窝产卵2～4枚，通常为3枚。卵为白色、蓝绿色、浅绿色或浅灰绿色，其上被有红褐色、紫蓝色或橄榄褐色斑点，卵的大小18.1～22.8mm×14.6～16.2mm，重1.8～2.8g。
刚出壳的绒羽期雏鸟头背部被灰色绒毛，喙基部黄色；针羽期针羽灰黑色；正羽期针羽羽鞘破
开露出棕褐色羽毛；齐羽期身体羽毛棕褐色，颈后和枕部出现类似成鸟的白色宽纹。此种的巢
较为特殊，巢材几乎为弯曲的须根以环状编织而成，有时巢外围有枯枝包裹，有时内垫黑丝，
加上淡绿色底带橄榄褐色斑点的卵，容易鉴别。据目前的研究记载，国内外尚无杜鹃寄生白领
凤鹛的记录。在宽阔水白领凤鹛是中杜鹃、乌鹃等中小型杜鹃的潜在宿主。

49.7 | 保护现状

该物种被列入《世界自然保护联盟濒危物种红色名录》（IUCN 2022年）——无危（LC）。全
球种群数量尚未确定，在中国、缅甸和越南种群数量丰富，是中国西南林区常见鸟类之一。该物
种分布范围广，不接近物种生存的脆弱濒危临界值标准（分布区域或波动范围小于20000km^2，栖
息地质量，种群规模，分布区域碎片化）。种群数量趋势稳定，因此被评价为无生存危机的物种。

50. 黑颏凤鹛

50.1 | 概述

黑颏凤鹛（*Yuhina nigrimenta*）体长11～12cm，属于小型鸣禽。头顶和羽冠黑色，羽缘灰色
在头顶形成明显的鳞状斑，头侧、后颈灰色。上体橄榄色。颏黑色，喉白色，其余下体棕褐色。
飞羽黑褐色，外侧飞羽外缘绿色。下嘴红色，脚橙黄色。特征明显，在野外容易识别。黑颏凤
鹛主要栖息于海拔1800m以下的常绿阔叶林、沟谷林、混交林和林缘灌丛地区，夏季分布海拔
较高，冬季分布高度稍低，常到1000m以下的山脚和林缘灌丛中，有时甚至到村庄和耕地附近
灌丛内活动和觅食。除繁殖期多成对或单独活动外，其他季节多成群，有时集成数十只的大群。
主要以鞘翅目和膜翅目等昆虫为食，也吃花、果实、种子等植物性食物。分布于中国、印度、
孟加拉国、缅甸、老挝和越南等地。

50.2 | 分类与分布

目名：雀形目（Passeriformes）

科名：绣眼鸟科（Zosteropidae）

属名：凤鹛属（*Yuhina*）

学名：*Yuhina nigrimenta*

英文名：Black-chinned Yuhina

黑颏凤鹛属于雀形目绣眼鸟科凤鹛属，无亚种分化。其繁殖地为喜马拉雅山脉中部、东部至中国东南部南部至中南半岛北部和南部。在中国分布于西藏东南部、四川南部、贵州、湖北、湖南、福建、广东。

50.3 | 形态特征

雌雄羽色相似。前额、头顶和羽冠黑色，羽缘灰色形成灰色鳞片状，有的由于灰色羽缘宽而形成黑色纵纹，眼先黑色，头侧、耳覆羽、枕、后颈和颈侧灰色。上体包括两翼覆羽橄榄褐色或橄榄褐色而沾棕，背部和内侧覆羽亦略带灰色；尾部上覆羽较背部稍淡，尾暗褐色，羽缘绿褐色或较多棕色；飞羽深褐色或暗褐色，外侧飞羽外缘和内侧次级飞羽淡褐色具窄的橄榄绿色羽缘。颏黑色，喉白色，其余下体棕褐色或淡棕黄色。虹膜褐色，上嘴黑色，下嘴红色，脚橙黄色或红黄色。在中国分布的两亚种的区别主要在于西南亚种体色较东南亚种暗，上体为褐色。下体浓棕褐色；东南亚种上体橄榄灰色，下体淡棕褐色。大小量度：体重雄性10～14g，雌性9～13g；体长雄性115～124mm，雌性100～116mm；嘴峰雄性11～13mm，雌性10～12mm；翼长雄性55～62mm，雌性54～61mm；尾长雄性42～53mm，雌性42～48mm；跗趾长雄性15～19mm，雌性15～18mm。

50.4 | 栖息环境

主要栖息于海拔1800m以下的常绿阔叶林、沟谷林、混交林和林缘灌丛地区，夏季分布海拔较高，冬季分布高度稍低，常到1000m以下的山脚和林缘灌丛中，有时甚至到村庄和耕地附近灌丛内活动和觅食。

50.5 | 生活习性

留鸟，除繁殖期多成对或单独活动外，其他季节多成群，有时集成数十只的大群。常在树冠枝叶间，有时也到林下灌丛和草丛中活动。性活泼，爱鸣叫，较为喧闹。时而在树枝间跳来跳去或飞上飞下。有时攀缘或倒悬于枝头觅食。主要以鞘翅目和膜翅目等昆虫为食，也吃花、果实、种子等植物性食物。在贵州某研究中剖析的16个鸟胃，有14个鸟胃主要是鞘翅目和膜翅目昆虫。

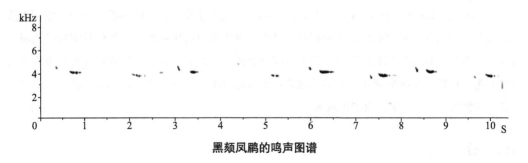

黑颏凤鹛的鸣声图谱

50.6 繁殖方式

繁殖期5～7月。巢呈杯状或吊篮状，侧开口，结构较为精致，主要由苔藓、细根和细草茎等材料编织而成，多放在长满苔藓或地衣的枯朽侧枝枝杈上，或者筑在悬垂在悬岩上的根间，隐蔽均很好，一般难以发现。在宽阔水黑颏凤鹛营巢吊于塌陷的土坎和树根石壁连接处，巢材为苔藓、棉絮和枯草纤维。巢的大小为外径8.9cm，内径4cm，深6～7cm。每窝产卵3～4枚，白色底布棕色斑点。卵的大小为15～17.3mm×12.2～13.2mm，重1.3～1.5g。刚出壳的绒羽期雏鸟头背部被灰黑色短绒毛，喙基部浅黄色；针羽期针羽灰黑色；正羽期针羽羽鞘破开露出棕褐色羽毛；齐羽期身体羽毛棕褐色，头顶黑色。此种的巢容易鉴别，以悬吊的形式筑于坍塌的土坎和树根石壁连接处，虽为侧开口，但与宽阔水同域分布的比氏鹟莺、栗头鹟莺和冠纹柳莺有很大不同，其侧开口是由于巢悬吊时与树根石壁连接后，仅剩从侧面有小的入口可进入巢中，卵具斑点，也与这三种鸟的纯白色卵不同。据目前的研究记载，国内外尚无杜鹃寄生黑颏凤鹛的记录。在宽阔水黑颏凤鹛是中杜鹃、八声杜鹃、乌鹃、翠金鹃等中小型和小型杜鹃的潜在宿主。

50.7 保护现状

该物种已被列入《世界自然保护联盟濒危物种红色名录》（IUCN 2022年）——无危（LC）。该物种不接近物种生存的脆弱濒危临界值标准（分布区域或波动范围小于20000km²，栖息地质量，种群规模，分布区域碎片化）。种群数量趋势稳定，因此被评价为无生存危机的物种。全球种群数量尚未确定，在中国南部地区分布较广，种群估计为10000～100000个繁殖对。

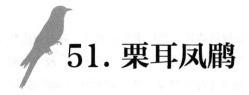

51. 栗耳凤鹛

51.1 概述

栗耳凤鹛（*Yuhina castaniceps*）体长12～14cm，属于小型鸣禽。雌雄羽色相似。额、头顶至枕灰色，头顶有一短的不甚明显的羽冠，系由头顶羽毛向后延长形成、灰色具细的白色羽干纹，眼先灰色，眉纹白色不甚明显，其上有时杂有褐斑，眼后、耳羽、后颈和颈侧均为淡栗色或棕栗色、形成一宽的半领环，有的后颈栗色不明显或没有，各羽亦具白色羽干纹。主要分布于喜马拉雅山脉及中国华南及华东地区。

51.2 分类与分布

目名：雀形目（Passeriformes）

科名：绣眼鸟科（Zosteropidae）

属名：凤鹛属（*Yuhina*）

学名：*Yuhina castaniceps*

英文名：Striated Yuhina

栗耳凤鹛属于雀形目绣眼鸟科凤鹛属，共有5个亚种，分别为 *Y. c. castaniceps*、*Y. c. plumbeiceps*、*Y. c. rufigenis*、*Y. c. striata*、*Y. c. torqueda*。其中指名亚种 *castaniceps* 最早由 Moore 于1854记述，分布于阿萨姆邦南部至缅甸南部。亚种 *plumbeiceps* 最早由 Godwin-Austen 于1877年记述，分布于阿萨姆邦北部至缅甸北部和中国南部。亚种 *rufigenis* 最早由 Hume 于1877年记述，分布于印度东北部和锡金。亚种 *striata* 最早由 Blyth 于1859年记述，分布于缅甸东部山区至泰国西北部。亚种 *torqueda* 最早由 Swinhoe 于1870年首次记述，分布于中国、泰国、老挝和越南。栗耳凤鹛在中国共有2个亚种，分别为 *Y. c. plumbeiceps*、*Y. c. torqueola*。其中亚种 *plumbeiceps* 分布于云南西部。亚种 *torqueola* 分布于陕西南部、云南东南部、四川、重庆、贵州、湖北、湖南、安徽、江西、上海、浙江、福建、广东、广西。分布于贵州宽阔水的亚种为 *torqueola*。

51.3 | 形态特征

雌雄羽色相似。额、头顶至枕灰色，头顶有一短的不甚明显的羽冠，是由头顶羽毛向后延长形成、灰色具细的白色羽干纹，眼先灰色，眉纹白色不甚明显，其上有时杂有褐斑，眼后、耳羽、后颈和颈侧均为淡栗色或棕栗色、形成一宽的半领环，有的后颈栗色不明显或没有，各羽亦具白色羽干纹。背部、肩、腰和尾部上覆羽橄榄灰褐色或橄榄褐色，各羽亦具白色羽轴纹。尾部呈凸状，灰褐色或暗褐色，外侧尾羽具明显的白色端斑，白端向外侧逐渐扩大。两翼暗褐色或灰褐色，外侧飞羽外翈和内侧飞羽与背部同色。下体从颏至尾部下覆羽浅灰色或污灰白色，胸侧和两胁沾橄榄褐色或浅褐色。虹膜红色或红褐色，嘴褐色，脚角黄色或黄褐色。大小量度：体重雄性10~12g，雌性12~17g；体长雄性122~137mm，雌性125~130mm；嘴峰雄性8~10mm，雌性9~10mm；翼长雄性55~64mm，雌性57~59mm；尾长雄性50~63mm，雌性56~61mm；跗跖长雄性15~20mm，雌性16~19mm。

51.4 | 栖息环境

主要栖息于海拔1500m以下的沟谷雨林、常绿阔叶林和混交林中。

51.5 | 生活习性

留鸟，主要以甲虫、金龟子等昆虫为食，也吃植物果实与种子。繁殖期成对活动，非繁殖期多成群，通常成10多只至20多只的小群，有时甚至集成数十只甚至上百只的大群，活动在小乔木上或高的灌木顶枝上。群中个体常常保持很近的距离，或是在树枝叶间跳跃或是从一棵树飞向另一棵树，很少下到林下地上和灌木低层。只有在危急时才降落在林下灌丛和草丛中逃走，一般较少飞翔。活动时常发出低沉的"欺儿、欺、欺儿、欺"的叫声。

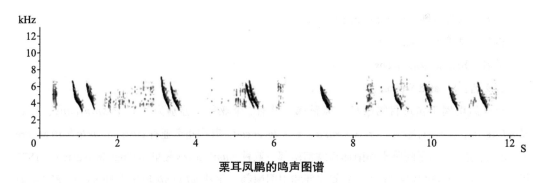

栗耳凤鹛的鸣声图谱

51.6 繁殖方式

繁殖期4～7月。通常营巢于海拔700～1500m的阔叶林和混交林中，巢多置于其他鸟类废弃的巢洞或天然洞中。在宽阔水的栗耳凤鹛营巢于土坎洞穴。巢材为树叶、苔藓和枯草纤维。巢为小碗状正开口，内径5～6cm，深3～5cm。主要由植物纤维、草茎、草叶、苔藓等材料构成。每窝产卵3～5枚，卵白色而富有光泽、被有红褐色或褐色细小斑点，尤以钝端较密，有时在钝端形成一圈或成帽状。卵为卵圆形，大小为17.8～18.9mm×12.9～14.8mm，重1.6～2.0g。刚出壳的绒羽期雏鸟头背部被明显的灰黑色绒毛，喙基部黄色；针羽期针羽灰黑色。此种特征较明显，筑正开口巢于土坎洞穴中，卵白色带褐色斑点，容易鉴别。宽阔水同域分布的比氏鹟莺、冠纹柳莺、铜蓝鹟也筑巢于相似的生境，但前两者营侧开口巢和产纯白色卵，后者巢明显较大，卵色也不同。据目前的研究记载，寄生栗耳凤鹛的杜鹃仅有大杜鹃一种，除此之外，在宽阔水栗耳凤鹛是中杜鹃、八声杜鹃、乌鹃等中小型杜鹃的潜在宿主。

51.7 保护现状

列入《世界自然保护联盟濒危物种红色名录》（IUCN 2022年）——无危（LC）。栗耳凤鹛在中国广泛分布于长江流域及其以南各省，种群数量较为丰富。该物种分布范围非常大，不接近物种生存的脆弱濒危临界值标准（分布区域或波动范围小于20000km²，栖息地质量，种群规模，分布区域碎片化）。种群数量趋势稳定，因此被评价为无生存危机的物种。

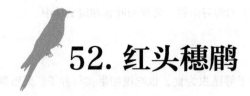

52. 红头穗鹛

52.1 概述

红头穗鹛（*Cyanoderma ruficeps*）体长10～12cm，属于小型鸣禽。头顶棕红色，上体淡橄榄褐色沾绿色。下体颏、喉、胸浅灰黄色，颏、喉具细的黑色羽干纹，体侧淡橄榄褐色。主要以昆虫为食，偶尔也吃少量植物果实与种子。常单独或成对活动，有时也见成小群或与棕颈钩嘴鹛或其他鸟类混群活动，在林下或林缘灌木丛枝叶间飞来飞去或跳上跳下。通常营巢于茂密的灌丛、竹丛、草丛和堆放的柴捆上。

52.2 分类与分布

目名：雀形目（Passeriformes）

科名：林鹛科（Timaliidae）

属名：穗鹛属（*Cyanoderma*）

学名：*Cyanoderma ruficeps*

英文名：Rufous-capped Babbler

红头穗鹛属于雀形目林鹛科穗鹛属，共有6个亚种，分别为 *C. r. ruficeps*、*C. r. davidi*、*C. r. bhamoense*、*C. r. goodsoni*、*C. r. praecognitum*、*C. r. paganum*。其中指名亚种 *ruficeps* 最早由 Blyth 于 1847 年记述，分布于尼泊尔东部至不丹，西藏东南部，印度东北部，缅甸西部。亚种 *davidi* 最早由 Oustalet 于 1899 年记述，分布于中国中部和南部到印度支那北部。亚种 *bhamoense* 最早由 Harington 于 1908 年记述，分布于缅甸东北部至云南西北部。亚种 *goodsoni* 最早由 Rothschild 于 1903 年记述，分布于中国海南岛。亚种 *praecognitum* 最早由 Swinhoe 于 1866 年记述，繁殖于中国台湾。亚种 *paganum* 最早由 Riley 于 1940 年记述，繁殖于越南南部。红头穗鹛在中国共有 5 个亚种，分别为 *C. r. ruficeps*、*C. r. bhamoense*、*C. r. davidi*、*C. r. goodsoni*、*C. r. praecognitum*。其中指名亚种 *ruficeps* 分布于西藏东南部。亚种 *bhamoense* 分布于云南西部。亚种 *davidi* 分布于河南、陕西南部、云南东部、四川、重庆、贵州、湖北、湖南、安徽、江西、浙江、福建、广东、广西。亚种 *goodsoni* 分布于海南。亚种 *praecognitum* 分布于台湾。分布于贵州宽阔水的亚种为 *davidi*。

52.3 形态特征

额至头顶、有的一直到枕棕红或橙栗色，额基、眼先淡灰黄色，眼周有一圈黄白色，颊和耳羽灰黄或灰茶黄色或多或少缀有橄榄褐色，眼上方浅黄色或橄榄褐色。枕棕红色或橄榄褐色。其余上体包括两翼和尾部表面灰橄榄绿色或淡橄榄褐色而沾绿，飞羽暗褐色，外㸠羽缘橄榄黄或茶黄色，内侧飞羽外㸠羽缘与背部同色，尾部上覆羽较背部稍浅，尾褐色或暗褐色。下体颏、喉、胸浅灰茶黄色或浅灰黄色或黄绿色、具细的黑色羽干纹，腹、两胁和尾部下覆羽橄榄绿色，有的或多或少还沾有灰色，腋羽和翼下覆羽白色沾黄。虹膜棕红或栗红色，上嘴角褐色，下嘴暗黄色，跗跖和趾黄褐色或肉黄色。大小量度：体重雄性8~13g，雌性7~11g；体长雄性99~118mm，雌性97~115mm；嘴峰雄性12~14mm，雌性11~13mm；翼长雄性48~55mm，雌性48~55mm；尾长雄性45~53mm，雌性43~52mm；跗趾长雄性17~20mm，雌性18~20.3mm。

52.4 | 栖息环境

主要栖息于山地森林中。分布海拔高度从北向南逐渐递增：在分布最北界的陕西南部地区，多见于海拔500～700m的低山阔叶林和山脚平原地带，偶尔见于高山森林中；在四川、云南一带多分布在海拔1000～2500m的沟谷林、亚热带常绿阔叶林、针阔叶混交林，以及山地稀树草坡和高山针叶林中；在贵州则主要见于海拔350～1650m的山坡草地和灌丛。

52.5 | 生活习性

留鸟，主要以昆虫为食，偶尔也吃少量植物果实与种子。食物亦主要为鞘翅目、鳞翅目、直翅目、膜翅目、双翅目、半翅目等昆虫和昆虫幼虫，偶尔吃少量植物果实与种子。常单独或成对活动，有时也见成小群或与棕颈钩嘴鹛或其他鸟类混群活动，在林下或林缘灌木丛枝叶间飞来飞去或跳上跳下。鸣声单调，三声一度，其声似"tu～tu～tu"。

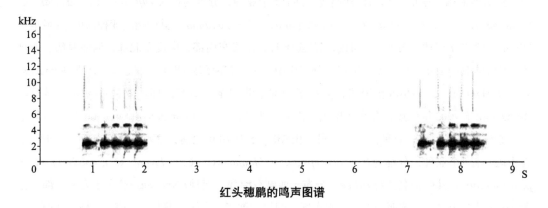

红头穗鹛的鸣声图谱

52.6 | 繁殖方式

繁殖期4～7月。通常营巢于茂密的灌丛、竹丛、草丛和堆放的柴捆上。巢侧开口，主要由竹叶、树皮、树叶等材料筑成，有的还有蜘蛛丝粘连，内垫有细草根、草茎和草叶。在宽阔水的红头穗鹛营巢于竹丛、茶地和灌丛。巢材为竹叶或枯草，内垫少量枯草纤维。巢距地高0.5～1m，巢的大小为外径7～8cm，内径4～5cm，高7～8cm，深5～6cm。每窝产卵通常3～5枚，白色底布浅棕色细纹斑点，有时斑点极少。卵的大小为14.1～17.9mm×11.8～13.6mm，重1～1.7g。孵卵由雌雄亲鸟轮流承担。雏鸟晚成性，雌雄亲鸟共同育雏，据某研究两次全日观察，每天喂食次数分别为65次和74次，一般每小时喂雏6～8次，最多9次。育雏期间雌鸟在巢内过夜。刚出壳的绒羽期雏鸟头被明显的灰色绒毛，喙基部黄色；针羽期针羽灰黑色；正羽期针羽羽鞘破开露出棕褐色羽毛。本种的巢生境与宽阔水同域分布的强脚树莺和棕腹柳莺重叠，也同为侧开口巢，其中强脚树莺巢材同为枯草或竹叶，但巢内垫有羽毛，且卵为棕红色；而棕腹柳莺巢以细的枯枝和草编织，巢内也垫有羽毛，卵则为纯白色。据目前的研究记载，寄生红头穗鹛的杜鹃包括中杜鹃、翠金鹃和巽他岛杜鹃（*Cuculus lepidus*）。其中中杜鹃卵为白色，钝端带

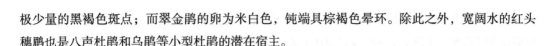

极少量的黑褐色斑点；而翠金鹃的卵为米白色，钝端具棕褐色晕环。除此之外，宽阔水的红头穗鹛也是八声杜鹃和乌鹃等小型杜鹃的潜在宿主。

52.7 | 保护现状

该物种被列入《世界自然保护联盟濒危物种红色名录》（IUCN 2022年）——无危（LC）。红头穗鹛是中国穗鹛属鸟类中分布最广和最为常见的一种。在秦岭大巴山低山阔叶林种群数量较丰富。该物种分布范围非常大，不接近物种生存的脆弱濒危临界值标准（分布区域或波动范围小于20000km²，栖息地质量，种群规模，分布区域碎片化）。种群数量趋势稳定，因此被评价为无生存危机的物种。

53. 小鳞胸鹪鹛

53.1 | 概述

小鳞胸鹪鹛（*Pnoepyga pusilla*）体长8～9cm，属于小型鸣禽。上体暗棕褐色具黑褐色羽缘，翼上中覆羽和大覆羽具棕黄色点状次端斑，在翼上形成两列棕黄色点斑。下体白色或棕黄色具暗褐色羽缘。在胸、腹形成明显的鳞状斑。尾部特别短小，外表像一只无尾小鸟。虹膜暗褐色，上嘴黑褐色，下嘴稍淡，嘴基黄褐色，脚和趾褐色。小鳞胸鹪鹛主要栖息于海拔1200～3000m的中高山森林地带，冬季和秦岭地区也见于海拔1000m以下的低山和山脚等低海拔地区。单独或成对活动。性格胆小，常躲藏在林下茂密的灌丛、竹丛和草丛中活动和觅食，一般不到林外开阔的草地活动，因而不常见到。主要以昆虫和植物叶、芽为食。分布于中国、尼泊尔、不丹、印度、孟加拉国、柬埔寨、缅甸、泰国、老挝、越南、马来西亚和印度尼西亚。

53.2 | 分类与分布

目名：雀形目（Passeriformes）

科名：鳞胸鹪鹛科（Pnoepygidae）

属名：鳞胸鹪鹛属（*Pnoepyga*）

学名：*Pnoepyga pusilla*

英文名：Pygmy Wren-babbler

小鳞胸鹪鹛属于雀形目鳞胸鹪鹛科鳞胸鹪鹛属，共有7个亚种，分别为 *P. p. pusilla*、*P. p. annamensis*、*P. p. harterti*、*P. p. lepida*、*P. p. rufa*、*P. p. everetti*、*P. p. timorensis*。其中指名亚

种 *pusilla* 最早由 Hodgson 于 1845 年记述，分布于尼泊尔至阿萨姆、缅甸北部、西藏西部、中国西部和泰国北部。亚种 *annamensis* 最早由 Robinson 和 Kloss 于 1919 年记述，分布于印度支那南部和老挝南部。亚种 *harterti* 最早由 Robinson 和 Kloss 于 1919 年记述，分布于马来半岛的高地。亚种 *lepida* 最早由 Salvadori 于 1879 年记述，分布于苏门答腊岛西部的高地。亚种 *rufa* 最早由 Sharpe 于 1882 年记述，分布于爪哇高地。亚种 *everetti* 最早由 Rothschild 于 1897 年记述，分布于弗洛勒斯高原。亚种 *timorensis* 最早由 Mayr 于 1944 年记述，分布于帝汶岛。小鳞胸鹪鹛在中国只有 1 个亚种，为 *P. p. pusilla*。即指名亚种 *pusilla* 分布于陕西南部、甘肃南部、西藏东南部、云南、四川、重庆、贵州、湖北、湖南、安徽、江西东北部、浙江、福建、广东、广西。

53.3 | 形态特征

小鳞胸鹪鹛有两种色型，即白色型和棕色型。白色型整个上体包括两翼和尾部表面概为暗褐色沾棕，头顶和上背部各羽具棕黄色次端斑和黑褐色羽缘，形成鳞状斑；翼上中覆羽和大覆羽具亮棕黄色点滴状次端斑，在翼上形成两列明显的亮棕黄色斑点。两翼黑褐色，飞羽表面渲染栗褐色或深栗棕色，内侧次级飞羽先端稍淡，形成隐约可见的点状斑。腰和尾部上覆羽棕黄色次端斑较背部鲜亮。尾部极短、隐藏于尾部覆羽之内，与尾部上覆羽颜色相同，但具较狭窄的棕色羽端。颏、喉白色微具褐色或灰褐色狭缘，胸、腹亦为白色，但各羽中央和羽缘为暗褐色，尤以胸部暗褐色羽缘特别明显，因而形成显著的鳞状斑，两胁和尾部下覆羽黑褐色沾棕并具棕黄色羽端。棕色型上体和白色型相似，但下体白色部分为棕黄色。虹膜暗褐色，上嘴黑褐色，下嘴稍淡，嘴基黄褐色，脚和趾褐色。大小量度：体重雄性 11～12g，雌性 11～15g；体长雄性 84～90mm，雌性 74～90mm；嘴峰雄性 11～12mm，雌性 8.6～11mm；翼长雄性 45～50mm，雌性 44～49mm；尾长雄性 10mm，雌性 10mm；跗跖长雄性 19～22mm，雌性 19～20mm。

53.4 | 栖息环境

主要栖息于海拔 1200～3000m 的中高山森林地带，冬季和秦岭地区也见于海拔 1000m 以下的低山和山脚等低海拔地区，尤其喜欢在森林茂密、林下植物发达、地势起伏不平、且多岩石和倒木的阴暗潮湿森林。

53.5 | 生活习性

留鸟，单独或成对活动。性胆怯，常躲藏在林下茂密的灌丛、竹丛和草丛中活动和觅食，一般不到林外开阔的草地活动，因而不易见到。但活动时频繁地发出一种清脆而响亮的特有叫声，根据叫声很容易看到它。常在茂密的灌木和竹林间地面上跳来跳去，受惊时则潜入密林深处，一般很少起飞，而且从不远飞。在森林地面急速奔跑，形似老鼠。除鸣叫外多惧生隐蔽。叫声为 2～3 声分隔甚开且音程下降的响亮刺耳哨音。高音尖叫接短促的吱叫声。告警时作快速的"zeek～zeek"声。主要以昆虫和植物叶、芽为食。

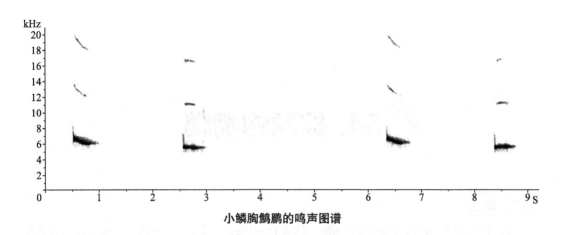

小鳞胸鹪鹛的鸣声图谱

53.6 | 繁殖方式

繁殖期4～7月。小鳞胸鹪鹛主要营巢于海拔1200～2800m的浓密森林中，巢多置于林下岩石间或长满苔藓植物的岩石壁上。巢呈圆柱形，开口于上侧。巢主要由青苔构成，内垫有细草根。宽阔水的小鳞胸鹪鹛营巢于有苔藓等植被覆盖的石壁，巢材为苔藓组成。巢的大小为高18～19cm，宽9～11cm，巢口直径3.5cm，巢深5.0～5.5cm。每窝产卵2～4枚。卵纯白色、光滑无斑，大小为18.1～18.8mm×12.9～13.8mm，重1.4～1.8g。本种的巢生境和材料接近宽阔水同域分布的比氏鹟莺和冠纹柳莺，但小鳞胸鹪鹛巢的苔藓松散，巢口不明显，卵同为纯白色但明显大于比氏鹟莺。另外，小鳞胸鹪鹛巢很罕见，繁殖密度明显低于鹟莺和柳莺。据目前的研究记载，寄生小鳞胸鹪鹛的杜鹃有大杜鹃和小杜鹃，寄生的杜鹃的卵色为白色。除此之外，在宽阔水的小鳞胸鹪鹛还是中杜鹃、八声杜鹃和乌鹃等中小型杜鹃的潜在宿主。

53.7 | 保护现状

该物种被列入《世界自然保护联盟濒危物种红色名录》（IUCN 2022年）——无危（LC）。全球种群规模尚未确定，该物种在尼泊尔、不丹和印度很常见；据估计，在中国的种群数量为100～100000个繁殖对。该物种分布范围广，不接近物种生存的脆弱濒危临界值标准（分布区域或波动范围小于20000km²，栖息地质量，种群规模，分布区域碎片化）。种群数量趋势稳定，因此被评价为无生存危机的物种。

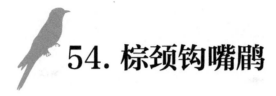

54. 棕颈钩嘴鹛

54.1 概述

棕颈钩嘴鹛（*Pomatorhinus ruficollis*）体长16～19cm，属于中小型鸣禽。嘴细长而向下弯曲，具显著的白色眉纹和黑色贯眼纹。上体橄榄褐色或棕褐色或栗棕色，后颈栗红色。颏和喉均为白色，胸白色具栗色或黑色纵纹，也有的无纵纹和斑点，其余下体橄榄褐色。主要以昆虫和昆虫幼虫为食，也吃植物果实与种子。该鸟由于体态优美，鸣声悦耳动听，常被大量捕捉进行饲养，作为笼养鸟供观赏，应注意保护，控制猎取。

54.2 分类与分布

目名：雀形目（Passeriformes）

科名：林鹛科（Timaliidae）

属名：钩嘴鹛属（*Pomatorhinus*）

学名：*Pomatorhinus ruficollis*

英文名：Streak-breasted Scimitar Babbler

棕颈钩嘴鹛属于雀形目林鹛科钩嘴鹛属，共有13个亚种，分别为*P. r. ruficollis*、*P. r. godwini*、*P. r. bakeri*、*P. r. similis*、*P. r. stridulus*、*P. r. albipectus*、*P. r. beaulieui*、*P.r.laurentei*、*P. r. reconditus*、*P. r. hunanensis*、*P. r. eidos*、*P. r. styani*、*P. r. nigrostellatus*。其中指名亚种*ruficollis*最早由Hodgson于1836年记述，分布于尼泊尔西部和中部。亚种*godwini*最早由Kinnear于1944年记述，分布于喜马拉雅山脉东部。亚种*bakeri*最早由Harington于1914年记述，分布在阿萨姆邦西部至缅甸西部的山林。亚种*similis*最早由Rothschild于1926年记述，分布于缅甸东北部至中国南部。亚种*stridulus*最早由Swinhoe于1861年记述，分布于中国东南部和缅甸北部。亚种*albipectus*最早由La Touche于1923年记述，分布于中国南部和老挝北部。亚种*beaulieui*最早由Delacour和Greenway于1940年记述，分布于老挝北部。亚种*laurentei*最早由La Touche于1921年记述，分布于中国南部。亚种*reconditus*最早由Bangs和Phillips于1914年记述，分布于云南东南部至越南北部。亚种*hunanensis*最早于1974年记录，分布于华中地区，包括湖北、湖南、广西和贵州。亚种*eidos*最早由Bangs于1930年记述，分布于四川南部。亚种*styani*最早由Seebohm于1884年记述，分布于中国东南部的山林，包括广东、福建和江西。亚种*nigrostellatus*由最早Swinhoe于1859年记述，分布于中国海南。棕颈钩嘴鹛在中国共有10个亚种，分别为*P.*

r. godwini、*P. r. eidos*、*P. r. similes*、*P. r. albipectus*、*P. r. reconditus*、*P .r. laurentei*、*P. r. styani*、*P. r. hunanensis*、*P. r. stridulus*、*P. r. nigrostellatus*。其中亚种*godwini*分布于西藏东南部。亚种*eidos*分布于四川东部和中部。亚种*similes*分布于云南西北部、四川西南部。亚种*albipectus*分布于云南西南部。亚种*reconditus*分布于云南东部、四川南部。亚种*laurentei*分布于云南。亚种*styani*分布于河南南部、陕西南部、甘肃西部和东南部、四川东部、重庆、贵州北部、湖北西部、湖南北部、江苏南部、上海、浙江。亚种*hunanensis*分布于四川东南部、贵州、重庆、湖北西南部、湖南、广西北部。亚种*stridulus*分布于江西、浙江、福建、广东北部。亚种*nigrostellatus*分布于海南。分布于贵州宽阔水的亚种为*styani*和*hunanensis*。

54.3 | 形态特征

本种各亚种羽色变化较大，长江亚种头顶橄榄褐色，眉纹白色、长而显著，从额基沿眼上向后延伸直达颈侧；眼先、颊和耳羽黑色，形成一宽阔的黑色贯眼纹，与白色眉纹相衬极为醒目；后颈栗红色，形成半领环状。背部棕橄榄褐色，向后较淡，两翼表面与背部相同；飞羽暗褐色，外翈羽缘较淡，呈污灰色或灰褐色；尾羽暗褐色微具黑色横斑，尾羽基部边缘微沾棕橄榄褐色。颏和喉均为白色，胸和胸侧亦为白色具粗著的淡橄榄褐色纵纹，有时微带赭色，胸以下为淡橄榄褐色，腹中部白色。虹膜茶褐色或深棕色，上嘴黑色，先端和边缘乳黄色，下嘴淡黄色，脚和趾铅褐色或铅灰色。大小量度：体重雄性22～30g，雌性23.5～28.5g；体长雄性160～180mm，雌性158～180mm；嘴峰雄性16～20mm，雌性17～20mm；翼长雄性71～78mm，雌性69～75mm；尾长雄性75～87mm，雌性74～83mm；跗跖长雄性29～31mm，雌性27～29mm。

54.4 | 栖息环境

栖息于低山和山脚平原地带的阔叶林、次生林、竹林和林缘灌丛中，也出入于村寨附近的茶园、果园、路旁丛林和农田地灌木丛间，夏季在有些地方也上到海拔2300m左右的阔叶林和灌木丛中。

54.5 | 生活习性

留鸟，主要以昆虫和昆虫幼虫为食，也吃植物果实与种子。所吃食物主要有竹节虫、甲虫以及双翅目、鳞翅目、半翅目等昆虫和昆虫幼虫，其他还吃少量乔木和灌木果实与种子，以及草籽等植物性食物。常单独、成对或成小群活动。性活泼，胆怯畏人，常在茂密的树丛或灌丛间疾速穿梭或跳来跳去，一遇惊扰，立刻藏匿于丛林深处，或由一个树丛飞向另一树丛，每次飞行距离很短。有时也见与雀鹛等其他鸟类混群活动。繁殖期间常躲藏在树叶丛中鸣叫，单调、清脆而响亮，三声一度，似"tu～tu～tu"的哨声，常常反复鸣叫不息。

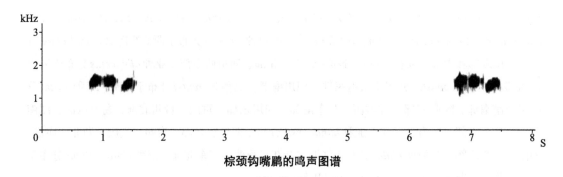

棕颈钩嘴鹛的鸣声图谱

54.6 繁殖方式

繁殖期4～7月，最早在3月末即见有营巢产卵，通常营巢于灌木上，最晚在7月初还见在产卵或孵。在宽阔水的棕颈钩嘴鹛营巢于土坎土坡和草丛。巢材为树叶、枯草、枯草细丝和纤维。巢距地高1～2m，呈圆锥形，巢内径6～9cm，深7～12cm，高12.5cm。巢主要由草叶、蕨叶、树皮、树叶、八仙花枝叶等筑成，内垫细草叶。窝卵数3～5枚，卵纯白色，光滑无斑，卵的大小为21.5～28.7mm×16.9～20.0mm，重3～6g。刚出壳的绒羽期雏鸟头背部被灰色长绒毛，喙基部黄色；针羽期针羽灰黑色；正羽期针羽羽鞘破开露出棕色羽毛；齐羽期背部、翼膀和头顶羽毛棕色，脸部和胸部两侧棕色，喉和腹部白色。本种的巢和卵均与宽阔水同域分布的斑胸钩嘴鹛相似，区别在于棕颈钩嘴鹛巢材往往较复杂，巢大小和卵大小比斑胸钩嘴鹛略小。据目前的研究记载，寄生棕颈钩嘴鹛的杜鹃仅有大杜鹃1种，寄生的杜鹃卵与棕颈钩嘴鹛相似，为纯白色卵。除此之外，在宽阔水棕颈钩嘴鹛还是鹰鹃等大型杜鹃的潜在宿主。

54.7 保护现状

该物种被列入《世界自然保护联盟濒危物种红色名录》（IUCN 2022年）——无危（LC）。棕颈钩嘴鹛在中国分布较广，种群数量较丰富。该物种分布范围非常大，不接近物种生存的脆弱濒危临界值标准（分布区域或波动范围小于20000km^2，栖息地质量，种群规模，分布区域碎片化）。种群数量趋势稳定，因此被评价为无生存危机的物种。

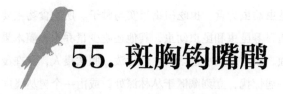

55. 斑胸钩嘴鹛

55.1 概述

斑胸钩嘴鹛（*Erythrogenys gravivox*）体长约24cm，属于中小型鸣禽。无浅色眉纹，脸颊棕

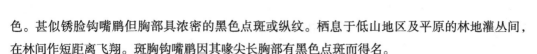
色。其似锈脸钩嘴鹛但胸部具浓密的黑色点斑或纵纹。栖息于低山地区及平原的林地灌丛间，在林间作短距离飞翔。斑胸钩嘴鹛因其喙尖长胸部有黑色点斑而得名。

55.2 分类与分布

目名：雀形目（Passeriformes）

科名：林鹛科（Timaliidae）

属名：钩嘴鹛属（*Erythrogenys*）

学名：*Erythrogenys gravivox*

英文名：Black-streaked Scimitar Babbler

斑胸钩嘴鹛属于雀形目林鹛科钩嘴鹛属，共有5个亚种，分别为 *E. g. gravivox*、*E. g. cowensae*、*E. g. dedekensi*、*E. g. decarlei*、*E. g. odica*。其中指名亚种 *gravivox* 最早由 David 于1873年记述，分布于中国东部。亚种 *cowensae* 最早由 Deignan 于1952年记述，分布于中国南部。亚种 *dedekensi* 最早由 Oustalet 于1892年记述，分布于中国西南部山区。亚种 *decarlei* 最早由 Deignan 于1952年记述，分布于中国西南部山区，包括青海、四川南部和云南西北部。亚种 *odica* 最早由 Bangs 和 Phillips 于1914年记述，分布于缅甸中部至中国南部、老挝北部和越南西南部的山区。斑胸钩嘴鹛5个亚种均在中国分布，其中指名亚种 *gravivox* 分布于河南西北部、山西南部、陕西南部、甘肃南部、四川北部。亚种 *cowensae* 分布于四川东部、重庆、贵州北部、湖北西南部。亚种 *dedekeni* 分布于西藏东部、云南西北部、四川西部。亚种 *decarlei* 分布于西藏东南部、云南西北部、四川西南部。亚种 *odica* 分布于云南、贵州。分布于贵州宽阔水的亚种为 *cowensae* 和 *odica*。

55.3 形态特征

体型略大的钩嘴鹛。无浅色眉纹，脸颊棕色。其似锈脸钩嘴鹛但胸部具浓密的黑色点斑或纵纹。虹膜黄色至栗色；嘴灰色至褐色；脚肉褐色。各亚种的形态特征细节上有区别。*E. g. gravivox* 亚种胸部具黑色纵纹，两胁为灰色，头顶或颈背部具深灰色纵纹，上背部栗褐色。*E. g. dedekensi* 亚种和 *E. g. decarlei* 亚种一样，胸部具有黑点，两胁为棕色，头顶或颈背褐色具纵纹，上背部橄榄褐色。*E. g. cowensae* 亚种也一样胸部具有黑点，头顶或颈背褐色具纵纹，但两胁为黄褐色，上背部棕色具纵纹。而 *E. g. odica* 亚种胸部无斑点，两胁为灰色，头顶或颈背部褐色具纵纹，上背部橄榄褐色。大小量度：体重雄性55～79g，雌性46～65g；体长雄性222～257mm，雌性211～247mm；嘴峰雄性30～35mm，雌性28～31mm；翼长雄性88～97mm，雌性87～88mm；尾长雄性94～110mm，雌性94～102mm；跗跖长雄性35～38mm，雌性35～37mm。

55.4 栖息环境

主要栖息于低山地区及平原的林地的灌木丛、矮树林、竹丛和灌草丛间，也出入于农田地边和村寨附近的小树林和灌木丛中。在林间作短距离飞翔。

55.5 | 生活习性

留鸟，杂食性，但繁殖期以昆虫为主食，所吃的昆虫有豆天蛾、椿象以及多种鞘翅目和膜翅目昆虫，也吃草籽等植物种子。叫声为双重唱，雄鸟发出响亮的"queue pee"，雌鸟立即回以"quip"。典型的栖于灌丛的钩嘴鹛。

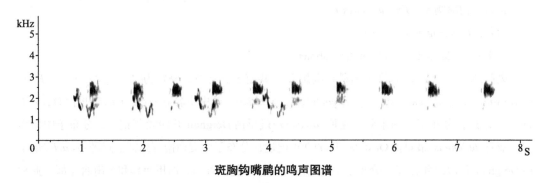

斑胸钩嘴鹛的鸣声图谱

55.6 | 繁殖方式

繁殖期5~7月。通常营巢于草丛和土坎土坡。巢材为枯草或芒絮加枯草细丝和纤维。巢口较大，侧开口，内径7~8cm，深8~10cm。窝卵数3~4枚。卵纯白色，卵大小为26.5~29.4mm×19.3~20.7mm，重5.3~6.6g。刚出壳的绒羽期雏鸟头背部被灰黑色长绒毛，喙基部浅黄色；针羽期针羽灰黑色；正羽期针羽羽鞘破开露出棕色羽毛。本种的巢和卵均与宽阔水同域分布的棕颈钩嘴鹛相似，区别在于斑胸钩嘴鹛的巢材往往较为单一，巢口和卵较大。据目前的研究记载，寄生斑胸钩嘴鹛的杜鹃仅有鹰鹃一种，寄生的杜鹃卵与斑胸钩嘴鹛相似，为白色无斑点卵。除此之外，在宽阔水斑胸钩嘴鹛还是红翅凤头鹃、大杜鹃、霍氏鹰鹃等大型和中大型杜鹃的潜在宿主。

55.7 | 保护现状

该物种被列入《世界自然保护联盟濒危物种红色名录》（IUCN 2022年）——无危（LC）。该物种分布范围广，不接近物种生存的脆弱濒危临界值标准（分布区域或波动范围小于20000km^2，栖息地质量，种群规模，分布区域碎片化）。种群数量趋势稳定，因此被评价为无生存危机的物种。

56. 黑卷尾

56.1 | 概述

黑卷尾（*Dicrurus macrocercus*）体长约30cm，属于中型鸣禽。通体黑色，上体、胸部及尾部羽具辉蓝色光泽。尾部为深凹形，最外侧一对尾部羽向外上方卷曲。栖息活动于开阔地区，繁殖期有非常强的领域行为，较凶猛，非繁殖期喜结群打斗。平时栖息在山麓或沿溪的树顶上，在开阔地常落在电线上。数量多，常成对或集成小群活动，动作敏捷，边飞边叫。主要从空中捕食飞虫，主要以昆虫为食，尤以夜蛾、蜻象、蚂蚁、蝼蛄、蝗虫等害虫为食。分布范围是伊朗至印度、中国、东南亚、爪哇及巴厘岛。

56.2 | 分类与分布

目名：雀形目（Passeriformes）

科名：卷尾科（Dicruridae）

属名：卷尾属（*Dicrurus*）

学名：*Dicrurus macrocercus*

英文名：Black Drongo

黑卷尾属于雀形目卷尾科卷尾属，共7个亚种，分别为 *D. m. macrocercus*、*D. m. albirictus*、*D. m. cathoecus*、*D. m. harterti*、*D. m. javanus*、*D. m. minor*、*D. m. thai*。其中指名亚种 *macrocercus* 最早由 Vieillot 于1817年记述，分布于印度半岛。亚种 *albirictus* 最早由 Hodgson 于1836年记述，分布于伊朗东南部至阿富汗和印度北部。亚种 *cathoecus* 最早由 Swinhoe 于1871年记述，分布于中国中部和东部、缅甸、泰国北部和印度北部，北部种群向南迁徙至中国东南部、印度、泰国 - 马来半岛、婆罗洲西北部和苏门答腊岛。亚种 *harterti* 最早由 Baker 于1918年记述，分布于中国台湾。亚种 *javanus* 最早由 Kloss 于1921年记述，分布于爪哇岛和巴厘岛。亚种 *minor* 最早由 Blyth 于1850年记述，分布于斯里兰卡。亚种 *thai* 最早由 Kloss 于1921年记述，分布于缅甸南部、泰国南部和越南南部。黑卷尾在中国共有3个亚种，分别为 *D. m. albirictus*、*D. m. cathoecus*、*D. m. harterti*。其中亚种 *albirictus* 分布于西藏东南部。亚种 *cathoecus* 除新疆、青海、台湾外，见于各省份。亚种 *harterti* 分布于台湾。分布于贵州宽阔水的亚种为 *cathoecus*。

56.3 | 形态特征

雄性成鸟全身羽毛呈辉黑色；前额、眼先羽绒黑色（在个别标本的嘴角处具一污白斑点，但不甚明显）。上体自头部、背部至腰部及尾部上覆羽，概深黑色，缀铜绿色金属闪光；尾部羽深黑色，羽表面沾铜绿色光泽；中央一对尾羽最短，向外侧依次顺序增长，最外侧一对最长，其末端向外上方卷曲，尾部羽末端呈深叉状；翼黑褐色，飞羽外翈及翼上覆羽具铜绿色金属光泽。下体自颏、喉至尾部下覆羽均呈黑褐色，仅在胸部铜绿色金属光泽较著；翼下覆羽及腋羽黑褐色。雌性成鸟体色似雄鸟，仅其羽表沾铜绿色金属光泽稍差。雏鸟体羽黑褐色，背部、肩部羽端微具金属光泽；自上腰至尾部上覆羽呈黑褐色，后者具污灰白色羽端，呈鳞状斑缘；尾部羽黑褐色；翼角污灰白色。下体腹、胁和尾部下覆羽黑褐，均具污灰白色羽缘；个别标本尾部下覆羽基部黑褐，具灰白色羽端长达11mm，外观呈污灰白色。虹膜棕红色；嘴和脚暗黑色；爪暗角黑色。大小量度：体重雄性40～65g，雌性42～57g；体长雄性235～300mm，雌性243～285mm；嘴峰雄性21～29mm，雌性21～28mm；翼长雄性135～152mm，雌性133～144mm；尾长雄性133～176mm，雌性129～166mm；跗趾长雄性18～23mm，雌性18～22mm。

56.4 | 栖息环境

栖息活动于城郊区村庄附近和广大农村，尤喜在村民居屋前后高大的椿树上营巢繁殖。多成对活动于800m以下的山坡、平原丘陵地带阔叶林树上；在中国西藏则栖息在海拔2000～2500m的针阔混交林缘。

56.5 | 生活习性

夏候鸟或留鸟。平时栖息在山麓或沿溪的树顶上，或在竖立田野间的电线杆上，一见下面有虫时，往往由栖枝直降至地面或其附近处捕取为食，随后复向高处直飞，形成"U"字状的飞行。它还常落在草场上放牧的家畜背部上，啄食被家畜惊起的虫类。性喜结群、鸣闹、咬架，是好斗的鸟类，习性凶猛，特别在繁殖期间，如红脚隼、乌鸦、喜鹊等鸟类侵入

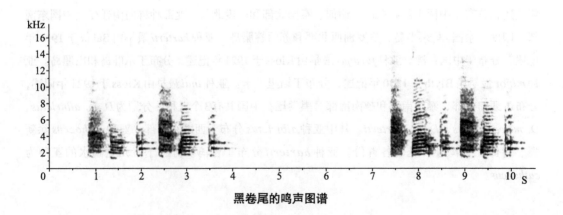

黑卷尾的鸣声图谱

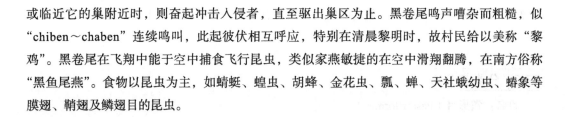

或临近它的巢附近时，则奋起冲击入侵者，直至驱出巢区为止。黑卷尾鸣声嘈杂而粗糙，似"chiben～chaben"连续鸣叫，此起彼伏相互呼应，特别在清晨黎明时，故村民给以美称"黎鸡"。黑卷尾在飞翔中能于空中捕食飞行昆虫，类似家燕敏捷的在空中滑翔翻腾，在南方俗称"黑鱼尾燕"。食物以昆虫为主，如蜻蜓、蝗虫、胡蜂、金花虫、瓢、蝉、天社蛾幼虫、蟒象等膜翅、鞘翅及鳞翅目的昆虫。

56.6 | 繁殖方式

繁殖期6～7月。巢以高粱秆、草穗、枯草细纤维、植物纤维、细麻纤维、棉花纤维交织加固而成，织成浅杯状，常置于榆、柳等树巅，细枝梢端的分叉处。6月下旬可看到刚出巢未成年鸟停留在巢附近的树上等待亲鸟哺食。雌雄亲鸟均参加孵卵和育雏。宽阔水的黑卷尾营巢于乔木枝丫处。巢材为枯草秆、枯草纤维、植物纤维、细麻纤维和棉花纤维交织。巢呈碗状正开口，巢高约7cm，巢深3.5cm，内径9cm，外径约13cm。卵产3～4枚，卵壳乳白色，上布褐色细斑点，钝端有红褐色粗点斑。卵径约为24mm×19mm。由雌雄亲鸟轮流承担，孵化期16±1天。雏鸟晚成性，刚孵出时雏鸟全身裸露，仅背部和头顶着生有少许暗褐色绒毛。雌雄亲鸟共同育雏，留巢期20～24天。在据目前的研究记载，寄生黑卷尾的杜鹃为四声杜鹃和噪鹃，寄生的杜鹃卵以白色为主。除此之外，宽阔水的黑卷尾也是大杜鹃、鹰鹃和红翅凤头鹃等中大型和大型杜鹃的潜在宿主。

56.7 | 保护现状

该物种被列入国家林业和草原局2023年发布的《有重要生态、科学、社会价值的陆生野生动物名录》，列入《世界自然保护联盟濒危物种红色名录》（IUCN 2022年）——无危（LC）。该物种分布范围广，不接近物种生存的脆弱濒危临界值标准（分布区域或波动范围小于20000km^2，栖息地质量，种群规模，分布区域碎片化）。种群数量趋势稳定，因此被评价为无生存危机的物种。

57. 领雀嘴鹎

57.1 | 概述

领雀嘴鹎（*Spizixos semitorques*）体长17～22cm，属于中小型鸣禽。俗名羊头公、中国圆嘴布鲁布鲁、绿鹦嘴鹎、青冠雀。嘴短而粗厚、黄色，额和头顶前部黑色（台湾亚种为灰色）。上体暗橄榄绿色，下体橄榄黄色，尾部黄绿色具暗褐色或黑褐色端斑。额基近鼻孔处有一白斑，喉黑色，前颈有一白色颈环。领雀嘴鹎是中国特有鸟类，种群数量较丰富，是山区常见鸟类之一。

57.2 | 分类与分布

目名：雀形目（Passeriformes）

科名：鹎科（Pycnonotidae）

属名：雀嘴鹎属（*Spizixos*）

学名：*Spizixos semitorques*

英文名：Collared Finchbill

领雀嘴鹎属于雀形目鹎科雀嘴鹎属，共有2个亚种，分别为*S. s. semitorques*、*S. s. cinereicapillus*。其中指名亚种*semitorques*最早由Swinhoe于1861年记述，分布于中国南部山区至越南北部。亚种*cinereicapillus*最早由Swinhoe于1871年记述，分布于中国台湾。领雀嘴鹎2个亚种均在中国分布。其中指名亚种*semitorques*分布于河南南部、山西、陕西、甘肃南部、云南、四川、重庆、贵州、湖北、湖南、安徽、江西、上海、浙江、福建、广东、广西。亚种*cinereicapillus*分布于台湾。分布于贵州宽阔水的亚种为*semitorques*。

57.3 | 形态特征

额、头顶黑色（台湾亚种灰色），额基近鼻孔处和下嘴基部各有一小束白羽，颊和耳羽黑色具白色细纹。头两侧略杂以灰白色，后头和颈部逐渐转为深灰色。背部、肩、腰和尾部上覆羽均为橄榄绿色，尾部上覆羽稍浅淡，尾橄榄黄色具宽阔的暗褐至黑褐色端斑。翼上覆羽与背部相似，外表呈褐绿色或暗橄榄黄色，飞羽暗褐色，外翈橄榄黄绿色。额、喉黑色，其后围以半环状白环，延伸至颈的两侧到耳后，胸和两胁橄榄绿色，腹和尾下覆羽鲜黄色。有的在下胸两侧和腹侧有不明显的纵纹。虹膜灰褐或红褐色，嘴粗短，上嘴略向下弯曲，灰黄色或肉黄色，脚淡灰褐或褐色。大小量度：体重雄性35～50g，雌性38～46g；体长雄性169～215mm，雌性170～213mm；嘴峰雄性12～14mm，雌性12～14mm；翼长雄性82～98mm，雌性81～98mm；尾长雄性85～103mm，雌性87～100mm；跗跖长雄性19～23mm，雌性19～23mm。

57.4 | 栖息环境

主要栖息于低山丘陵和山脚平原地区，也见于海拔2000m左右的山地森林和林缘地带，尤其是溪边沟谷灌丛、稀树草坡、林缘疏林、亚热带常绿阔叶林、次生林、栎林等不同地区是最喜欢选择的生境，有时也出现在庭院、果园和村舍附近的丛林与灌丛中。

57.5 | 生活习性

留鸟，食性较杂。食物主要以植物性食物为主，其中尤以野果占优势，主要种类有草莓、黄莓、马桑、胡颓子、花揪、荚蒾、野葡萄、樱桃、常春藤果实、五加科果实、鸡屎藤果实、蔷薇果实、麻子、禾本科种子、豆科种子及嫩叶等。动物性食物主要有金龟子、步行虫等鞘翅目和其他昆虫。常成群活动，有时也见单独或成对活动的，鸣声婉转悦耳，其声为"pa～de，pa～de"。

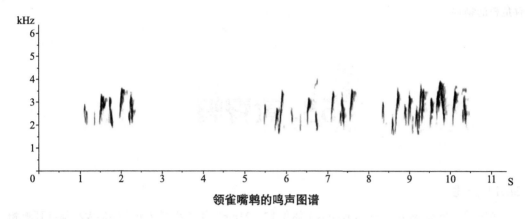

领雀嘴鹎的鸣声图谱

57.6 繁殖方式

繁殖期5～7月，通常营巢于溪边或路边小树侧枝梢处，也有报告营巢于灌丛上，距地高1～3m，巢用细干枝、细藤条、草茎、草穗等构成，内垫细草茎、草叶、细树根、草穗、棕丝等。宽阔水的领雀嘴鹎营巢于灌丛、茶地和乔木。巢材为细枝、枯草叶或枯竹叶和芒絮，往往内垫有松针或黑丝。巢呈碗状正开口，大小为外径9～15cm，内径6～8cm，高5～7cm，深3～5.5cm。每窝产卵2～4枚，卵浅棕白色、灰白色或淡黄色，被有大小不一的红褐色和淡紫色斑点，尤以钝端较密，卵的大小为21.6～26.8mm×16.2～18.9mm，重2.8～4.5g。刚出壳的绒羽期雏鸟光秃无绒毛，喙基部白色；针羽期针羽灰黑色；正羽期针羽羽鞘破开露出深绿色羽毛；齐羽期通体羽毛绿色至深绿色。领雀嘴鹎巢的结构、材料、生境以及卵色与宽阔水同域分布的黄臀鹎相似，区别在于，黄臀鹎的巢明显较领雀嘴鹎密实，且巢外底部常有塑料膜或尼龙布；领雀嘴鹎的巢可以明显看到巢材之间的空隙，巢材也显得明显少，巢内层往往具有松针。黄臀鹎的卵色变异较领雀嘴鹎小，为粉色底布紫色斑点，而领雀嘴鹎的卵色可以同为粉色底布紫色斑点，或粉色底布红色斑点。黄臀鹎的卵较小偏圆，领雀嘴鹎的卵较大偏长。另外，绿翅短脚鹎也产相似颜色斑点的卵，但明显大于黄臀鹎和领雀嘴鹎，巢差异也明显，利用蜘蛛丝将枯草和树叶简单编织于枝丫处，内垫松针和黑丝，卵大但巢却看来很单薄。黄臀鹎和领雀嘴鹎的巢很常见，而绿翅短脚鹎的巢很罕见。据目前的研究记载，寄生领雀嘴鹎的杜鹃有中杜鹃和巽他岛杜鹃（*Cuculus lepidus*），其中后者不在国内分布。在宽阔水记录到的中杜鹃寄生卵为白色带极少黑褐色斑点，除此之外，领雀嘴鹎还是大杜鹃、霍氏鹰鹃等中大型和中型杜鹃的潜在宿主。

57.7 保护现状

该物种被列入国家林业和草原局2023年发布的《有重要生态、科学、社会价值的陆生野生动物名录》，列入《世界自然保护联盟濒危物种红色名录》（IUCN 2022年）——无危（LC）。该物种分布范围非常大，不接近物种生存的脆弱濒危临界值标准（分布区域或波动范围小于20000km^2，栖息地质量，种群规模，分布区域碎片化）。种群数量趋势稳定，因此被评价为无生存危机的物种。

58. 黄臀鹎

58.1 概述

黄臀鹎（*Pycnonotus xanthorrhous*）体长17～21cm，属于小型鸟类。外形大小与红耳鹎相似。额至头顶黑色，无羽冠或微具短而不明的羽冠。下嘴基部两侧各有一小红斑，耳羽灰褐或棕褐色，上体土褐色或褐色。颏和喉都是白色，其余下体近白色，胸具灰褐色横带，尾部下覆羽鲜黄色。栖息于中低山和山脚平坝与丘陵地区的次生阔叶林、栎林、混交林和林缘地区。常作季节性的垂直迁移，夏季多沿河谷上到山中部地区，海拔高度随地区而不同。通常3～5只一群，亦见有10多只至20只的大群，有时亦见与红臀鹎、红耳鹎混群。善鸣叫，鸣声清脆洪亮。主要以植物果实与种子为食，也吃昆虫等动物性食物，但雏鸟几全以昆虫为食。分布于中国、缅甸东北部、老挝北部和越南北部。

58.2 分类与分布

目名：雀形目（Passeriformes）

科名：鹎科（Pycnonotidae）

属名：鹎属（*Pycnonotus*）

学名：*Pycnonotus xanthorrhous*

英文名：Brown-breasted Bulbul

黄臀鹎属于雀形目鹎科鹎属，共2个亚种，分别是 *P. x. xanthorrhous*、*P. x. andersoni*。其中指名亚种 *xanthorrhous* 于1869年首次被 Anderson 记述，分布于中国西南部和缅甸北部至印度半岛北部。亚种 *P. x. andersoni* 于1870年首次被 Swinhoe 记述，分布于中国中部和南部。黄臀鹎2个亚种均在中国分布。其中指名亚种 *xanthorrhous* 分布于中国西藏东南部、云南西部、四川西部和广西北部。亚种 *andersoni* 分布于河南、陕西、甘肃中部和南部、云南东部、四川东部、重庆、贵州、湖北、湖南、安徽、江西、江苏、上海、浙江、福建、广东、澳门、广西。分布于贵州宽阔水的亚种为 *andersoni*。

58.3 | 形态特征

　　黄臀鹎的额、头顶、枕、眼先以及眼周均为黑色，额和头顶微具光泽，下嘴基部两侧各有一红色小斑点。耳羽灰褐或棕褐色，背部、肩、腰至尾部上覆羽土褐或褐色，两翼和尾部暗褐色，飞羽具淡色羽缘，尾羽具不明显的明暗相间的横斑或无此横斑。有的外侧尾羽具窄的白色尖端。额和喉均为白色，喉侧具不明显的黑色髭纹。其余下体污白色或乳白色，上胸灰褐色，形成一条宽的灰褐色或褐色环带，两胁灰褐色或烟褐色，尾部下覆羽深黄色或金黄色。虹膜棕色、茶褐色或黑褐色，嘴、脚黑色。大小量度：体重雄性27～40g，雌性27～43g；体长雄性171～217mm，雌性173～215mm；嘴峰雄性12～16mm，雌性12～16mm；翼长雄性81～96mm，雌性82～92mm；尾长雄性85～99mm，雌性81～97mm；跗跖长雄性20～24mm，雌性21～23mm。

58.4 | 栖息环境

　　主要栖息于中低山和山脚平坝与丘陵地区的次生阔叶林、栎林、混交林和林缘地区，尤其喜欢沟谷林、林缘疏林灌丛、稀树草坡等开阔地区。也出现于竹林、果园、农田地边与村落附近的小块丛林和灌木丛中，不喜欢茂密的大森林。

58.5 | 生活习性

　　留鸟，常作季节性的垂直迁移，夏季多沿河谷上到山中部地区，海拔高度随地区而不同，如在云南西部，夏季可出现在海拔2800～3000m的中低山地带，在玉龙山是海拔2400～3100m地带的常见种。冬季则下到山脚平原，在林缘、山坡灌丛和村落附近亦是常见鸟类。除繁殖期成对活动外，其他季节均成群活动，晚上成群、成排地栖息在树枝或竹枝上过夜。通常3～5只一群，亦见有10多只至20只的大群，有时亦见与白喉红臀鹎、红耳鹎混群。善鸣叫，鸣声清脆洪亮。主要以植物果实与种子为食，也吃昆虫等动物性食物，但未成年鸟几全以昆虫为食。冬季主要以植物种子，如乌桕种子为食，夏季主要以各种浆果、梨果、火把果、野棠梨、马桑泡、锁莓等果实为食，也吃鞘翅目、鳞翅目等昆虫和昆虫幼虫。据在其他地区的研究，食性也大致

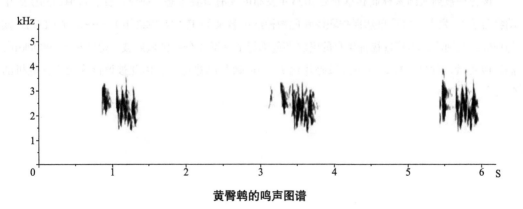

黄臀鹎的鸣声图谱

相似，主要以植物果实与种子为食。动物性食物主要有甲虫、步行虫、金龟子、金花虫、铜绿金龟甲、日本金龟甲、红蜻蜓、蜂类、蝇类、蚂蚁、蛴螬等鞘翅目、鳞翅目、膜翅目、直翅目等昆虫和昆虫幼虫。此外偶尔也吃少量农作物种子，如麦粒、豌豆、油菜籽等。

58.6 | 繁殖方式

繁殖期4～7月，2月末3月初开始配对。配对以后雌雄鸟逐渐离开群体，彼此追逐于树枝间，有时彼此上下翻飞，出现求偶交配行为。通常营巢于灌木或竹丛间，也在林下小树上营巢。巢距地高0.6～1.5m，有时亦置巢在距地1.5～2.5m高的树枝杈上。在宽阔水的黄臀鹎营巢于灌丛、茶地和草丛，少数在乔木。巢外层为细枝和枯草或枯竹叶，内层为芒絮，巢外底部往往有塑料膜或尼龙布包裹。巢为碗状正开口，主要由细的枯枝、草茎、草叶、植物纤维等材料构成，内垫细草茎、花穗等柔软物质。巢的大小为外径8×9cm～13×4cm，内径6.5×6.5cm～6×7cm，高7～8cm，深3～6cm，每窝产卵2～5枚。卵淡灰白色或淡红色，被有紫色斑点，卵的大小为19.5～23.5mm×14.5～17.1mm，重2.1～3.8g。刚出壳的绒羽期雏鸟光秃无绒毛，喙基部白色；针羽期针羽灰黑色；正羽期针羽羽鞘破开露出褐色羽毛；齐羽期身体羽毛褐色，头顶黑色。黄臀鹎巢的结构、材料、生境以及卵色与宽阔水同域分布的领雀嘴鹎相似，区别在于，黄臀鹎的巢明显较领雀嘴鹎密实，且巢外底部常有塑料膜或尼龙布；领雀嘴鹎的巢可以明显看到巢材之间的空隙，巢材也显得明显少，巢内层往往具有松针。黄臀鹎的卵色变异较领雀嘴鹎小，为粉色底布紫色斑点，而领雀嘴鹎的卵色可以同为粉色底布紫色斑点，或粉色底布红色斑点。黄臀鹎的卵较小偏圆，领雀嘴鹎的卵较大偏长。另外，绿翅短脚鹎也产相似颜色斑点的卵，但明显大于黄臀鹎和领雀嘴鹎，巢的差异也明显，利用蜘蛛丝将枯草和树叶简单编织于枝丫处，内垫松针和黑丝，卵大但卵却看起来很单薄。黄臀鹎和领雀嘴鹎的巢很常见，而绿翅短脚鹎的巢很罕见。据目前的研究记载，国内外尚无杜鹃寄生黄臀鹎的记录。宽阔水的黄臀鹎是大杜鹃、中杜鹃、霍氏鹰鹃等中大型杜鹃的潜在宿主。

58.7 | 保护现状

该物种被列入国家林业和草原局2023年发布的《有重要生态、科学、社会价值的陆生野生动物名录》，列入《世界自然保护联盟濒危物种红色名录》（IUCN 2022年）——无危（LC）。该物种分布范围广，不接近物种生存的脆弱濒危临界值标准（分布区域或波动范围小于20000km²，栖息地质量，种群规模，分布区域碎片化）。种群数量趋势稳定，因此被评价为无生存危机的物种。

59. 绿翅短脚鹎

59.1 概述

　　绿翅短脚鹎（*Ixos mcclellandii*）体长20～26cm，属于中小型鸣禽。头顶羽毛形尖、栗褐色具白色羽轴纹，在暗色的头部极为醒目。上体灰褐缀橄榄绿色，两翼和尾部亮橄榄绿色。耳和颈侧红棕色，颏、喉灰色，胸灰棕褐色具白色纵纹，尾部下覆羽浅黄色。栖息于海拔1000～3000m的山地阔叶林、针阔叶混交林、次生林、林缘疏林、竹林、稀树灌丛和灌丛草地等各类生境中。常呈3～5只或10多只的小群活动。多在乔木树冠层或林下灌木上跳跃、飞翔。主要以野生植物果实与种子为食，也吃部分昆虫，食性较杂。分布于东喜马拉雅山区至印度东北部、中国、缅甸、越南、老挝、泰国、马来半岛等地。

59.2 分类与分布

　　目名：雀形目（Passeriformes）

　　科名：鹎科（Pycnonotidae）

　　属名：短脚鹎属（*Ixos*）

　　学名：*Ixos mcclellandii*

　　英文名：Mountain Bulbul

　　绿翅短脚鹎属于雀形目鹎科短脚鹎属，共9个亚种，分别是*I. m. mcclellandii*、*I. m. ventralis*、*I. m. tickelli*、*I. m. similis*、*I. m. holtii*、*I. m. loquax*、*I. m. griseiventer*、*I. m. canescens*、*I. m. peracensis*。其中指名亚种*mcclellandii*于1840年首次被Horsfield记述，分布于喜马拉雅山脉东部至缅甸西北部。亚种*ventralis*于1940年首次被Stresemann和Heinrich记述，分布于缅甸西南部。亚种*tickelli*于1855年首次被Blyth记述，分布于缅甸东部和泰国西北部。亚种*similis*于1920年被Rothschild首次记述，分布于缅甸东北部至中国南部和印度半岛北部。亚种*holtii*于1861年被Swinhoe首次记述，分布于中国东南部。亚种*loquax*于1940年被Deignan首次记述，分布于泰国中北部和东北部、老挝南部。亚种*griseiventer*于1919年被Robinson和Kloss首次记述，分布于越南南部。亚种*canescens*于1933年被Riley首次记述，分布于泰国东部和柬埔寨西南部。亚种*peracensis*于1898年被Hartert和Butler首次记述，分布于马来半岛。绿翅短脚鹎在中国共3个亚种，为*I. m. mcclellandii*、*I. m. similis*、*I. m. holtii*。其中指名亚种*mcclellandii*分布于西藏。亚种*similis*分布于云南、海南。亚种*holtii*分布于河南南部、陕西南部、甘肃南部、云南南部、四川、重庆、贵州、湖北、湖南、安徽、江西、浙江、福建、广东、香港、广西。分布于贵州宽阔水的亚种为*holtii*。

59.3 | 形态特征

额至头顶、枕栗褐或棕褐色，羽形尖，先端具明显的白色羽轴纹，到头顶后部白色羽轴纹逐渐不显和消失，颈浅栗褐色。背部、肩、腰橄榄绿色（指名亚种）、橄榄褐色或灰褐色、微沾橄榄绿色（云南亚种）或橄榄棕色（华南亚种）。尾部橄榄绿色，两翼覆羽橄榄绿色，飞羽暗褐或黑褐色，外翈橄榄绿色。眼先沾灰白色，耳羽、颊锈色或红褐色，颈侧较耳羽稍深。颏、喉灰色，胸浅棕或灰棕色，从颏至胸有白色纵纹，其余下体棕白色或淡棕黄色，两胁淡灰棕色，尾部下覆羽淡黄色，翼缘淡黄或橄榄绿色，翼下覆羽棕白色。虹膜暗红、朱红、棕红或紫红色，嘴黑色，跗跖肉色、肉黄色至黑褐色。大小量度：体重雄性30～50g，雌性26～50g；体长雄性195～257mm，雌性194～243mm；嘴峰雄性19～27mm，雌性19～25mm；翼长雄性99.5～118mm，雌性95～112mm；尾长雄性95～120mm，雌性96～114mm；跗跖长雄性15.5～22mm，雌性15～20mm。

59.4 | 栖息环境

栖息在海拔1000～3000m的山地阔叶林、针阔叶混交林、次生林、林缘疏林、竹林、稀树灌丛和灌丛草地等各类生境中，尤以林缘疏林和沟谷地带较常见，有时也出现在村寨和田边附近丛林中或树上。

59.5 | 生活习性

留鸟，常呈3～5只或10多只的小群活动。多在乔木树冠层或林下灌木上跳跃、飞翔，并同时发出喧闹的叫声，鸣声清脆多变而婉转，其声似"spi～spi～"。主要以野生植物果实与种子为食，也吃部分昆虫，食性较杂。植物性食物主要有果实、野樱桃、浆果、乌饭果、榕果、核果、草莓、黄泡果、蔷薇果、鸡树子果、草籽等。动物性食物主要有鞘翅目昆虫、蜂、同翅目、双翅目昆虫、蚱蜢、斑蝥和其他昆虫。

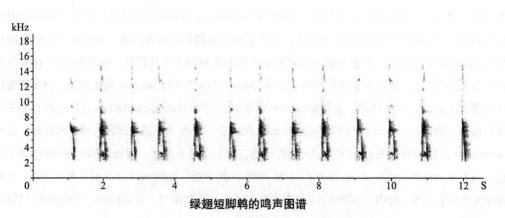

绿翅短脚鹎的鸣声图谱

59.6 | 繁殖方式

繁殖期5~8月。营巢于乔木树侧枝上或林下灌木和小树上。在宽阔水的绿翅短脚鹎营巢于灌丛枝丫处，以蜘蛛丝将枯草和树叶简单编织在枝丫处，内垫松针和黑丝。巢距地高1.2~10m。巢呈碗状正开口，内径5~7cm，深3~4cm。主要由草茎、草叶、草根和竹叶构成。每窝产卵2~4枚，卵灰白色、灰色或黄色，微缀紫色或红褐色斑点，卵的大小为23.9~25.4mm×17~18.5mm，重3.6~4.3g。绿翅短脚鹎的卵色与宽阔水同域分布的黄臀鹎和领雀嘴鹎相似，但黄臀鹎和领雀嘴鹎的巢很常见，而绿翅短脚鹎的巢很罕见，且卵明显大于另外两种鹎。其巢也与另外两种鹎差别大，为蜘蛛丝将枯草和树叶简单编织在枝丫处，内垫松针和黑丝；黄臀鹎巢外层为细枝和枯草或枯竹叶，内层为芒絮，巢外底部往往有塑料膜或尼龙布；领雀嘴鹎的巢材为细枝、枯草叶或枯竹叶和芒絮，往往内垫有松针或黑丝。据目前的研究记载，寄生绿翅短脚鹎的杜鹃仅有大杜鹃1种。除此之外，在宽阔水绿翅短脚鹎还是中杜鹃、霍氏鹰鹃、鹰鹃、红翅凤头鹃等中大型至大型杜鹃的潜在宿主。

59.7 | 保护现状

该物种被列入《世界自然保护联盟濒危物种红色名录》（IUCN 2022年）——无危（LC）。该物种分布范围广，不接近物种生存的脆弱濒危临界值标准（分布区域或波动范围小于20000km^2，栖息地质量，种群规模，分布区域碎片化）。种群数量趋势稳定，因此被评价为无生存危机的物种。全球种群规模尚未量化，但该物种被描述为在其分布范围内普遍常见，尽管在孟加拉国稀有或可能已灭绝。2009年，据估计，中国的种群数量为100~10000个繁殖对。在没有任何下降或重大威胁的证据的情况下，其物种数量是稳定的。

60. 栗头鹟莺

60.1 | 概述

栗头鹟莺（*Seicercus castaniceps*）体长7.5~10cm。前额、头顶至后枕棕栗色；侧冠纹黑色；上背部沾灰，下背部橄榄绿，腰和尾部上覆羽亮黄色；眼圈白色，颊和颏喉至胸灰色；腹部中央黄或白色；胁和尾下覆羽黄色；外侧一对或两对尾羽内翈白色。雌雄相似。虹膜暗褐；上嘴黑褐，下嘴黄褐色；跗跖长、趾、爪均为淡黄褐色。栖息于海拔2000m以下的低山和山脚阔叶林与林缘疏林灌丛。繁殖期常单独或成对活动，非繁殖期多成3~5只的小群。主要以昆虫为食，也吃少量种子。营巢于洞穴，为候鸟。分布于孟加拉国、不丹、柬埔寨、中国、印度、印度尼西亚、老挝、马来西亚、缅甸、尼泊尔、泰国、越南。

60.2 | 分类与分布

目名：雀形目（Passeriformes）

科名：鹟莺科（Phylloscopus）

属名：鹟莺属（*Seicercus*）

学名：*Seicercus castaniceps*

英文名：Chestnut-crowned Warbler

栗头鹟莺属于雀形目柳莺科鹟莺属，共个9亚种，分别是*S. c. castaniceps*、*S. c. collinsi*、*S. c. laurentei*、*S. c. sinensis*、*S. c. stresemanni*、*S. c. youngi*、*S. c. annamensis*、*S. c. butleri*、*S. c. muelleri*。其中指名亚种*castaniceps*于1845年首次被Hodgson记述，分布于喜马拉雅中部、东部至中国西南地区和缅甸西部。亚种*collinsi*于1943年首次被Deignan记述，分布于缅甸东部和泰国西北地区。亚种*laurentei*于1922年首次被La Touche记述，分布于中国南部边缘。亚种*sinensis*于1898年首次被Rickett记述，分布于中国中部、东南部至印度尼西亚北部。亚种*stresemanni*于1932年首次被Delacour记述，分布于老挝南部与柬埔寨西南地区。亚种*youngi*于1915年首次被Robinson记述，分布于泰国。亚种*annamensis*于1919年首次被Robinson和Kloss记述，分布于越南南方中部地区。亚种*butleri*于1898年首次被Hartert记述，分布于泰国和马来西亚。亚种*muelleri*于1916年首次被Robinson和Kloss记述，分布于苏门答腊山区。栗头鹟莺在中国共3个亚种，即*S. c. castaniceps*、*S. c. laurentei*、*S. c. sinensis*。其中指名亚种*castaniceps*分布于西藏南部和东部、云南。亚种*laurentei*分布于云南南部、广西西南部。亚种*sinensis*分布于河南、陕西南部、甘肃南部、四川、重庆、贵州、湖北、湖南、安徽、江西、上海、浙江、福建、广东、香港、广西。分布于贵州宽阔水的亚种为*sinensis*。

60.3 | 形态特征

前额、头顶至后枕棕栗色，侧冠纹前部较狭呈灰黑色，向后逐渐变粗呈黑色，枕侧杂白色斑纹；眼先灰白，眼圈白色；颊和耳羽灰，杂灰黑色细纹；上背部和肩灰色，下背部橄榄绿，腰和尾部上覆羽鲜黄；翼上覆羽、飞羽和尾部羽黑褐，外缘橄榄绿色，大中覆羽具淡黄色端斑，形成两道翼斑。颏、喉和胸均为灰色，中央较淡呈灰白色，延伸至上腹部中央，上腹部两侧和下腹部、胁部、翼下覆羽、腋羽及尾部下覆羽亮黄绿色；最外侧两对尾羽内翈纯白色。虹膜暗褐；上嘴黑褐，下嘴黄褐色；跗跖长、趾、爪均为淡黄绿色。大小度量：体重雄性5g，雌性6g；体长雄性95～96mm，雌性85mm；嘴峰雄性7.5mm，雌性7.5mm；翼长雄性48～53mm，雌性48mm；尾长雄性37～42mm，雌性34mm；跗跖长雄性16～18mm，雌性16mm。

60.4 | 栖息环境

栖息于海拔2000m以下的低山和山脚阔叶林与林缘疏林灌丛。

60.5 生活习性

夏候鸟、留鸟或冬候鸟。繁殖期常单独或成对活动，非繁殖期多成3～5只的小群。主要以昆虫为食，也吃少量种子。营巢于洞穴。行动敏捷，鸣声清脆。鸣声为高亢的金属音且下滑；也有双音节叫声"chi～chi"及似鹟鹟的叫声"tsik"。据贵州的某研究剖验3、4、5、7月采集的5个鸟胃，其中见有昆虫5次（包括甲虫和鳞翅目幼虫），蚂蚁卵1次，杂草种子2次。

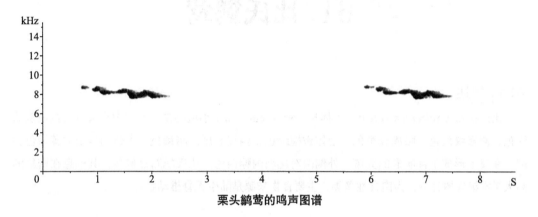

栗头鹟莺的鸣声图谱

60.6 繁殖方式

繁殖期5～7月。营巢于树根下的土坎或岩石边的洞穴中。宽阔水的栗头鹟莺营巢于塌陷的土坎内侧，一般需要用手电筒等照明工具照亮才能看到，极少情况筑于茶地灌丛。巢材为大量的苔藓、细枝、须根和枯草纤维。巢呈球形，或梨形，主要由苔藓和细根编织而成，内垫厚厚的一层苔藓，开口于顶端侧面。巢高12.5cm，外径10.8cm，底部内径8.6cm，端部内径4.5cm。每窝产卵3～6枚，卵大小12.9～15.9mm×10.5～11.7mm，重0.6～1.2g，纯白色，光滑无斑。雌雄亲鸟轮流孵卵，属晚成鸟。刚出壳的绒羽期雏鸟头被灰色短绒毛，喙基部浅黄色；针羽期针羽灰黑色；正羽期针羽羽鞘破开露出黄色和褐色相间的羽毛；齐羽期背部和翼膀为褐色羽带明显黄色羽缘，喉胸部灰色，头顶开始显现类似成年雌鸟的浅棕黄色顶冠纹。本种的巢和卵与宽阔水同域分布的比氏鹟莺和冠纹柳莺相似，三者的卵均为纯白色，但栗头鹟莺的巢几乎筑于塌陷的土坎内侧，巢周围几乎无植被且光线很暗，一般需要用手电筒等照明工具才能看到，这种特殊的微生境可以将其与另外两种区分开。据目前的研究记载，寄生栗头鹟莺的杜鹃包括大杜鹃、乌鹃、翠金鹃和巽他岛杜鹃（*Cuculus lepidus*），其中最后一种不在国内分布。寄生的杜鹃卵主要为纯白色，有些带斑点。除此之外，在宽阔水的栗头鹟莺也是中杜鹃、小杜鹃和八声杜鹃等中小型和小型杜鹃的潜在宿主。

60.7 保护现状

该物种被列入《世界自然保护联盟濒危物种红色名录》（IUCN 2022年）——无危（LC）。该物种分布范围广，不接近物种生存的脆弱濒危临界值标准（分布区域或波动范围小于

20000km²，栖息地质量，种群规模，分布区域碎片化）。种群数量趋势稳定，因此被评价为无生存危机的物种。

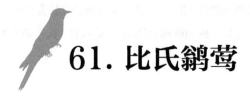

61. 比氏鹟莺

61.1 概述

比氏鹟莺（*Seicercus valentini*）体长9.5～12cm，属于小型鸣禽。头顶中央冠纹灰色或灰沾绿色，侧冠纹黑色，眼周金黄色。上体橄榄绿色，两翼和尾部暗褐色，大覆羽具窄的黄绿色尖端，在翼上形成不甚明显的翼斑，外侧两对尾羽内翈白色。比氏鹟莺是候鸟，其栖息在密集的高大树木组成树林中，为肉食性鸟类，主要食物来源是陆生无脊椎动物。

61.2 分类与分布

目名：雀形目（Passeriformes）

科名：柳莺科（Phylloscopidae）

属名：鹟莺属（*Seicercus*）

学名：*Seicercus valentini*

英文名：Bianchi's Warbler

比氏鹟莺属于雀形目柳莺科鹟莺属，曾作为金眶鹟莺（*Seicercus burkii*）的华南亚种，现为独立种，共有2个亚种，分别是*S. v. valentini*、*S. v. latouchei*。其中指名亚种*valentini*于1907年被Hartert首次记述，分布于中国。亚种*latouchei*于1929年被Bangs首次记述，分布于中国东南部和越南北部。比氏鹟莺2个亚种均在中国有分布。其中指名亚种*valentini*分布于陕西南部、甘肃南部、云南南部、四川。亚种*latouchei*分布于贵州、湖北北部、湖南、江西、上海、浙江、福建、广东、香港、澳门、广西。分布于贵州宽阔水的亚种为*latouchei*。

61.3 形态特征

雌雄羽色相似。其喙厚而阔，上喙暗灰色或黑色或褐色，下喙黄色，脚橙黄色或黄色。前额黄绿色或橄榄绿黑色，中央冠纹灰色或绿色，有的为灰色或沾橄榄绿色，侧冠纹灰色较淡，与脸部的橄榄绿色缺乏对比；耳羽头侧暗黄绿色或橄榄绿色，眼圈为完整的一圈黄色。背部、肩橄榄绿色，腰和尾部上覆羽稍淡；内侧翼上覆羽颜色同背部，其余翼上覆羽和飞羽暗褐色，羽缘橄榄绿色；大覆羽具窄的、不甚明显的淡黄色或黄绿色尖端，形成一道不明显的翼斑，有时缺失。翼具黄色翼斑。尾暗褐色，羽缘橄榄绿色，最外侧两侧的尾羽白色或大都白色。下体鲜黄色，两胁沾橄榄绿色。虹膜呈褐色或暗褐色，嘴厚而阔，上嘴暗灰色或角褐色或黑色，下嘴黄色，脚橙黄色或角黄色。大小量度：体重雄性5～9g，雌性7～9g；体长雄性95～115mm，雌性95～107mm；嘴峰雄性9～12mm，雌性9～10mm；翼长雄性49～58.5mm，雌性49～54.5mm；尾长雄性42.5～51mm，雌性43.5～45mm；跗跖长雄性16～18mm，雌性16.5～18mm。

61.4 栖息环境

繁殖期间主要栖息于海拔1700～3000m的混交林或常绿阔叶林，尤以林下灌木发达的溪流两岸的稀疏阔叶林和竹林中较常见，也栖息于混交林和针叶林。冬季多下到低山和山脚的次生阔叶林、林缘疏林和灌丛中。

61.5 生活习性

夏候鸟，除繁殖期间常单独或成对活动外，其他时候多呈小群，有时也见和其他柳莺与小鸟一起活动和觅食。常在林下灌丛中枝叶间跳跃觅食。常在林下快速飞捕昆虫。鸣声为悦耳的哨音，有1～2个起始音节，整体频率低于灰冠鹟莺和峨眉鹟莺，鸣声为短促的"diu"哨音。主要以昆虫为食。所吃食物主要有甲虫、金花甲、金龟甲、象鼻甲、叶跳蝉、蚂蚁、蟋蟀、蜂等昆虫和昆虫幼虫等。此外也吃昆虫卵和少量蜘蛛。

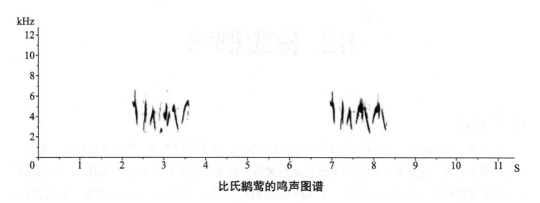

比氏鹟莺的鸣声图谱

61.6 繁殖方式

繁殖期5～7月。通常营巢于林下灌丛中地上或距地不高的灌丛与草丛上，也在山坡、土坎、岸边岩坡和岩石脚下营巢，巢附近均有灌木、草丛或小树隐蔽。在宽阔水的比氏鹟莺营巢于具植被覆盖的土坎土坡，极少情况筑于灌丛草丛。巢材主要为苔藓、枯草叶和枯草纤维，有时内垫棉絮。巢呈球形，主要由苔藓和杂草茎叶编织而成，侧面开口。大小为外径10～12.7cm×7.5～10cm，内径4～5cm×2.5～5cm，高7～14cm，深5～7.5cm。也有报道巢的形状为浅碟状，由茅草和苔藓铺垫而成，巢的大小为外径12～13.5cm，内径6.2～7cm，高5.8～6cm，深3.5～4.0cm。每窝产卵3～5枚，卵纯白色或浅土黄色，无斑纹。卵大小为

14.8～16.9mm×11.6～12.5mm，重1～1.3g。雌雄亲鸟轮流孵卵。刚出壳的绒羽期雏鸟头背部被灰色绒毛，喙基部黄色；针羽期针羽灰黑色；正羽期针羽羽鞘破开露出黄绿色和褐色羽毛；齐羽期背部和翼膀为褐色羽带黄绿色羽缘，喉胸腹部黄色，头顶开始显现类似成鸟的绿色和灰黑色顶冠纹。本种的巢和卵与宽阔水同域分布的栗头鹟莺和冠纹柳莺相似，三者的卵均为纯白色，但栗头鹟莺的巢几乎筑于塌陷的土坎内侧，巢周围几乎无植被且光线很暗，一般需要用手电筒等照明工具才能看到。而冠纹柳莺和比氏鹟莺的巢无论材料和生境都极为相似，均筑于土坎土坡斜面，且周围一般有茂密的植被，可通过观察孵卵的成鸟来确定种类。据目前的研究记载，寄生比氏鹟莺的杜鹃仅有翠金鹃1种，寄生的杜鹃卵为白色带棕褐色晕环。除此之外，在宽阔水比氏鹟莺还是中杜鹃、八声杜鹃、乌鹃和小杜鹃等中小型杜鹃的潜在宿主。

61.7 | 保护现状

该物种被列入《世界自然保护联盟濒危物种红色名录》（IUCN 2022年）——无危（LC）。该物种不接近物种生存的脆弱濒危临界值标准（分布区域或波动范围小于20000km²，栖息地质量，种群规模，分布区域碎片化）。种群数量趋势稳定，因此被评价为无生存危机的物种。全球种群未量化。在原产地属局域常见物种，但在某些区域少有分布。

62. 棕腹柳莺

62.1 | 概述

棕腹柳莺（*Phylloscopus subaffinis*）体长10～12cm，属于小型鸣禽。雌雄羽色相似。上体自额至尾部上覆羽，包括翼上内侧覆羽概呈橄榄褐色；腰和尾部上覆羽稍淡；飞羽、尾部羽及翼上外侧覆羽黑褐色，外缘以黄绿色。下体概呈棕黄色，但颏、喉较淡，两胁较深暗。虹膜褐色；上嘴黑褐色，下嘴淡褐色，基部富于黄色；跗跖暗褐色。栖息于海拔900～2800m的山地针叶林和林缘灌丛中，也栖息于低山丘陵和山脚平原地带的针叶林或阔叶疏林、灌丛和灌丛草甸。常单独或成对活动，非繁殖期亦成松散的小群。活跃于树枝间，性情很活泼。主要以毛虫、蚱蜢等鞘翅目、鳞翅目、直翅目等昆虫和昆虫的幼虫为食，也吃蝗虫、甲虫、蜘蛛等其他无脊椎动物性食物。主要分布于中国，仅冬季见于尼泊尔、缅甸、越南、老挝、柬埔寨和泰国西北部。

62.2 | 分类与分布

目名：雀形目（Passeriformes）

科名：柳莺科（Phylloscopidae）

属名：柳莺属（*Phylloscopus*）

学名：*Phylloscopus subaffinis*

英文名：Buff-throated Warbler

棕腹柳莺属于雀形目柳莺科柳莺属，无亚种分化。繁殖地位于中国温带地区，在东南亚地区越冬。在中国分布于山东、陕西南部、甘肃南部、新疆东部、青海东部和南部、云南、四川、重庆、贵州、湖北、湖南、安徽、江西、江苏、上海、浙江、福建、广东、广西。

62.3 │ 形态特征

棕腹柳莺雌雄羽色相似。上体自前额至尾部上覆羽，包括翼上内侧覆羽呈橄榄褐色或橄榄绿褐色，有的微沾棕，腰和尾部上覆羽稍淡。尾部稍圆，为圆尾。尾羽暗褐色或沙褐色，外翈羽缘橄榄褐色或橄榄绿色。翼暗褐色无翼斑，内侧覆羽同背部为橄榄褐色，外侧翼上覆羽暗褐色，外缘黄绿色或橄榄褐色。飞羽亦为暗褐色，外翈羽缘黄绿色或橄榄褐色。眉纹皮黄色或淡棕色，贯眼纹绿褐色或暗褐色，自眼先经眼至耳区。下体棕黄色，颏、喉较浅，两胁较暗，翼下覆羽皮黄色。虹膜褐色；上嘴黑褐色，下嘴淡褐色，基部富于黄色；跗跖暗褐色。大小量度：体重雄性5～10g，雌性5～10g；体长100～120mm；嘴峰雄性8～11mm，雌性7～11mm；翼长雄性48～62mm，雌性46～58mm；尾长雄性40～54mm，雌性39～53mm；跗跖长雄性17～21mm，雌性16～21mm。

62.4 │ 栖息环境

主要栖息于海拔900～2800m的山地针叶林和林缘灌丛中，也栖息于低山丘陵和山脚平原地带的针叶林或阔叶疏林、灌丛和灌丛草甸。

62.5 │ 生活习性

夏候鸟、旅鸟或冬候鸟。常单独或成对活动，非繁殖期亦成松散的小群。活跃于树枝间，性情很活泼。鸣声轻缓且细弱，似"tuee～tuee～tuee…"，叫声轻柔似蟋蟀振翼的"chrrup"或

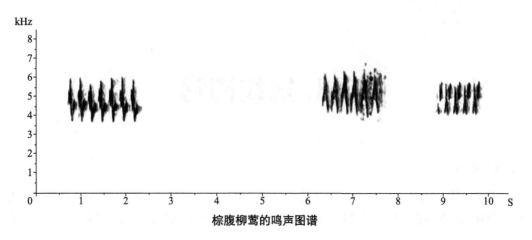

棕腹柳莺的鸣声图谱

"chrrip"声。食物全系昆虫，有甲虫、蠊甲、蚊、蝇及鞘翅目昆虫成虫或幼虫，包括有半翅目的蝽象，膜翅目的蚂蚁，双翅目的蝇类及鳞翅目和直翅目等昆虫。

62.6 | 繁殖方式

繁殖期5～8月。筑巢于幼龄杉树中、下层枝丫上，用藤本植物系于枝丫末端，或置于耕地间的草丛上，用数根草秆支架着，距地高一般0.3m左右。在宽阔水的棕腹柳莺营巢于茶地、灌丛和草丛。巢材为细枝和枯草纤维，内垫羽毛，有时巢外围有苔藓包裹。巢呈杯形，巢口开于侧面，用禾本科细草叶、根、茎或杂以苔藓筑成，内垫鸡毛。巢的大小分别为外径8.5～10.5cm，内径3.5～5.3cm，高9～13cm，深7～8cm。每窝产卵3～5枚，卵呈纯白色。卵大小为13.6～15.7mm×10.9～12.8mm，重0.7～1.2g。刚出壳的绒羽期雏鸟头被灰色短绒毛，喙基部黄色；针羽期针羽灰黑色；正羽期针羽羽鞘破开露出棕色羽毛；齐羽期羽色接近成鸟，背部、翼膀和头顶羽毛棕色，胸腹部棕黄色，棕黄色眉纹开始出现，但不明显。本种的巢生境与宽阔水同域分布的强脚树莺重叠，也同为侧开口并内垫羽毛，但巢材和卵色与强脚树莺不同，巢材为细的枯枝和草编织，卵纯白色，而强脚树莺巢材为枯草叶或竹叶，卵棕红色。另外，红头穗鹛也营侧开口巢于相似生境，巢材更类似强脚树莺也为竹叶或枯草叶，但巢内无羽毛垫底，卵则白色带有浅棕色斑点，有时斑点极少。据目前的研究记载，寄生棕腹柳莺的杜鹃仅有翠金鹃一种，寄生的杜鹃卵为白色带棕褐色晕环。除此之外，宽阔水的棕腹柳莺还是中杜鹃和小杜鹃的潜在宿主。

62.7 | 保护现状

该物种被列入国家林业和草原局2023年发布的《有重要生态、科学、社会价值的陆生野生动物名录》，列入《世界自然保护联盟濒危物种红色名录》（IUCN 2022年）——无危（LC）。该物种分布范围广，不接近物种生存的脆弱濒危临界值标准（分布区域或波动范围小于20000km²，栖息地质量，种群规模，分布区域碎片化）。种群数量趋势稳定，因此被评价为无生存危机的物种。

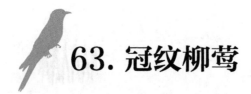

63. 冠纹柳莺

63.1 | 概述

冠纹柳莺（*Phylloscopus claudiae*）体长11cm，属于小型鸣禽。上体橄榄绿色，头顶呈灰褐色，中央冠纹淡黄色；翼上具两道淡黄绿色翼斑；下体白色微沾灰色。冠纹显著，翼上有两道淡黄色翼斑；第2枚飞羽长度介于第7、8枚之间，尾部下覆羽和下体余部的色泽不呈明显的黄色和白色的对比。虹膜暗褐色；上嘴褐色，下嘴褐色；脚黄色。栖息于海拔4000m以下针叶林、针阔叶混交林、常绿阔叶林和林缘灌丛地带。成对或单只活动外，多见3~5只成小群活动于树冠层，以及林下灌、草丛中，尤其在河谷、溪流和林缘疏林灌丛及小树丛中常见。以昆虫为食。分布于中国、巴基斯坦、尼泊尔、印度、孟加拉国和缅甸等地。

63.2 | 分类与分布

目名：雀形目（Passeriformes）

科名：柳莺科（Phylloscopidae）

属名：柳莺属（*Phylloscopus*）

学名：*Phylloscopus claudiae*

英文名：Claudia's Leaf Warbler

冠纹柳莺属于雀形目柳莺科柳莺属，原属于西南冠纹柳莺（*Phylloscopus reguloides*）的一个亚种，现独立为新种，无亚种分化。仅在中国分布，分布范围包括北京、河北、山西东南部、陕西东南部、宁夏、甘肃南部、云南、四川北部、贵州、湖北、湖南、江西、福建、台湾。

63.3 | 形态特征

上体概呈橄榄绿色；头顶较暗，稍沾灰黑色，中央冠纹淡黄色；眉纹长而明显，呈淡黄色；一条自鼻孔，穿过眼睛，向后延伸至枕部的贯眼纹，呈暗褐色；颊和耳羽淡黄和暗褐色相杂；翼和尾羽黑褐色，各羽外翈边缘与背部同色；最外侧两对尾羽的内翈具白色狭缘；大覆羽和中覆羽的尖端淡黄绿色，形成两道翼上翼斑。下体白色，微沾灰色，胸部稍缀以黄色条纹；尾部下覆羽为沾黄的白色。雌雄两性羽色相似。虹膜暗褐色；上嘴褐色，下嘴褐色；脚黄色。大小量度：体重雄性6~10g，雌性6~10g；体长雄性95~118mm，雌性99~112mm；嘴峰雄性7~12mm，雌性8~11mm；翼长雄性56~63mm，雌性56~63mm；尾长雄性42~50mm，雌性40~50mm；跗跖长雄性17~21mm，雌性17~19mm。指名亚种外部特征为上体呈沾灰的橄榄绿色；头顶较暗褐而沾灰色，中央隐现一淡黄色冠纹，在头的后面较明显；大覆羽和中覆羽尖端淡黄绿色，形成两道翼上翼斑。下体呈沾灰的白色，胸部略具黄色条纹。

63.4 | 栖息环境

栖息于海拔3500m以下的山地针叶林、针阔叶混交林、常绿阔叶林和林缘灌丛地带。秋冬季节下移到低山或山脚平原地带。

63.5 | 生活习性

夏候鸟或旅鸟，除繁殖季节成对或单只活动外，多见3~5只成小群活动或和其他柳莺混群觅食，多活动在树冠层、林下灌丛、草丛中，尤其在河谷、溪流和林缘疏林灌丛及小树丛中常见。食物主要以昆虫和昆虫幼虫为食。如鞘翅目（金龟甲、瓢甲、金花甲、蜷甲等），鳞翅目（毛虫等），膜翅目（蚂蚁、蜂等），双翅目（蝇等），同翅目和革翅目等昆虫。冠纹柳莺的鸣声似山雀的"chi chi pit～chew pit～chew"声，后转成似鹪鹩的颤音。叫声为重复的响亮两音节"pit～cha"或三音节"pit～chew～a"声。

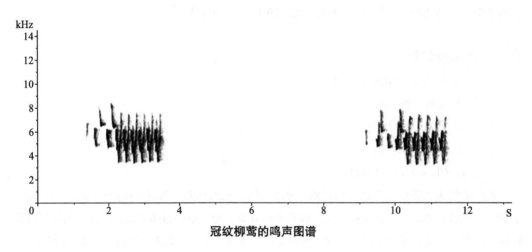

冠纹柳莺的鸣声图谱

63.6 | 繁殖方式

繁殖期5～7月。营巢于海拔2400～3000m的林缘和林间空地等开阔地带的岸边陡坡岩穴或树洞中。通常营巢于由苔藓、蕨类植物、林木隐蔽很好的岸上的洞穴中，有时营巢于原木或树上的洞中。在宽阔水的冠纹柳莺营巢于土坎，巢材为大量的苔藓加枯草纤维，内垫棉絮。巢侧开口，内径2.5～4cm，深5.5～7cm，由绿色的苔藓构成精致的球形，有时还增添枯叶和地衣，内垫柔软的植物纤维或偶见有羽毛。每窝产3～5枚卵，卵呈白色，无斑点。卵大小为13.4～16.2mm×11.4～12.1mm，重0.9～1.2g。双亲共同孵卵，雌鸟承担更多的孵卵工作。刚出壳的绒羽期雏鸟头背部被灰色短绒毛，喙基部黄色；针羽期针羽灰黑色。本种的巢和卵与宽阔水同域分布的比氏鹪莺和栗头鹪莺相似，三者的卵均为纯白色，但栗头鹪莺的巢几乎筑于塌陷的土坎内侧，巢周围几乎无植被且光线很暗，一般需要用手电筒才能看到，而冠纹柳莺和比氏鹪莺的巢无论材料和生境都极为相似，均筑于土坎土坡斜面，且周围一般有茂密的植被，可通过观察孵卵的成鸟来确定这两者的种类。据目前的研究记载，寄生冠纹柳莺的杜鹃包括大杜鹃、小杜鹃、翠金鹃和巽他岛杜鹃（*Cuculus lepidus*），其中最后一种杜鹃不在国内分布。寄生的大杜鹃和小杜鹃卵多为白色无斑点，翠金鹃卵为白色带棕褐色晕环。除此之外，在宽阔水的冠纹柳莺还是中杜鹃和乌鹃的潜在宿主。

63.7 | 保护现状

该物种被列入国家林业和草原局2023年发布的《有重要生态、科学、社会价值的陆生野生动物名录》，列入《世界自然保护联盟濒危物种红色名录》（IUCN 2022年）——无危（LC）。该物种分布范围广，不接近物种生存的脆弱濒危临界值标准（分布区域或波动范围小于20000km²，栖息地质量，种群规模，分布区域碎片化）。种群数量趋势稳定，因此被评价为无生存危机的物种。

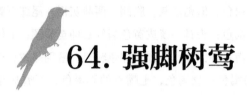

64. 强脚树莺

64.1 | 概述

　　强脚树莺（*Horornis fortipes*）体长11～12.5cm，属于小型鸣禽。暗褐色树莺，具形长的皮黄色眉纹，下体偏白而染褐黄。与日本树莺相似，但跗跖长一般不及23mm。虹膜褐色或淡褐色；嘴褐色，上嘴有的黑褐色，下嘴基部黄色或暗肉色；脚肉色或淡棕色。叫声：鸣声为持续的上升音"weee"接爆破声"chiwiyou"。也作连续的"tack tack"。嗜食昆虫，主要有鳞翅目昆虫、甲虫、金龟甲、步行甲、叩头甲、象甲及膜翅目、鞘翅目和双翅目的昆虫及其幼虫，亦兼食一些植物性食物，如野果和杂草种子等。分布于尼泊尔、不丹、印度（北部和阿萨姆邦）和缅甸等地。

64.2 | 分类与分布

　　目名：雀形目（Passeriformes）

　　科名：树莺科（Cettiidae）

　　属名：树莺属（*Horornis*）

　　学名：*Horornis fortipes*

　　英文名：Brownish-flanked Bush-warbler

　　强脚树莺属于雀形目树莺科树莺属，共4个亚种，分别是*H. f. fortipes*、*H. f. robustipes*、*H. f. pallidus*、*H. f. davidianus*。其中指名亚种*fortipes*于1845年首次被Hodgson记述，分布于喜马拉雅东部和中国西南至缅甸北部的地区。亚种*robustipes*于1866年首次被Swinhoe记述，分布于中国台湾省。亚种*pallidus*于1871年首次被Brooks记述，分布于喜马拉雅西部至尼泊尔西部地区。亚种*davidianus*于1871年首次被Verreaux记述，分布于中国中部至印度尼西亚的北部地区。强脚树莺在中国共3个亚种。分别为*H. f. fortipes*、*H. f. robustipes*、*H. f. davidianus*。其中指名亚种*fortipes*分布于西藏南部、云南西部。*robustipes*分布于台湾。*davidianus*分布于北京、河南、山西、陕西南部、甘肃南部、云南东南部、四川、重庆、贵州、湖北、湖南、安徽、江西、江苏、上海、浙江、福建、广东、香港、广西。分布于贵州宽阔水的亚种为*davidianus*。

64.3 | 形态特征

强脚树莺雌雄两性羽色相似。上体概橄榄褐色，自前向后逐渐转淡；腰和尾部上覆羽深棕褐色；自鼻孔向后延伸至枕部的细长而不明显的眉纹，呈淡黄色；眼周淡黄色；自嘴向后伸至颈部的贯眼纹，呈暗褐色；颊和耳上覆羽棕色和褐色相混杂；尾羽和飞羽暗褐色，外翈边缘与背部同色。颊、喉及腹部中央白色，但稍沾灰；胸侧、两胁灰褐；尾部下腹羽黄褐色。指名亚种和华南亚种不同，上体暗棕褐色；头具一淡皮黄色眉纹延伸至后颈；下体淡棕色，胸、两胁和下腹棕色较浓。该亚种与华南亚种比较，下体淡棕色较显，腋羽的黄色亦较浓。嘴稍长，而翼和尾部较短。虹膜褐色或淡褐色；嘴褐色，上嘴有的黑褐色，下嘴基部黄色或暗肉色；脚肉色或淡棕色。大小量度：体重雄性9~14g，雌性7~11g；体长雄性106~130mm，雌性100~120mm；嘴峰雄性9.5~12mm，雌性10~11mm；翼长雄性52~56mm，雌性47~55mm；尾长雄性48~58mm，雌性43~51mm；跗跖长雄性21~24mm，雌性19~12mm。

64.4 | 栖息环境

主要栖息于海拔1600~2400m高度阔叶林树丛和灌丛间，在草丛或绿篱间也常见到。冬季也出没于山脚和平原地带的果园、茶园、农耕地及村舍竹丛或灌丛中。

64.5 | 生活习性

多数为留鸟，不迁徙，部分冬季游荡。常单独或成对活动，性胆怯而善于藏匿，总是偷偷摸摸的躲在林下灌丛或草丛中活动和觅食，一般难以见到，不善飞翔，常敏捷的在茂密的灌丛枝叶间不停地跳跃穿梭或在地面奔跑。迫不得已时也起飞，但通常飞不多远又落下。活动时常发出"zhe、zhe、zhe"的叫声，常常只闻其声，不见其影。春夏之间常作"er~jinsui"或"er~jinsui qi"的叫声，清脆而洪亮，从早到晚久鸣不休。主要以昆虫和昆虫幼虫为食，包括金龟甲、步行虫、叩头虫等鞘翅目、膜翅目、双翅目等，此外也吃少量的植物果实、种子和草籽。

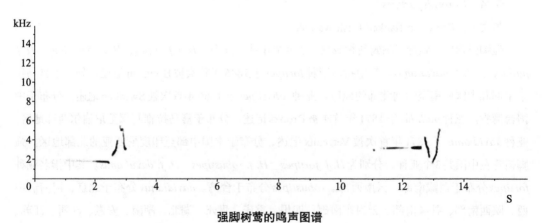

强脚树莺的鸣声图谱

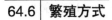

64.6 | 繁殖方式

繁殖期5～8月。巢筑于草丛和灌丛上，距地面高0.7～1.0m。巢呈杯形，巢口位于侧面，用草叶、草茎、草穗或树皮筑成，内垫以细草茎和羽毛。在宽阔水的强脚树莺营巢于茶地、灌丛和草丛。巢材为枯草叶或竹叶加细枝和枯草纤维，内垫羽毛。巢的大小为外径6.5～8cm，内径3～7cm，深3～8cm，高13～15cm。每窝产卵3～5枚，多为4枚，椭圆形，呈纯咖啡棕红色至酒红色，微具暗色斑点。卵大小为16.0～18.1mm×12.6～13.8mm，重0.9～1.9g。孵卵主要由雌鸟承担，雄鸟常在巢附近鸣叫和警戒。雏鸟晚成性。刚出壳的绒羽期雏鸟头被灰黑色长绒毛，喙基部浅黄色；针羽期针羽灰黑色；正羽期针羽羽鞘破开露出棕褐色羽毛；齐羽期背部和翼膀羽毛棕褐色，胸腹部皮黄色。本种的巢生境与宽阔水同域分布的棕腹柳莺重叠，也同为侧开口并内垫羽毛，但巢材和卵色与棕腹柳莺不同，巢材为枯草或竹叶，卵棕红色，而棕腹柳莺巢以细的枯枝和草编织，卵纯白色。刚出壳的强脚树莺雏鸟绒毛为灰黑色且长于棕腹柳莺的灰色短绒毛，齐羽期两者雏鸟羽色很相似，但棕腹柳莺雏鸟可见不明显皮黄色眉纹，而强脚树莺刚进入齐羽期雏鸟头上还具有明显的长绒毛。另外，红头穗鹛也营侧开口巢于相似生境，巢材也为竹叶或枯草叶，但巢内无羽毛垫底，卵则为白色带有浅棕色斑点，有时斑点极少。据目前的研究记载，寄生强脚树莺的杜鹃包括大杜鹃、小杜鹃、鹰鹃、霍氏鹰鹃、翠金鹃、巽他岛杜鹃（ *Cuculus lepidus* ），其中小杜鹃的寄生卵与强脚树莺相似，为咖啡棕红色，翠金鹃卵为白色带棕褐色晕环，有些杜鹃种类的寄生卵色型未知。强脚树莺主要是小型和中小型杜鹃的潜在宿主。

64.7 | 保护现状

该物种被列入《世界自然保护联盟濒危物种红色名录》（IUCN 2022年）——无危（LC）。该物种分布范围广，不接近物种生存的脆弱濒危临界值标准（分布区域或波动范围小于20000km²，栖息地质量，种群规模，分布区域碎片化）。种群数量趋势稳定，因此被评价为无生存危机的物种。

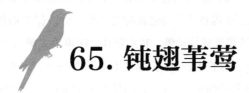

65. 钝翅苇莺

65.1 | 概述

钝翅苇莺（ *Acrocephalus concinens* ）体长12～14cm，属于小型鸣禽。雌雄两性羽色相似。上体为橄榄棕褐色，腰及尾部上覆羽棕色更显；眉纹污黄；耳羽，体侧淡茶黄色；飞羽和尾羽褐色，外翈缘以淡棕色；颏、喉及腹部中央乳黄色；下体余部淡皮黄色。虹膜褐色；上嘴黑褐色，下嘴淡黄色；脚棕黄色。栖于芦苇地；也栖于低山的高草地，鸣声刺耳。在中国，主要分

布于河北、陕西、湖北、江西、广西、山东、江苏、四川、贵州、云南、福建、广东等地。该
物种的模式产地在北京。

65.2 | 分类与分布

目名：雀形目（Passeriformes）

科名：苇莺科（Acrocephalidae）

属名：苇莺属（*Acrocephalus*）

学名：*Acrocephalus concinens*

英文名：Blunt-winged Warbler

钝翅苇莺属于雀形目苇莺科苇莺属，共有3个亚种，分别是*A. c. concinens*、*A. c. haringtoni*、
A. c. stevensi。其中指名亚种*concinens*为Swinhoe于1870年首次记述，其繁殖区位于中国，越
冬于缅甸和泰国。亚种*haringtoni*由Witherby于1920年首次记述，分布于阿富汗到印度西北部；
亚种*stevensi*于1922年被Baker首次记述，分布于在印度东北部，孟加拉国和缅甸境内。钝翅苇
莺在中国仅有指名亚种*concinens*，分布于北京、河北、山东、河南、山西、陕西南部、甘肃南
部、西藏东部、云南西部、四川、重庆、贵州、湖北、湖南、安徽、江西、上海、浙江、广东、
广西。

65.3 | 形态特征

中等体型的单调棕褐色无纵纹苇莺。两翼短圆，白色的短眉纹几不及眼后。上体深橄榄
褐色，腰及尾部上覆羽棕色。具深褐色的过眼纹但眉纹上无深色条带。下体白，胸侧、两胁
及尾部下覆羽沾皮黄。与稻田苇莺及远东苇莺的区别在眉纹较短，且无第二道上眉纹。钝翅苇
莺雌雄两性羽色相似。上体为橄榄棕褐色，腰和尾部上覆羽较淡。两翼和尾部黑褐色，外翈羽
缘淡棕褐色，第一枚初级飞羽12cm；第二枚初级飞羽位于第八、第九和第十枚之间或等于第
八、第九和第十枚。眉纹皮黄色具不明显的黑褐色贯眼纹，耳羽，颈侧棕褐色。飞羽和尾部羽
褐色，颏、喉和上胸白色，下胸和腹亦为白色而缀有皮黄色，两胁和尾部下覆羽棕黄色，两胁
稍暗。冬羽下体更白，下体更多土褐色或灰褐色而棕色较少。虹膜橄榄褐色或榛色，上嘴黑褐
色，下嘴淡黄色或粉黄色；脚淡褐色或棕黄色。鸣声刺耳，叫声为震颤的"thrrak"或"tschak"
声。大小量度：体重雄性10g，雌性8g；体长雄性122～126mm，雌性123mm；嘴峰雄性
9～12mm，雌性10～11mm；翼长雄性52～56mm，雌性50～52mm；尾长雄性52～59mm，雌性
49～51mm；跗跖长雄性21～23mm，雌性20～22mm。

65.4 | 栖息环境

主要栖息于海拔1200m以下的低山丘陵和山脚平原等开阔地带的灌丛与草丛中，也栖息于
山边和林缘地带的灌丛和草丛，尤其喜欢湖边、河岸、苇塘和沼泽等水域和水域附近的灌丛、
芦苇丛和杂草丛，有时甚至出现在田边和村寨附近的灌丛和草丛。

65.5 生活习性

在中国主要为夏候鸟，部分冬候鸟。每年5月中下旬迁来中国繁殖，10～11月开始南迁。主要栖息于低山丘陵和山脚平原等开阔地带的灌木丛与草丛中，尤以湖边、河流、苇塘和沼泽等水域附近的芦苇丛和杂草丛中较常见。常单独或成对活动，性隐蔽，行动敏捷，常隐匿在芦苇和草丛中。灵巧地在直立的芦苇茎和草茎上跳跃，攀缘和飞来飞去。除繁殖期间常站在芦苇和草茎顶端鸣叫外，其他时候很少到芦苇和草丛上面活动。主要以毛虫、蚱蜢等鞘翅目、鳞翅目、直翅目等昆虫和昆虫的幼虫为食，也吃蝗虫、甲虫、蜘蛛等其他无脊椎动物性食物。

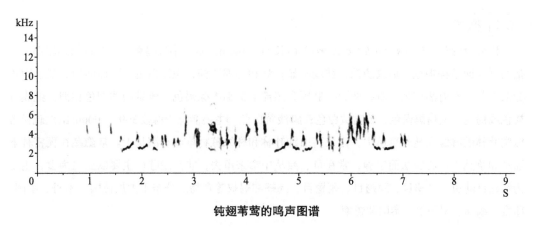

钝翅苇莺的鸣声图谱

65.6 繁殖方式

繁殖期6～8月。通常营巢于水边或山边苇丛、灌丛与草丛中。巢多固定在离地不高的几株植物茎上。巢呈深杯状，主要由枯草茎叶构成，内垫有细草茎，有时还垫有苔藓和兽毛。在宽阔水的钝翅苇莺营巢于草丛、茶地和灌丛。巢材为少量苔藓、枯草、芒絮和枯草纤维。钝翅苇莺每窝产卵2～4枚，白色底布橄榄褐色斑点，钝端较密集。卵的大小为16.1～17.8mm×12.4～13.4mm，重1.2～1.7g。刚出壳的绒羽期雏鸟光秃无绒毛，喙基部浅黄色；针羽期针羽灰黑色；正羽期针羽羽鞘破开露出棕色羽毛；齐羽期身体羽毛棕色。本种的巢大小和结构与宽阔水同域分布的灰喉鸦雀相似，但卵色相差很大，钝翅苇莺为白色带橄榄褐色斑点，而灰喉鸦雀为白色至青蓝色纯色卵。两者的绒羽期雏鸟均光秃无毛，但喙的形态不同，灰喉鸦雀的喙为鹦嘴状。据目前的研究记载，国内外尚无杜鹃寄生钝翅苇莺的记录。宽阔水的钝翅苇莺是中杜鹃、小杜鹃、八声杜鹃、翠金鹃等中型和小型杜鹃的潜在宿主。

65.7 保护现状

该物种被列入《世界自然保护联盟濒危物种红色名录》（IUCN 2022年）——无危（LC）。该物种分布范围广，不接近物种生存的脆弱濒危临界值标准（分布区域或波动范围小于20000km^2，栖息地质量，种群规模，分布区域碎片化）。种群数量趋势稳定，因此被评价为无生存危机的物种。

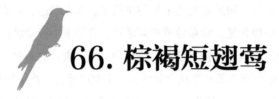

66. 棕褐短翅莺

66.1 | 概述

棕褐短翅莺（*Locustella luteoventris*）体长11～14cm，属于小型鸣禽。上体自额到尾部，包括两翼表面暗棕褐色；眉纹淡棕，前端不显；颊和耳羽淡棕，缀以白色。下体的颏、喉、腹均为灰白色，有时沾棕色；胸、两胁、肛周和尾部下覆羽淡棕褐色。雌雄两性羽色相似。虹膜红褐色或褐色；上嘴黑褐色，下嘴黄白色；脚淡黄白色。主要栖息于海拔390～3000m山地疏松常绿阔叶林的林缘灌丛与草丛中，以及高山针叶林和林缘疏林草坡与灌丛中。常隐藏在稠密林下灌丛和草丛中。心胆怯而宁静，常在草、灌丛中窜来窜去，非常隐蔽。主要以昆虫为食，主要为鳞翅目幼虫、半翅目、膜翅目、鞘翅目、蟋蟀和蚂蚁等食物。分布于孟加拉国、不丹、中国、印度、缅甸、尼泊尔、泰国和越南。

66.2 | 分类与分布

目名：雀形目（Passeriformes）

科名：蝗莺科（Locustellidae）

属名：蝗莺属（*Locustella*）

学名：*Locustella luteoventris*

英文名：Brown Bush Warbler

棕褐短翅莺属于雀形目蝗莺科蝗莺属，以往被分类为莺科短翅莺（*Bradypterus*）属，后归入蝗莺科蝗莺属，无亚种分化，分布于孟加拉国、不丹、中国、印度、缅甸、尼泊尔、泰国和越南。在中国分布于北京、天津、河北、河南、陕西南部、西藏、青海、云南、四川、重庆、贵州、湖北、湖南、江西、浙江、福建、广东、广西、香港、海南。

66.3 | 形态特征

雌雄羽色相似。上体棕褐色，腰和尾部上覆羽稍淡。眉纹短而不明显、皮黄色或淡棕色，眼周淡皮黄色，在有些标本形成明显的淡皮黄色眼圈；颊和耳覆羽淡棕色具淡色或白色羽轴纹；头侧和颈侧较背部淡而沾黄。两翼和尾部与背部相似亦为棕褐色、但尾部较暗，外翈较淡，内翈较深且具不甚明显的明暗相间横斑，第二枚飞羽和第十枚飞羽等长。颏、喉、下胸和腹部中央白色或淡灰白色，亦有为黄白色。上胸、两胁、肛周和尾部下覆羽均为棕色或淡棕褐

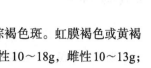

色，尾部下覆羽羽缘或多或少沾白色。个别标本颏、喉和上胸均具棕褐色斑。虹膜褐色或黄褐色，上嘴黑褐色。下嘴黄白色，脚肉色或黄褐色。大小量度：体重雄性10～18g，雌性10～13g；体长雄性119～140mm，雌性124～130mm；嘴峰雄性10～12mm，雌性9～10mm；翼长雄性49～54mm，雌性50～51mm；尾长雄性55～65mm，雌性53～60mm；跗跖长雄性17～21mm，雌性18～21mm。

66.4 │ 栖息环境

主要栖息于海拔390～3000m山地疏松常绿阔叶林的林缘灌丛与草丛中，以及高山针叶林和林缘疏林草坡与灌丛中。冬季下迁至海拔390～1200m山脚，甚至到山寨庭院的小树丛中。繁殖季节见于海拔1200～3000m高山针叶林和林缘疏松草坡与灌丛中。常隐藏在稠密林下灌丛和草丛中。

66.5 │ 生活习性

留鸟，心胆怯而宁静，常在草、灌丛中窜来窜去，非常隐蔽，偶尔发出低微的叫声，只闻其声，不见其影。繁殖期间雄鸟有时亦站在灌丛和草丛顶端鸣唱，但鸣声甚低弱，似昆虫鸣叫。叫声包括不停顿的"tic～tic～tic～tic～tic"声，警报声为"tick…tick"声。鸣声似"creee～ut～creee～ut"的声音。主要以昆虫为食。食物为鳞翅目幼虫、半翅目、膜翅目、鞘翅目、蟋蟀和蚂蚁、小型无脊椎动物等。

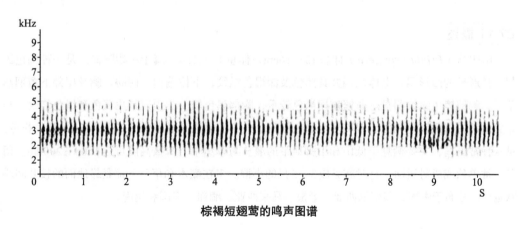

棕褐短翅莺的鸣声图谱

66.6 │ 繁殖方式

繁殖期4～7月。通常营巢于距地面1m高的草丛和灌丛中，巢主要由枯草茎、草叶等构成，内垫以细草茎、须卷等。在宽阔水的棕褐短翅莺营巢于草丛、灌丛和茶地，巢材为枯草加枯草纤维。巢呈深杯状或半球形，巢高约12cm，外径7.5cm，内径4～6cm，深3～6cm。窝卵数3～5枚，卵多为钝卵圆形，白色至淡粉红色，缀以紫红色、浅红褐斑点或块斑，尤以钝端密集。卵的大小为16.2～19.6mm×12.8～14.9mm，重1.2～2.1g。雌雄亲鸟共同负责轮流孵卵和育雏工作。孵化期12～13天。雏鸟晚成性。刚出壳的绒羽期雏鸟头背部被灰色长绒毛，喙基部黄色；针羽期针羽灰黑色；正羽期针羽羽鞘破开露出棕色羽毛；齐羽期身体羽毛棕色。宽阔水的高山短翅莺可能与其同域繁殖，而且其巢和卵可能高度相似，可于查巢时观察孵卵成鸟的特征，特别留意成鸟胸部是否有黑色纵纹，以确定种类。据目前的研究记载，寄生棕褐短翅莺的杜鹃有大杜鹃、乌鹃和叉尾乌鹃（*Surniculus dicruroides*），其中最后一种不在国内分布。寄生的杜鹃卵应具有斑点。除此之外，在宽阔水棕褐短翅莺还是中杜鹃和小杜鹃的潜在宿主。

66.7 | 保护现状

该物种被列入《世界自然保护联盟濒危物种红色名录》（IUCN 2022年）——无危（LC）。该物种分布范围广，不接近物种生存的脆弱濒危临界值标准（分布区域或波动范围小于20000km²，栖息地质量，种群规模，分布区域碎片化）。种群数量趋势稳定，因此被评价为无生存危机的物种。

67. 山鹪莺

67.1 | 概述

山鹪莺（*Prinia crinigera*）体长13～16cm，体重10～15g，属于小型鸣禽。是一种褐色鹪莺。具形长的凸形尾；上体灰褐并具黑色及深褐色纵纹；下体偏白，两胁、胸及尾部下覆羽沾茶黄，胸部黑色纵纹明显。非繁殖期褐色较重，胸部黑色较少，顶冠具皮黄色和黑色细纹。与非繁殖期的褐山鹪莺相似，但胸侧无黑色点斑。虹膜浅褐色，嘴黑色（冬季褐色），脚偏粉色。是一种常见鸟，主要栖息于低山和山脚地带的灌丛与草丛中，海拔高度可达1500～2000m。留鸟。常单独或成对活动，有时亦见成3～5只的小群。多在灌木和草茎下部紧靠地面的枝叶间跳跃觅食。分布于中国、印度尼西亚、老挝、马来西亚、缅甸、泰国和越南。

67.2 | 分类与分布

目名：雀形目（Passeriformes）

科名：扇尾莺科（Cisticolidae）

属名：鹪莺属（*Prinia*）

学名：*Prinia crinigera*

英文名：Striated Prinia

山鹪莺属于雀形目扇尾莺科鹪莺属，包括5个亚种，均在中国分布，分别是 *P. c. catharia*、

P. c. parumstriata、*P. c. parvirostris*、*P. c. striata*、*P. c. crinigera*。其中指名亚种 *crinigera* 分布于西藏东南部。亚种 *striata* 分布于台湾。亚种 *catharia* 的分布从印度东北部到缅甸和中国中南部，在国内分布于河南南部、陕西、甘肃东南部、西藏、云南西北部、四川、重庆、贵州、湖北、湖南、安徽、江西和江苏。亚种 *parumstriata* 广泛分布于华中至东南沿海地区，包括四川、贵州、湖南、安徽、江西、江苏、上海、浙江、福建、广东、澳门和广西。亚种 *parvirostris* 分布于云南。分布于贵州宽阔水的亚种为 *catharia*。也有研究建议将原山鹪莺部分亚种提升为独立种 Swinhoe's Prinia（*Prinia striata*），包括 *catharia* 亚种（分布于中国中部、中南、西南各省）、*parumstriata* 亚种（分布于中国东南部各省）、*striata* 亚种（分布于中国台湾），保留中文名山鹪莺。将 *P. crinigera* 中文名修订为喜山山鹪莺，中国分布的亚种包括 *crinigera*（西藏南部）、*yunnanensis*（西藏东南部、云南西部）、*bangsi*（云南东南部）。

67.3 | 形态特征

　　山鹪莺雌雄羽色相似。夏羽上体栗褐色或暗褐色、具灰色或棕灰色或橄榄黄色羽缘，因而使每片羽毛形成暗色条纹或斑纹。下背部、腰和尾部上覆羽纵纹不明显或无暗色中央条纹或斑纹，羽色多为棕褐。尾部较长呈凸状，外侧尾羽渐次缩短，尾部羽淡褐色或棕褐色、具黑褐色羽干纹，除中央一对尾羽外，其余尾羽具淡棕色或棕白色尖端，有的还具不明显的横斑或黑色亚端斑。两翼覆羽和飞羽黑褐色，羽缘深棕褐色或棕色。眼先黑色，眼周、颊和耳覆羽上部暗褐色，下颊和耳覆羽下部淡棕褐色。下体白色沾棕或棕白色，两胁和尾部下覆羽棕色或淡棕色冬羽尾部较夏羽显著为长，上体较棕褐色具黑色纵纹。虹膜橘黄色，嘴黑色，脚棕黄色。大小量度：体重雄性10～15g，雌性10～13g；体长雄性13.5～15.8cm，雌性13.1～16.6cm；嘴峰雄性9～12.5mm，雌性9～11mm；翼长雄性4.7～5.2cm，雌性4.3～4.9cm；尾长雄性7.2～11.1cm，雌性7.3～9.8cm；跗跖长雄性1.9～2.1cm，雌性1.8～2cm。

67.4 | 栖息环境

　　主要栖息于低山和山脚地带的灌丛与草丛中，尤以山边稀树草坡、农田地边以及居民点附近等开阔地带的灌丛和草丛中较常见，也出没于亚热带常绿阔叶林和松林林缘灌丛、草地、湖边及河岸灌丛、草丛和芦苇丛，海拔高度夏天有时可上到1500～2000m。

67.5 | 生活习性

　　留鸟，常单独或成对活动，有时亦见成3～5只的小群。多在灌木和草茎下部紧靠地面的枝叶间跳跃觅食，有时也栖于灌木顶端。尾部常常向背部垂直翘起，并从一边扭转向另一边。飞翔力弱，一般不做长距离飞行。鸣声为一连串单调的两三或四声刺耳喘息声，似锯片被磨刀石打磨的声音。叫声为偏高的"tchack、tchack"。主要以鞘翅目、鳞翅目、直翅目、膜翅目等昆虫和昆虫幼虫为食。

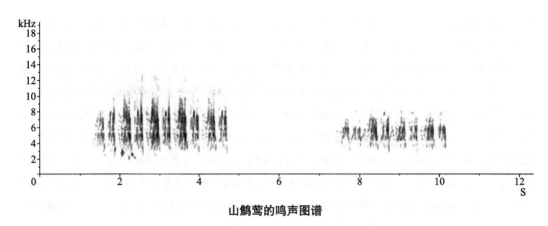

山鹟莺的鸣声图谱

67.6 | 繁殖方式

繁殖期4~7月。营巢活动由雌雄亲鸟共同承担，通常营巢于草丛中，巢多筑于粗的草茎上，也有在低矮的灌木下部营巢的。由于有草丛和灌丛的隐蔽，巢一般不易见到。巢呈椭圆形或圆形，开口在靠近顶端侧面。巢的外层主要由竹叶、茅草、苔藓和混杂以蜘蛛网构成，内层用禾本科果穗、棕丝和山羊毛等衬垫，巢置于小灌木上，距地高0.4m，非常隐蔽。巢的大小为外径7.4~11cm，内径4.5~5cm，高6.5cm，深5~6cm。通常每窝产卵4~6枚，也有小至3枚和多至7枚的。卵为卵圆形，粉色底密布红褐色细纹，钝端形成晕环。卵的大小为15.3~16.2mm×11.8~12.3mm，重1.1~1.3g。雌雄亲鸟轮流孵卵，孵化期10~11天。雏鸟晚成性，雌雄亲鸟共同育雏。在宽阔水的山鹟莺营巢于草丛。巢材为枯草和大量芒絮编织而成，内垫棉絮。刚出壳的绒羽期雏鸟光秃无绒毛，喙基部黄色；针羽期针羽灰黑色；正羽期针羽羽鞘破开露出棕褐色羽毛。本种的巢结构和生境与宽阔水同域分布的纯色鹟莺相似，但巢材和卵色差异大，山鹟莺的巢具有大量的芒絮和棉絮，卵为粉色密布红褐色细纹，并在钝端形成晕带，而纯色鹟莺的巢材为枯草细丝，卵淡绿色带棕褐色大斑点。据目前的研究记载，寄生山鹟莺的杜鹃包括大杜鹃、八声杜鹃和灰腹杜鹃（*Cacomantis passerinus*），其中最后一种不在国内分布。除此之外，宽阔水的山鹟莺还是小杜鹃的潜在宿主。

67.7 | 保护现状

该物种已被列入《世界自然保护联盟濒危物种红色名录》（IUCN 2022年）——无危（LC）。该物种分布范围广，不接近物种生存的脆弱濒危临界值标准（分布区域或波动范围小于20000km²，栖息地质量，种群规模，分布区域碎片化）。种群数量趋势稳定，因此被评价为无生存危机的物种。

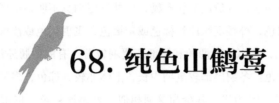

68. 纯色山鹪莺

68.1 | 概述

纯色山鹪莺（*Prinia inornata*）体长11～14cm，属于小型鸣禽。又叫作褐头鹪莺、纯色鹪莺。夏羽上体灰褐色，头顶较深，额沾棕，具一短的棕白色眉纹，飞羽褐色，羽缘红棕色。尾长，呈凸状，外侧尾羽依次向中央尾羽明显缩短、灰褐色具不明显的黑色亚端斑和白色端斑。下体淡皮黄白色。冬羽尾部较长，上体红棕褐色，下体淡棕色。背部色较浅且较褐山鹪莺色单纯。栖息于草丛、芦苇地、沼泽、农田、果园和村中附近的草地、灌丛中。是田园间常见的一种鸟类，以虫为食，是一种益鸟。分布于中国、巴基斯坦、印度、尼泊尔、锡金、孟加拉国、缅甸、泰国和中南半岛。

68.2 | 分类与分布

目名：雀形目（Passeriformes）

科名：扇尾莺科（Cisticolidae）

属名：鹪莺属（*Prinia*）

学名：*Prinia inornata*

英文名：Plain Prinia

纯色山鹪莺属于扇尾莺科鹪莺属，分布于印度次大陆及中国的西南地区（包括印度、孟加拉国、不丹、锡金、尼泊尔、巴基斯坦、斯里兰卡、马尔代夫以及中国西藏的东南部地区等）、中南半岛和中国的东南沿海地区（包括缅甸、越南、老挝、柬埔寨、泰国以及中国的东南沿海地区、香港和海南）、太平洋诸岛屿（包括中国的台湾、东沙群岛、西沙群岛、中沙群岛、南沙群岛以及菲律宾，文莱，马来西亚，新加坡，印度尼西亚的苏门答腊、爪哇岛和巴布亚新几内亚）。在中国共有2个亚种，分别是*P. i. flavirostris*、*P. i. extensicauda*。其中亚种*flavirostris*分布于台湾。亚种*extensicauda*分布于山东、云南、四川西部、重庆、贵州、湖北、湖南、安徽、江西、江苏、上海、浙江、福建、广东、香港、澳门、广西、海南。在贵州宽阔水分布的亚种为*extensicauda*。

68.3 | 形态特征

雌雄羽色相似。夏羽上体灰褐色或灰褐色沾棕，头顶羽色较深，额更显棕色，有时头顶具暗色羽干纹微具棕色羽缘；眼先、眉纹和眼周棕白色，颊和耳羽淡褐色或黄褐色，有时亦呈浅棕白色。背部、腰沾橄榄色；尾长，呈凸状，外侧尾羽依次缩短，灰褐色或淡褐色，具隐约可见的横斑，尤以中央尾羽较明显，外侧尾羽较模糊，但外侧尾羽不明显的黑色亚端斑和极窄的白色端斑。翼上覆羽浅褐色，外翈羽缘浅红棕色或灰褐色，飞羽褐色或浅褐色，外翈羽缘红棕色。下体白色微沾皮黄色，尤以胸、两胁和尾部下覆羽较著，有的两胁还沾褐色。覆腿羽、腋羽和翼下覆羽浅棕色或棕色。冬羽尾部较夏羽为长，上体亦较红棕色，多呈红棕褐色或沾红棕的土褐色。下体棕色，颏、喉稍浅。其余和夏羽相似。虹膜淡褐色、橙黄色或黄褐色，上嘴褐色或黑褐色，下嘴黄色或黄白色，脚肉色或肉红色。大小量度：体重雄性7～11g，雌性7～11g；体长雄性117～148mm，雌性111～152mm；嘴峰雄性10～12mm，雌性10～11mm；翼长雄性43～50.5mm，雌性42～50mm；尾长雄性56～87mm，雌性55～82mm。

68.4 | 栖息环境

栖息于森林、灌木、草原、潮间带、高草丛、芦苇地、沼泽、玉米地及稻田。主要栖息于海拔1500m以下的低山丘陵、山脚和平原地带的农田、果园和村庄附近的草地和灌丛中。

68.5 | 生活习性

留鸟，一般在芦苇丛中、较高的草丛里、稻田、玉米地、沼泽附近栖息，常结小群活动。在枝叶间穿行飞跃，觅食时多在地面。鸣声单调平缓，有时急促。常单独或成对活动，偶尔亦见成小群。多在灌木下部和草丛中跳跃觅食，性活泼，行动敏捷。以甲虫、蚂蚁等鞘翅目、膜翅目、鳞翅目等昆虫和昆虫幼虫为食，也吃少量蜘蛛等其他小型无脊椎动物和杂草种子等植物性食物。

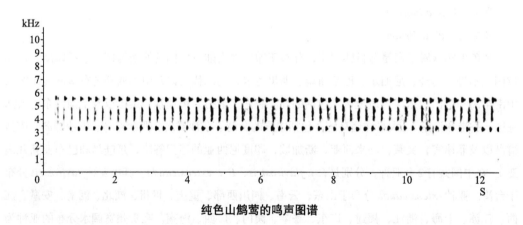

纯色山鹪莺的鸣声图谱

68.6 | 繁殖方式

繁殖期5～7月。侧开口吊巢，主要由巴茅叶丝编织而成，巢口位于上侧方，通常筑在巴茅草丛和小麦丛间。在宽阔水的纯色山鹪莺营巢于草丛和茶地，巢材为枯草细丝编织而成，悬吊在枝叶上。距地高0.5～1m，巢外径6～7cm，内径3～5cm，高9～14cm，深5～7.5cm。亦筑巢在小麦丛间，距地高0.5m，巢用纤维、毛茛科植物种毛和蛛丝构成，外砌以小麦叶片，巢外径6.5cm，内径5cm，高7cm，深5cm。每窝产卵4～6枚，卵白色、绿色和亮蓝色沾黄，被有稀疏的红褐色或赭色斑点，尤以钝端较密，卵的大小为15.4～15.9mm×11.4～11.7mm，重0.9～1g。孵卵由雌雄鸟轮流承担，孵化期11～12天。刚出壳的绒羽期雏鸟光秃无绒毛，喙基部浅黄色；针羽期针羽灰黑色；正羽期针羽羽鞘破开露出浅褐色羽毛；齐羽期身体羽色接近成鸟，背部浅褐色，翼膀褐色，喉胸腹部近白色。本种的巢结构和生境与宽阔水同域分布的山鹪莺相似，但巢材和卵色差异大，山鹪莺的巢具有大量的芒絮和棉絮，卵为粉色密布红褐色细纹，并在钝端形成晕带，而纯色鹪莺的巢材为枯草细丝，卵淡绿色带棕褐色大斑点。据目前的研究记载，寄生纯色山鹪莺的杜鹃包括大杜鹃、八声杜鹃和灰腹杜鹃（*Cacomantis passerinus*），其中最后一种不在国内分布。除此之外，在宽阔水的纯色山鹪莺还是中杜鹃、小杜鹃、乌鹃等中小型杜鹃的潜在宿主。

68.7 | 保护现状

该物种被列入《世界自然保护联盟濒危物种红色名录》（IUCN 2022年）——无危（LC）。该物种分布范围广，不接近物种生存的脆弱濒危临界值标准（分布区域或波动范围小于20000km^2，栖息地质量，种群规模，分布区域碎片化）。种群数量趋势稳定，因此被评价为无生存危机的物种。

参考书目

吴志康. 贵州鸟类志[M]. 贵州: 贵州人民出版社, 1986.

杨灿朝, 梁伟. 宽阔水自然保护区鸟巢图鉴[M]. 北京: 科学出版社, 2018.

喻理飞, 谢双喜, 吴太伦. 宽阔水自然保护区综合科学考察集[M]. 贵州: 贵州科技出版社, 2004.

约翰·马敬能. 中国鸟类野外手册[M]. 北京: 商务印书馆, 2022.

赵正阶. 中国鸟类志[M]. 吉林: 吉林科学技术出版社, 2001.

郑光美. 中国鸟类分类与分布名录[M]. 3版. 北京: 科学出版社, 2017.

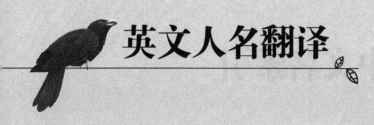

英文人名翻译

Anderson 安德森	Hodgson 霍奇森	Ruppell 鲁佩尔
Baker 贝克	Horsfield 霍斯菲尔德	Sarudny 萨鲁德尼
Bangs 班斯	Hume 休姆	Salvadori 萨尔瓦多里
Bannerman 班纳曼	Jacobi 雅可比	Schleyel 施莱格尔
Blyth 布莱斯	Kinnear 金尼尔	Sclater 斯克莱特
Boloven 波罗芬	Kloss 克洛斯	Scopoli 斯科波利
Bonaparte 波拿巴	Koelz 克尔茨	Seebohm 西博姆
Brandt 布兰特	La Touche 拉图什	Shape 夏普
Brooks 布鲁克斯	Latham 莱瑟姆	Stresemann 斯特莱斯曼
Butler 巴特勒	Laxmann 拉克斯曼	Styan 史坦思
Cabanis 卡巴尼斯	Linnaeus 林奈	Sushkin 苏什金
Chasen 蔡森	Mayr 迈尔	Swinhoe 斯文豪
David 大卫	Meyer 梅耶尔	Sykes 赛克斯
Deiguan 德尼根	Miller 穆勒	Temminck 覃明克
Delacour 德拉库尔	Moore 摩尔	Ticehurst 泰斯赫斯特
Eames 伊姆斯	Oberholser 奥伯霍尔泽	Verreaux 韦罗
Elliot 艾略特	Ogilvie-Graut 奥格尔维-格朗	Vieillot 维洛特
Finsch 芬什	Oustalet 乌斯塔莱	Vigors 维戈尔斯
Godwin-Austen 古德温-奥斯丁	Phillips 菲利普斯	Walden 瓦尔登
Gould 古尔德	Reichenow 赖歇诺	Whistler 惠斯勒
Greenway 格林韦	Rickett 里基特	Wiglesworth 维格尔斯沃斯
Gtray 格雷	Riley 莱利	Witherby 威瑟比
Harington 哈灵顿	Rippon 里彭	Zarudny 扎鲁德内
Hartert 哈特尔特	Robinson 罗宾逊	
Heinrich 海因里希	Rothschild 罗思柴尔德	

中文名索引

英文名索引

学名索引

大杜鹃（灰色型）

大杜鹃（棕色型）

中杜鹃（灰色型）

中杜鹃（棕色型）

小杜鹃

四声杜鹃

八声杜鹃

乌鹃

鹰鹃

霍氏鹰鹃

翠金鹃（雄性）

翠金鹃（雌性）

噪鹃（雄性）

噪鹃（雌性）

红翅凤头鹃

暗绿绣眼鸟的巢和卵

白额燕尾的巢和卵

白腹短翅鸲的巢和卵

白颊噪鹛的巢和白色型卵

白颊噪鹛的巢和浅蓝色型卵

白鹡鸰的巢和卵

白领凤鹛的巢和卵

白腰文鸟的巢和卵

斑胸钩嘴鹛的巢和卵

北红尾鸲的巢和白色型卵

北红尾鸲的巢和蓝色型卵

比氏鹟莺的巢和卵

纯色山鹪莺的巢和卵

钝翅苇莺的巢和卵

戈氏岩鹀的巢和卵

冠纹柳莺的巢和卵

褐顶雀鹛的巢和卵

褐胁雀鹛的巢和卵

黑颏凤鹛的巢和卵

黑卷尾的巢和卵

红头穗鹛的巢和卵

红头长尾山雀的巢和卵

红尾水鸲的巢和卵

红尾噪鹛的巢和卵

画眉的巢和卵

红嘴相思鸟的巢和白色型卵

红嘴相思鸟的巢和蓝色型卵

黄喉鹀的巢和卵

黄臀鹎的巢和卵

灰背燕尾的巢和卵

灰喉鸦雀的巢和白色型卵

灰喉鸦雀的巢和浅蓝色型卵

灰喉鸦雀的巢和蓝色型卵

灰鹡鸰的巢和卵

灰眶雀鹛的巢和粉红斑点型卵

灰眶雀鹛的巢和褐色斑点型卵

灰眶雀鹛的巢和猩红斑点型卵

灰林鸲的巢和卵

金翅雀的巢和卵

金色鸦雀的巢和卵

金胸雀鹛的巢和卵

金腰燕的巢和卵

酒红朱雀的巢和卵

栗耳凤鹛的巢和卵

栗头鹟莺的巢和卵

领雀嘴鹎的巢和粉色斑型卵

领雀嘴鹎的巢和紫色斑型卵

绿背山雀的巢和卵

绿翅短脚鹎的巢和卵

矛纹草鹛的巢和卵

强脚树莺的巢和卵

鹊鸲的巢和卵

三道眉草鹀的巢和卵

山鹪莺的巢和卵

山麻雀的巢和卵

铜蓝鹟的巢和粉晕斑型卵

铜蓝鹟的巢和褐色斑型卵

小鳞胸鹪鹛的巢和卵

远东山雀的巢和卵

紫啸鸫的巢和卵

棕腹大仙鹟的巢和卵

棕腹柳莺的巢和卵

棕褐短翅莺的巢和卵

棕颈钩嘴鹛的巢和卵

棕噪鹛的巢和卵